EL GRAN NERVIO

DR. KEVIN J. TRACEY
Traducción de Karina Simpson

EL GRAN NERVIO

La nueva ciencia del nervio vago para reducir la inflamación, revertir la enfermedad y aliviar el estrés

Grijalbo vital

Papel certificado por el Forest Stewardship Council®

MIXTO
Papel | Apoyando la silvicultura responsable
FSC® C182767
www.fsc.org

Tracey, Kevin J.
El gran nervio / Kevin J. Tracey. - 1ª ed. - Ciudad Autónoma de Buenos Aires : Grijalbo, 2025.
312 p. ; 23 x 15 cm.

Traducción de: Karina Simpson.
ISBN 978-950-28-1790-3

1. Divulgación. I. Medicina. II. Simpson, Karina, trad. III. Título.
CDD 610

Penguin Random House Grupo Editorial

Título original: *The Great Nerve.The New Science of the Vagus Nerve and How to Harness Its Healing Reflexes*
Primera edición en la Argentina bajo este sello: julio de 2025

Diseño de interiores: adaptación del diseño original de Angue Boutin

Printed in Argentina – Impreso en la Argentina

ISBN: 978-950-28-1790-3

Queda hecho el depósito que previene la ley 11.723.

Esta edición de 2000 ejemplares se terminó de imprimir en Gráfica Pinter S.A., Diógenes Taborda 48, Ciudad de Buenos Aires, en el mes de junio de 2025.

Para el abuelo Culotta

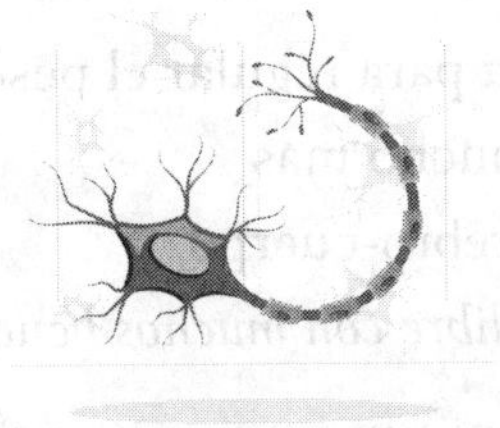

Índice

Introducción.
Una nueva frontera en medicina 11

I
GRANDES SECRETOS
Comprendiendo el poder oculto del nervio vago

1. La electricidad podría sustituir tus medicamentos 21
2. El gran nervio se revela 37
3. Los reflejos curativos de tu cuerpo 59

II
GRANDES INTERVENCIONES
La nueva frontera de la terapia de estimulación

4. El camino hacia la estimulación y los primeros experimentos con epilepsia 89
5. Reequilibrar la inflamación 107
6. Más allá de la medicación. *Un reflejo curativo para la depresión* 128

7. Estimulación externa para regular el peso corporal, tratar la diabetes y mucho más 148
8. La conexión oído-cerebro-cuerpo. *Dispositivos de venta libre con muchos beneficios potenciales* 165

III
GRANDES EXPECTATIVAS
Herramientas cotidianas prometedoras

9. Meditación y respiración 187
10. Frío y ejercicio 212
11. Tu gran nervio. *Cómo hablar con tu médico (las preguntas más frecuentes)* 233

Conclusión. *El futuro claro y presente: chips de computadoras, no medicamentos* 251
Agradecimientos 263
Apéndice. *Una instantánea bioelectrónica: la situación actual de la estimulación del nervio vago y terapias afines para diversas afecciones* 267
Notas 271
Índice analítico 299

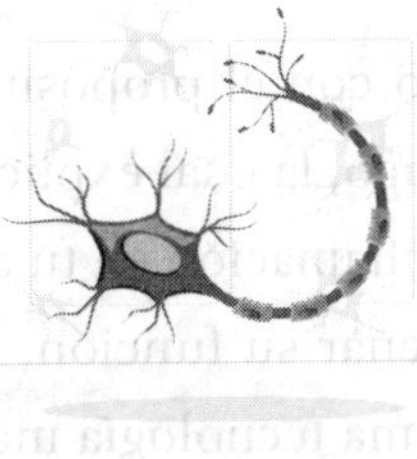

Introducción

Una nueva frontera en medicina

El 15 de noviembre de 2011 conocí al primer paciente que fue tratado con algo que yo inventé. Cuando él aún era joven, una enfermedad autoinmune lo condenó a la invalidez y a una muerte prematura. Estaba confinado en casa por un dolor debilitante en brazos y piernas; no podía trabajar ni jugar con sus hijos pequeños. Pero en 2011 un neurocirujano le implantó un dispositivo similar a un marcapasos bajo la clavícula izquierda. El especialista hizo un túnel bajo la piel con el fin de introducir un cable en el cuello y conectar el dispositivo al nervio vago. El dolor, la inflamación y la discapacidad del paciente desaparecieron tras recibir el implante. Este nuevo campo de la terapia de estimulación del nervio vago para tratar la inflamación está a punto de revolucionar la forma en que se atiende a millones de personas que presentan ese padecimiento. Su uso generalizado puede ayudar a prevenir una inflamación que cobra la vida de 40 millones de personas al año en todo el mundo. Y cuando no es mortal, esa alteración repercute en la salud de millones de personas más. La inflamación ha sustituido a las infecciones como la mayor amenaza para la longevidad humana saludable. Escribí este libro con el propósito de aportar información esencial alusiva al nervio vago, la cual explica además cómo esta parte neuroanatómica regula la inflamación en tu cuerpo y la manera en que puedes ayudarle a desempeñar su función, desde los hábitos saludables cotidianos hasta la última tecnología médica.

Aquí encontrarás una nueva forma de concebir tu sistema inmunitario. Tradicionalmente, se ha estudiado como un sistema que funciona de forma independiente, que se autocontrola y hace lo que quiere para protegerse de las amenazas de infecciones y lesiones. Los científicos y los médicos consideraban el sistema inmunitario fuera del dominio y el control del cerebro y del sistema nervioso, aunque se entendía que este último coordinaba las funciones de todos los demás sistemas orgánicos. Pero un descubrimiento que realizamos en mi laboratorio reveló que el cerebro y el sistema inmunitario están inextricablemente unidos por medio del nervio vago. Esta idea resultó determinante y nos permitió —a mis colegas y a mí— inventar el dispositivo de estimulación del nervio vago que en 2011 le dio al primer paciente una segunda oportunidad de vivir con plenitud.

El nervio vago se ha estudiado durante más de 2000 años y ha intrigado a los científicos por su gran relevancia, pero aún guarda muchos secretos que cientos de laboratorios de todo el orbe se esfuerzan por desentrañar. Cada semana que transcurre surge más información que aporta pruebas de nuevas formas de aprovechar la capacidad del nervio vago para regular nuestros sistemas vitales y curarnos. Nuestros descubrimientos nos están guiando para desarrollar nuevas terapias contra la inflamación, la depresión, la ansiedad, la epilepsia, los trastornos por consumo de sustancias, los dolores de cabeza, las enfermedades cardiovasculares y gastrointestinales, la enfermedad de Alzheimer, la de Parkinson, los accidentes cerebrovasculares, la esclerosis múltiple y otras afecciones. Hay miles de publicaciones científicas y médicas que abordan estos temas, y mis colegas y yo hemos escrito muchos trabajos de investigación y artículos revisados por expertos. Quienes deseen sumergirse en discusiones detalladas sobre mecánica molecular encontrarán una muestra de ellos citados en las notas finales. El objetivo de este libro no es recapitular todos estos detalles, sino presentarte a tu nervio vago y darte suficiente información de modo que tú mismo empieces a aprovechar tu grandeza.

Descrito con frecuencia en la actualidad como una "superautopista" entre el cerebro y el cuerpo, el nervio vago resulta ser mucho más enigmático y luminoso que el tránsito de vehículos que pasan por esa vía. Al igual que los materiales con los que los instrumentos musicales de una orquesta producen sus sonidos característicos —cuerdas, cañas, pieles, cajas de resonancia, etcétera—, las 200 000 fibras que conforman el nervio vago vibran en sintonía con la salud. Las vibraciones son la música, y la canción es la vida.[1]

Si te abruman las miles de millones de opiniones que hay en internet —#vagusnerve— y en las redes sociales diciéndote que hagas esto, aquello o lo otro para estimular tu nervio vago, te comprendo. Los consejos que pululan "por ahí" son demasiados. Peor aún: con frecuencia son inexactos y a veces completamente erróneos. Muchas recomendaciones populares y terapias que se proponen, aunque en verdad estimulen el nervio vago, pueden o no aportar beneficios demostrados para la salud. Aunque algunas de estas ideas se basan en mecanismos científicos verificables y en conocimientos fisiológicos, ameritan una reflexión y un debate más profundos. La información contenida en este libro te ayudará a distinguir los hechos de las exageraciones. Como neurocirujano-científico, hago todo lo posible por desglosar conceptos complejos en términos fáciles de entender para explicar lo que sabemos, así como lo que aún desconocemos.

Si por desgracia tú o un ser querido sufren una enfermedad causada por la inflamación, espero sinceramente que este contenido te brinde conocimientos básicos sobre el papel que desempeña tu nervio vago en ese padecimiento y, al menos, te permita hacerles con mayor sapiencia las preguntas adecuadas a los profesionales de la salud. Nos encontramos en las primeras décadas de una revolución en la medicina, desde la cual se están diseñando terapias electrónicas informatizadas que antes eran inimaginables, con el fin de tratar enfermedades peligrosas e incapacitantes. He escrito este libro para hablarte de ellas.

Ha llegado el momento de publicarlo. Mientras escribo se han completado —o están a punto de completarse— grandes ensayos clínicos, y la estimulación del nervio vago pronto podría estar ampliamente disponible como una herramienta terapéutica para tratar problemas inflamatorios. Falta aún más trabajo por hacer, más conocimientos por adquirir y más resultados de ensayos clínicos por recopilar. Pero una avalancha de nuevos y prometedores datos se precipita montaña abajo por un camino que espero impulse la adopción de la terapia de estimulación del nervio vago en la práctica médica general. También creo que este avance beneficiará a millones de personas.

He tenido el privilegio y la gran fortuna de ser fundador y director de instituciones tanto del sector público como del privado, incluyendo SetPoint Medical, líder mundial en el ramo de la bioelectrónica y de la estimulación del nervio vago. Desde 2005 soy presidente y director general de los Feinstein Institutes for Medical Research de Northwell Health, en Nueva York, sede de más de 100 investigadores titulares y laboratorios, con una plantilla y un equipo de 8 500 personas que persiguen la misión institucional de "producir conocimiento para curar enfermedades". Los Feinstein Institutes son un destino para la investigación y la transferencia de conocimientos clínicos y están reconocidos internacionalmente por su liderazgo en medicina bioelectrónica, inmunología, salud conductual, ciencias de la salud y otras áreas afines. Es un espacio colaborativo que acoge a científicos, médicos e investigadores creativos de todo el mundo, así como a estudiantes y personal clínico. Juntos, estos especialistas se sienten impulsados a generar conocimiento no sólo por el simple conocimiento, sino para realizar descubrimientos que allanen el camino a nuevas curas y tratamientos innovadores con el fin de mejorar la salud humana y crear un futuro mejor para todos.

Revelación completa: aunque mis patentes originales sobre la idea de usar la estimulación del nervio vago para tratar la inflamación me llevaron a cofundar una nueva empresa con el própósito de probar esta iniciativa en pacientes, no ejerzo ninguna función interna en SetPoint Medical. Sin embargo, sigo siendo asesor de la empresa con la esperanza de que el estimulador del nervio vago que han desarrollado, con base en mis patentes originales, llegue a estar ampliamente disponible para los muchos pacientes que lo necesitan. De vuelta a mi laboratorio, mis colegas y yo seguimos desarrollando nuevos inventos en el campo de la medicina bioelectrónica para tratar la inflamación, y he cedido mis derechos sobre estos inventos a mi empleador, los Feinstein Institutes, sin ánimo de lucro.

En los 40 años que llevo fascinado por el cerebro y la inflamación, he aprendido que el nervio vago encierra el potencial de aliviar el dolor y el sufrimiento. Por eso, cada día acudo a trabajar al laboratorio, donde colaboro con algunas de las personas más brillantes e innovadoras, entusiastas y persistentes del planeta, impulsadas por nuestra misión común de generar conocimientos útiles.

Este libro reúne todo lo que ahora sabemos sobre el nervio vago y el revolucionario potencial que encierra para nuestra salud. Lo he dividido en tres secciones. En la parte I, "Grandes secretos", conocerás el nervio vago en todo su esplendor a través de relatos sobre su estructura y sus funciones. Si lo que más te interesa son las aplicaciones prácticas que puedan ayudarte a ti o a un ser querido, tienes la opción de pasar a la parte III (y regresar a la primera más adelante). Dicho apartado inicial traza la historia de nuestra comprensión del nervio vago y revela nuestro conocimiento moderno de su funcionamiento interno por medio de herramientas modernas de microcirugía, optogenética, biología molecular y descodificación neuronal con inteligencia artificial. Poseer un nervio vago que funcione es realmente una cuestión de vida o muerte, y no sólo porque es el único nervio que tenemos que cuando se corta (por ambos lados) morimos. Es el responsable de equilibrar la vida cotidiana y el funcionamiento célula a célula de nuestros órganos y sistemas vitales, incluido nuestro sistema inmunitario. Todo esto lo lleva a cabo a través de sus reflejos.

La parte II, "Grandes intervenciones", te trasladará a los laboratorios y a las vidas de personas que aplican lo que ahora sabemos sobre el nervio vago para tratar enfermedades de formas que nunca creímos posibles. En algunos casos, he cambiado los nombres y los detalles con el fin de proteger la intimidad de los pacientes y he incluido citas del trabajo de mis colegas y de obras históricas para quienes busquen ahondar más en el tema. Cuando este libro entre a la imprenta, estará a punto de completarse un avance revolucionario en terapias bioelectrónicas, gracias al cual el dispositivo que puede implantarse en el nervio vago del cuello se reduce al tamaño de una cápsula de Tylenol (incluida su batería recargable) para estimular un reflejo curativo antiinflamatorio y frenar la inflamación. Describo cómo establecimos la nueva y apasionante frontera de la medicina bioelectrónica, dónde estamos hoy y por qué ya sabemos que es segura. Los estimuladores del nervio vago existen y los usa más gente desde hace más tiempo del que quizás imaginas: desde la década de 1990 cientos de miles de personas han recibido implantes del nervio vago aprobados por la FDA (Food and Drug Administration, por su siglas en inglés; Administración de Alimentos y Medicamentos de Estados Unidos) para tratar la epilepsia y la depresión.

Más recientemente, los ensayos clínicos sobre los reflejos del nervio vago que rigen el apetito, el metabolismo, la insulina y el control de la glucosa estudian si los ultrasonidos focalizados no invasivos pueden servir para tratar la diabetes y la obesidad. Y hay cientos de ensayos clínicos en todo el mundo que exploran vías indirectas al nervio vago que no requieren cirugía, sino que pretenden *hackear* el cerebro (de manera suave) con dispositivos que se colocan en el oído para estimular allí una rama del nervio vago y tratar potencialmente la depresión, la ansiedad, las migrañas, las cefaleas, la abstinencia de opiáceos, los trastornos del sueño y los problemas relacionados con el COVID-19, así como potenciar la memoria y mejorar la función cognitiva. En la vanguardia de esta apasionante exploración, mi equipo de los Feinstein Institutes se está asociando con gigantes de la industria y colaboradores investigadores de docenas de otras instituciones.

La parte III, "Grandes expectativas", analiza en términos científicos las prácticas caseras más populares, como la meditación, la sumersión en frío y el ejercicio. Como neurocirujano-científico me preocupa hacer el diagnóstico adecuado, responder a preguntas complejas basándome en los mejores datos disponibles y ofrecer los consejos más seguros para beneficiar al paciente con el mínimo riesgo. Por esa razón, en la última parte del libro me esmero en ofrecerte herramientas prácticas prometedoras conforme la ciencia sigue avanzando. Desde prácticas ancestrales hasta las últimas tendencias en TikTok, la gente lleva mucho tiempo experimentando con intervenciones mente-cuerpo y formas caseras de aprovechar su nervio vago. Con el juramento hipocrático, las pruebas disponibles y la curiosidad como guías, tomo en cuenta los consejos del Dalai Lama, los del atleta de resistencia holandés Wim Hof y de otros expertos, y me sirvo del sentido común para desenredar la ciencia del nervio vago de la exageración en lo que respecta a la meditación, el control de la respiración, la sumersión en frío, el ejercicio y los dispositivos de venta libre. Explicaré lo que me parece cierto y útil, lo que es falso o incluso peligroso, y lo que simplemente aún no sabemos.

Conforme la ciencia y la innovación convergen en torno del nervio vago en la medicina y en la vida cotidiana, no sólo vamos comprendiendo cómo mantenerlo, sino también por qué nuestra salud y nuestro bienestar dependen de él. Espero aportarte conocimientos e inspirarte con historias reales de personas e investigaciones en curso. Los testimonios que aparecen en este libro son verídicos y provienen de mis experiencias personales, así como de las de quienes compartieron sus historias directamente conmigo, por lo cual les estoy profundamente agradecido. En algunos casos, he cambiado los nombres y los datos con el fin de proteger su intimidad, y también aquí he incluido citas del trabajo de mis colegas y de trabajos históricos para quienes busquen más detalles.

Con los conocimientos adquiridos, podrás hacerte cargo de tu salud y tomar decisiones informadas sobre tu bienestar. El primer paso para cuidar tu nervio vago es saber que lo tienes. El siguiente paso es entender lo que hace, lo que puedes hacer para mantenerlo sano (para que él te mantenga sano a ti) y lo que la medicina bioelectrónica puede hacer por ti. Entonces podrás plantear preguntas y tomar decisiones con el propósito de cuidar tu nervio vago a diario, y si padeces una enfermedad grave, informarte respecto de las opciones de tratamiento. Aprender sobre el gran nervio nos acerca a un mundo en el que se puedan evitar las inflamaciones catastróficas y tratar mejor las enfermedades inflamatorias que afectan a millones de personas.

I

GRANDES SECRETOS

Comprendiendo el poder oculto del nervio vago[1]

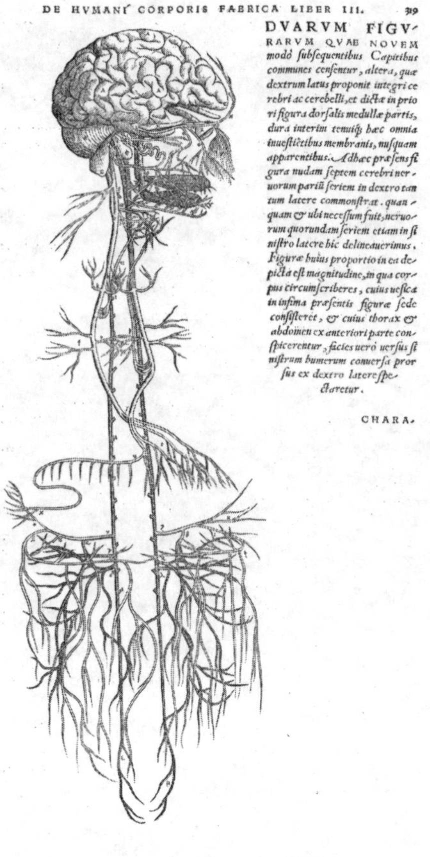
DE HVMANI CORPORIS FABRICA LIBER III. 319

DVARVM FIGVRARVM QVAE NOVEM modò ſubſequentibus Capitibus communes cenſentur, altera, quæ dextrum latus proponit integri cerebri ac cerebelli, et dictæ in priori figura dorſalis medullæ partis, dura interim tenuiꝗ; hæc omnia inueſtientibus membranis, nuſquam apparentibus. Adhæc præſens figura nudam ſeptem cerebri neruorum pariũ ſeriem in dextro tantum latere commonſtrat. quanquam & ubi neceſſum fuit, neruorum quorundam ſeriem etiam in ſiniſtro latere hic delineauerimus. Figuræ huius proportio in ea depicta eſt magnitudine, in qua corpus circumſcriberes, cuius ueſica in infima præſentis figuræ ſede conſiſteret, & cuius thorax & abdomen ex anteriori parte conſpicerentur, facies uerò uerſus ſiniſtrum humerum conuerſa prorſus ex dextro latere ſpectaretur.

CHARA.

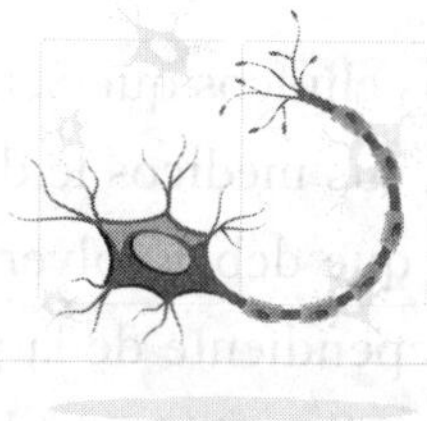

1

La electricidad podría sustituir tus medicamentos

> “El sufrimiento ha sido más fuerte que cualquier otra enseñanza.
>
> **CHARLES DICKENS**
> *Grandes esperanzas*[1]”

Un mensaje de mi correo electrónico me llamó la atención; el asunto decía: “Gracias por salvarme la vida”.[2] Lo escribió una mujer llamada Kelly Owens, y contaba su historia. Cuando tenía 13 años, le diagnosticaron la enfermedad de Crohn y artritis inflamatoria, lo cual fue el comienzo de 15 años de enfermedad, hospitalizaciones, cirugías, inmovilidad y medicamentos inmunosupresores. Ninguno de ellos la ayudó. A finales de sus 20 años la trataron con esteroides durante tanto tiempo que desarrolló osteoporosis. Era una mujer joven con la densidad ósea de alguien tres veces mayor, una recién casada cuyo joven marido se había acostumbrado a cargarla sobre sus espaldas en un restaurante cuando sus piernas se hinchaban tanto durante la cena que no podía caminar de regreso hasta el coche.

En 2014, Kelly acudió a mí en HuffPost Live y poco después me mandó un correo electrónico por primera vez.[3] Le respondí con información sobre nuestro trabajo con el nervio vago y le sugerí que siguiera de cerca los ensayos clínicos que SetPoint Medical estaba planeando. Tres años después, sus médicos le dijeron que no tenían más opciones y, lo que es peor, que debía volver a casa y prepararse para una vida completamente dependiente de la prednisona, un esteroide.

La cantidad adecuada de inflamación es el delicado punto de equilibrio entre las defensas de primera línea del organismo contra las infecciones y el propio sistema inmunitario que causa estragos en el cuerpo que debe proteger. El sistema inmunitario de Kelly había perdido el equilibrio y los efectos eran catastróficos. A pesar de depender de la prednisona para sobrellevar el día a día, sus piernas estaban tan hinchadas que a menudo no podía caminar, lo cual la obligó a abandonar su carrera docente. Los frecuentes brotes de la enfermedad de Crohn la obligaban a ausentarse mucho de su trabajo. Como último recurso, llorando, entró a clinicaltrials.gov, donde se enteró de que SetPoint realizaba ensayos clínicos en Europa. Pagar los medicamentos que no le sirvieron de nada destrozó sus finanzas, pero con el apoyo de amigos y familiares, Kelly y su marido, Sean, reunieron el dinero suficiente para mudarse. Entonces empacaron y se trasladaron al extranjero, de Nueva Jersey a Ámsterdam (Países Bajos).

En el Centro Médico Universitario de Ámsterdam le implantaron un pequeño dispositivo electrónico debajo de la clavícula que emitía señales eléctricas con el fin de estimular el nervio vago izquierdo y esperábamos que eso activara el reflejo antiinflamatorio para detener la inflamación excesiva. Al cabo de unas semanas, Kelly ya caminaba sin bastón por primera vez desde que era adolescente. Ocho semanas después, estaba en remisión clínica, sin síntomas gastrointestinales, corriendo tres kilómetros al día y haciendo ejercicio. Unos meses más tarde se le retiró finalmente la prednisona y quedó libre de la medicación.

Yo aún no conocía a Kelly en ese momento, pero las lágrimas empañaron las palabras en la pantalla cuando leí su mensaje de correo electrónico y me enteré de su triunfo. Imagina vivir su sufrimiento, o quizá no tengas que imaginarlo. Tal vez tú, como Kelly, seas una de las más de 500 millones de personas que padecen una enfermedad autoinmune en todo el mundo. O tal vez, como el marido, el papá y la mamá de Kelly, amas a alguien que la sufre. Quizá no tengas un diagnóstico, pero la inflamación te afecta de alguna u otra forma. De hecho, la inflamación nos afecta a casi todos.

Las novedades del correo electrónico de Kelly continuaban: "Ahora que volvimos, estoy planeando el resto de mi vida, algo que no había podido hacer en años".

He tenido la suerte de entablar amistad con Kelly en los años que han pasado desde entonces, e incluso llegamos a ser colegas cuando ella se propuso como misión abogar por el acceso a la medicina bioelectrónica para todo aquel que pudiera beneficiarse de ella. Me dio el bastón que ya no necesita como muestra de gratitud por la investigación médica que dio lugar al pequeño implante junto a su clavícula, seguro como un marcapasos, y le devolvió la vida. El bastón está apoyado en el librero de mi estudio, con el mismo listón blanco que tenía atado al mango cuando me lo regaló y una tarjeta suya pegada. Cada vez que lo miro, pienso en lo perfecto y lo terrible que es tener un alegre bastón rosa que te ayude a caminar cuando eres adolescente.

Seis años después del agradecido correo electrónico de Kelly, SetPoint Medical continúa las pruebas clínicas de un dispositivo estimulador del nervio vago más nuevo y aún más pequeño para tratar a las personas con artritis reumatoide en Estados Unidos. La FDA ha designado esta tecnología como un gran avance y espero que pronto se incorpore al arsenal de tratamientos que los médicos pueden prescribir en todo el país.[4] Los pacientes piden a gritos una nueva opción para tratar la inflamación. Sus terapias actuales son caras, se administran a menudo en forma de inyecciones, tienen efectos secundarios peligrosos y no siempre ayudan. Los efectos secundarios de estos potentes fármacos inmunosupresores son tan peligrosos que justifican una "advertencia de recuadro negro" de la FDA; la alerta más grave que existe cuando se presenta un posible efecto secundario es la muerte. La llegada de los estimuladores del nervio vago, como el de Kelly, permite albergar esperanzas de que en el futuro se ofrezcan a los pacientes alternativas más seguras a los tratamientos limitados de la actualidad.

Hoy, gracias a los antibióticos, las vacunas y la medicina moderna, es razonable que esperemos vivir hasta una edad avanzada. La mayoría morimos por causas no infecciosas: las enfermedades cardiacas y los accidentes cerebrovasculares, la diabetes y la obesidad, la neurodegeneración —como en las enfermedades de Alzheimer y el Parkinson— y el cáncer representan *dos tercios* de los 60 millones de muertes humanas cada año. Tal vez esta estadística no te sorprenda, pero lo que mucha gente no sabe es que todas ellas son enfermedades inflamatorias. Y este recuento no contempla los millones de personas que sufren enfermedades autoinmunes y otros problemas inflamatorios a lo largo de su vida.

¿Y si pudiéramos influir en las propias señales del nervio vago para ayudarle a hacer eso para lo cual la naturaleza lo diseñó? ¿Puede la estimulación del nervio vago ayudar a las personas con enfermedades al parecer intratables? ¿Puede ayudar a quienes queremos que nuestros cuerpos y nuestras mentes funcionen y prosperen mejor y durante más tiempo? ¿Y si pudiéramos hacer algo para mantener nuestro nervio vago en sintonía? ¿Y si pudieras comunicarte con tu sistema inmunitario o regular tu insulina y tu glucosa con un chip informático? Cuando hace unas décadas mis colegas y yo descubrimos que la cooperación armoniosa de tu sistema inmunitario y de otros sistemas vitales depende de la comunicación entre el cerebro y el cuerpo a través del nervio vago, empezamos a explorar formas de incursionar en ese tipo de música. Hemos encontrado muchas, con resultados medibles de los cuales te contaré.

La respuesta corta es: podemos tocar el nervio vago tal como lo concibió la naturaleza, con electricidad, ondas sonoras y chips informáticos, para salvar vidas como la de Kelly.

Alguien debe hacer algo al respecto

Cuando mi mamá, Dorothy, tenía 29 años, y yo cinco, ella murió de un tumor cerebral en un nublado y triste domingo de verano. Como mi papá no se atrevía a decírmelo, no lo supe hasta el viernes siguiente, después del funeral. Mi hermano, Tim, tenía cuatro años; mi hermana, Sharon, aún no cumplía los dos y era muy pequeña para entenderlo. Tim y yo nos enteramos de nuestra nueva fortuna sentados en el regazo de papá, en la sala de la casita estilo Cabo Cod donde él vivió hasta que se casó con mamá. No sé cuánto tiempo lloramos en sus brazos, pero cuando nos calmamos nos entregó a cada uno un nuevo coche Matchbox de juguete. Agarré el mío y salí corriendo de la penumbra al soleado patio trasero.

Una semana antes, más o menos, mamá se echó una larga siesta. Aburridos, Tim y yo empezamos a jugar a ser "reparadores de líneas telefónicas" en la casa, clavando clavos y ensartando cuerdas directo en los paneles de madera que recubrían la escalera (un lujo raro para mis papás, que acababan de empezar a hacer su patrimonio). Cuando nuestro padre llegó a casa del trabajo y nos vio, gritó tan fuerte que rompió nuestra fantasía, pero mamá seguía durmiendo a pesar del ruido.

Ahora lo entiendo. Un *glioblastoma multiforme* comprimía su cerebro y cortaba su sistema nervioso. Estuvo luchando contra el cáncer sin que ninguno de nosotros lo supiera. Dolores de cabeza durante meses, lapsus inusuales de pérdida de memoria, la decadencia constante de su elegante escritura: un tumor invadía su existencia, constriñendo y distorsionando las señales entre su cerebro y su cuerpo.

De lo que sucedió a continuación sólo conservo algunos recuerdos borrosos y oscuros. Íbamos hacinados en una camioneta Plymouth en un caluroso viaje de cinco horas a Hamden, Connecticut. Me quejé del calor y de la falta de aire acondicionado. Mi papá manejaba y me ordenó que me callara. En el asiento del copiloto, a su lado, mi mamá se limitaba a dormir.

Yo iba sentado detrás de ella. Tim viajaba detrás de mi papá y la pequeña Sharon yacía entre nosotros en su moisés, que se tambaleaba y amenazaba con volcarse con cada bache del camino (eran los años sesenta). Recuerdo haber observado la nuca de mi madre durante horas. Su pelo negro caía sobre sus hombros y rozaba el respaldo del asiento, justo fuera del alcance de las yemas de mis dedos. Ese es el último recuerdo que tengo de ella, y suena dramático porque lo fue. Nunca la volví a ver.

Mi papá nos metió a todos en el coche a instancias de un médico que examinó a mi mamá. Íbamos a ver a mi abuelo Culotta, el papá de ella, que era profesor de medicina en Yale.

Ahora lo entiendo. Dorothy sufría un papiledema grave, una afección que se produce cuando la presión en el interior del cerebro aumenta peligrosamente. Esta presión empujaba el nervio óptico desde el cerebro hasta la parte posterior del ojo. Usando un oftalmoscopio, con luz y lente de aumento incorporados, su médico le revisó la retina y encontró el punto donde se une el nervio óptico. Este punto se denomina *disco óptico*, cuyo aspecto, normalmente, es similar a una luna llena de color amarillo brillante, con un borde nítido, que relumbra en un cielo de retina roja.

Pero al revisar los ojos de mi mamá, el doctor notó una mancha deforme, con un perímetro borroso envuelto en niebla. Reconoció que la presión y la inflamación cerebral estaban introduciendo líquido en el disco óptico y en todos los demás nervios que conectaban el cerebro con el cuerpo. En Yale, el doctor William J. German, jefe de neurocirugía, fue el encargado de operarla.[5] Como sospechaba que se trataba de un tumor, le practicó una craneotomía y le extirpó un círculo óseo de 10 × 10 centímetros del cráneo.

Para un neurocirujano, el cerebro humano normal es una obra maestra fascinante: de textura flexible, sutilmente rosado, elegante y grácil. Un Degas, tal vez. El agujero del cráneo es una ventana a una intrincada red de vasos sanguíneos que nutre y sostiene miles de millones de neuronas suspendidas en un tejido blando y brillante. Para mí nada de esto es "repulsivo" porque en el resplandor de un quirófano hay una extraña combinación de asombro y la sensación de que es hora de ponerse manos a la obra. Tengo un trabajo que hacer y, al mismo tiempo, soy consciente de que cada célula nerviosa dispuesta ante mí posee su propio dominio y es un portal único a una red superpuesta de señales que producen tus recuerdos, tus pensamientos, tus emociones, tus sentimientos, tus acciones y tus reflejos, cada respiración y cada latido de tu corazón, todo eso.

El cerebro de mi madre mostraba una apariencia diferente. Los tumores son repugnantes. Sin antes haber extirpado una pequeña muestra del tumor que presentaba ella, y entregarla al laboratorio de patología para su análisis, estoy seguro de que el doctor German ya sabía el diagnóstico. No obstante, permaneció junto a su paciente —como yo mismo lo he hecho cientos de veces en mi propio quirófano de neurocirugía— esperando a que sonara el teléfono para confirmar el resultado. Sabía también que, más tarde, en la sala de espera, él les daría las peores noticias a mi papá y a mi abuelo. Y, como les sigue sucediendo hoy a los neurocirujanos, esperaba equivocarse.

En 1963, como en 2023, el diagnóstico de glioblastoma multiforme significaba una noticia terrible. La supervivencia se mide en semanas y meses, no en años.[6] No había ni hay ninguna terapia eficaz para detener el crecimiento que presiona el cerebro, atrapado como está en el cráneo. Incluso ahora, 60 años después, el tiempo promedio de supervivencia es de 12 a 15 meses. Así que, en el quirófano con Dorothy, cuando sonó el teléfono, el doctor German no tuvo más remedio que cerrar la apertura que le había practicado. Le vendó la cabeza y la trasladó a la sala de recuperación, pero mi madre no volvió a despertar. Su cerebro se siguió inflamando y murió ese domingo.

Recuerdo que unos días después del funeral me subí al regazo del abuelo. Respirando el dulce aroma a puro de su camisa y el cuero verde de su sillón donde leía revistas médicas, le pregunté por qué su amigo el doctor German no había curado a mi mamá ni la mandó a casa.

—El tumor que crecía en su cabeza era enorme y tenía muchas ramificaciones que se disparaban en varias direcciones. Era imposible extraerlas todas sin dañar las partes normales de su cerebro. Habría quedado paralizada e incapaz de hablar. Tu mamá no habría vuelto a ser ella misma. Nadie podría haber hecho nada.

—Entonces —dije—, alguien debería hacer algo al respecto.

Asintió y susurró:

—Bueno, tal vez algún día tú lo hagas.

Resultó ser un buen consejo profesional.

Entradas y salidas

Aunque perder a uno de los padres durante la infancia tiene consecuencias negativas, también son factibles otros resultados. Un niño de cinco años aprende que la vida no es eterna. Puede acabar en cualquier momento. Así que, ante esta certeza, es posible hacernos dos preguntas fundamentales sobre lo que resta de nuestra existencia: ¿qué queremos hacer? ¿Cómo aprovecharemos el tiempo que tenemos en la Tierra? Mi yo de cinco años decidió que, si podía, ayudaría a otros niños a no perder a sus mamás. Sin embargo, cuando crecí y me convertí en neurocirujano, mis intereses profesionales se ampliaron de las mamás a —simplemente— los demás.

Ciertos momentos de nuestro paso por la Facultad de Medicina son de verdad asombrosos. Después de años de estudio, lo que crees saber se sustenta en una base firme, hasta que un nuevo hecho o una nueva idea trastoca tu mundo, lo cual puede ocurrir, por ejemplo, cuando un profesor te revela un concepto innovador y sorprendente, o cuando presencias algo por primera vez. La fisiología humana posee misterios ilimitados, y algunos de ellos pueden impactarte con una fuerza impresionante. Recuerdo la primera vez que observé cómo los órganos del cuerpo humano están organizados en compartimentos; por ejemplo, las fascias separadas del tórax y el abdomen funcionan como los separadores de una maleta y mantienen todo en orden, en su sitio. O la forma en que, un día, nuestro profesor de anatomía, el doctor William McNally, introdujo sus manos sin guantes, y luego los antebrazos —hasta los codos—, en el tórax de un cadáver que examinábamos, para separar del mismo los lóbulos de uno de sus pulmones con aspecto negruzco porque en vida ese individuo había sido fumador. El académico lo hizo con sus propios dedos, ya teñidos de amarillo también por su adicción al cigarro, con el objetivo de mostrarnos los estragos de la enfermedad pulmonar obstructiva crónica y el enfisema, lo cual nos remitía a pensar en que, de igual modo, sus propios pulmones debían presentar esa misma condición.

Sobre todo, recuerdo la descripción que el doctor McNally hizo del sistema nervioso humano, la cual es la misma que yo utilizo hasta el día de hoy.

Para entender por qué el nervio vago es importante, no sólo para Kelly y otras personas que buscan aliviar su enfermedad, sino para cada uno de nosotros que vivimos en un cuerpo humano y esperamos tener una vida larga, saludable y feliz, es necesario saber cómo todo el cuerpo depende de este nervio. Subrayo lo de *todo el cuerpo* porque el cerebro suele ser el centro de atención cuando se habla de salud y bienestar, y eso propicia que sea demasiado fácil olvidar que es una *parte* inseparable del organismo humano, que llega hasta los sistemas más vitales a través del nervio vago.

Para entender la trascendencia de este último, es necesario saber que el sistema nervioso funciona en dos direcciones: la sensorial proporciona la entrada (desde la perspectiva del cerebro) y la motora facilita la salida (del cerebro al cuerpo). Los nervios sensoriales transmiten información del cuerpo al cerebro y los nervios motores envían información del cerebro al cuerpo. Hasta aquí todo va bien.

Pero en el lado del motor, existen dos tipos de salidas. Hay cosas que puedes controlar, como cuando escribes tu nombre en una línea punteada, lanzas un balón a la canasta o aprietas la mano de alguien a quien amas, y cosas que están fuera de tu control, como cuando late tu corazón y la velocidad a la que lo hace. Así, consciente e inconscientemente, los nervios motores transmiten información del cerebro al cuerpo, mientras que los nervios sensoriales recopilan información sobre lo que ocurre dentro y fuera del organismo y la devuelven al cerebro.

Entrada y salida, lo que puedes controlar y lo que no, y el cerebro y el cuerpo comunicándose entre sí, de manera constante, cada uno realizando ajustes en función de lo que "oye" del otro, y mucho de esto sucede de forma automática. Tu salud es un producto —una propiedad emergente— de tus nervios sensoriales y motores que trabajan juntos para armonizar tu existencia en un intercambio perpetuo entre el cerebro y el cuerpo, cada uno adaptándose y recalibrándose en función de las señales del otro. Es sorprendente. Gran parte de esta compleja interacción sucede en segundo plano, sin que tengas que pensar en ello, sin que te des cuenta de que ocurre en tu vida diaria.

La parte del sistema nervioso en la cual no tienes que pensar se llama sistema nervioso *autónomo*, que posee la misma raíz que *autonomía*, que a su vez significa *autocontrol*. El sistema autónomo coordina el corazón, los pulmones, los intestinos, el páncreas, el hígado, las glándulas salivales y todos los demás órganos que trabajan día y noche para mantenernos vivos y en equilibrio fisiológico. Y esta parte del sistema nervioso en la que no tenemos que pensar posee dos caras —ambas te sonarán familiares ya sea que cuentes con formación médica o no—: "lucha o huida", para referirnos a la reacción del sistema nervioso simpático responsable de la hiperpreparación, la rapidez y la fuerza que necesitamos en caso de peligro, y "descanso y digestión", para describir el sistema parasimpático que nos mantiene tranquilos, fríos y serenos.

El acto de descansar, permitir la digestión y conservar la calma dependen del nervio vago, el cual es el eje del sistema parasimpático. La primera vez que oí hablar sobre el tema en cuestión fue en la clase del profesor McNally alusiva al sistema nervioso. Más de 45 años después de escuchar por primera vez la extraña palabra *vago*, puedo asegurarte que lo que la mayoría expresa acerca del citado nervio no es lo más interesante ni se sustenta en las últimas investigaciones, ni tampoco es lo que más importa para la salud.

Los libros de medicina y la creencia común requieren ponerse al día, aunque algunos de los descubrimientos más revolucionarios de mi laboratorio tienen más de 25 años. Te explicarán que el nervio vago es el décimo nervio craneal, o nervio craneal x; que es el nervio más largo del cuerpo; que se supone que su nombre deriva del término latino *vagus*, el cual significa "errante", un guiño a su amplio alcance desde el tronco encefálico en la base del cerebro, donde sale del cráneo aproximadamente a la altura de las orejas y baja por ambos lados del cuello antes de ramificarse hacia los órganos del tórax y el abdomen. Aprenderás que, aunque nos referimos a él en singular, tu nervio vago en realidad son dos nervios, uno a cada lado, lo que los anatomistas denominan "estructura pareada", de la misma forma que tienes dos riñones, dos piernas y dos pulgares. Aprenderás que, como el resto del sistema nervioso, el vago va en ambas direcciones porque en realidad es un haz de fibras nerviosas (200 000 en total, o 100 000 a cada lado), tanto sensoriales como motoras, de entrada y de salida, que conforman un sistema de comunicación bidireccional entre el cuerpo y el cerebro que coordina muchas de tus funciones vitales.

Todos estos hechos son ciertos, pero ¿de verdad son las razones por las que el nervio vago es importante? Antes de llamarse *vago*, durante muchos siglos a este nervio se le denominó simplemente *grande*, como en "el gran nervio", tu gran nervio. La pregunta siempre ha sido: ¿qué tan *grande*? Como los libros de texto no aportan todas las respuestas, mis colegas y yo nos dedicamos todos los días a desentrañar sus secretos en el laboratorio.

El bastón de Kelly que ya no necesita me recuerda, en medio de un día ajetreado, esas interrogantes que me asaltaron por primera vez cuando era un niño que perdió a su mamá. Lo que pretendo hacer es investigación médica que derive en terapias y curas. De ese modo elijo pasar mi tiempo. Desde mi abuelo hasta mi mamá, a mí y a todas las personas con las que he trabajado, que han mantenido la curiosidad y han hecho preguntas más allá de los libros de texto, a Kelly y a millones de personas que sufren, nos gusta pensar que nos transferimos la batuta del conocimiento y la compasión, como Kelly me cedió su bastón a mí.

¡Eureka! Descubriendo el reflejo de dos vías

Un viejo chiste que los profesores de la Facultad de Medicina utilizaban cuando la inmunología era la materia en turno del plan de estudios decía que los alumnos de neurociencia podían tomarse el día libre, y viceversa quienes estudiaban inmunología durante el curso de neurociencia. La ironía funcionaba porque se pensaba que el sistema nervioso y el sistema inmunitario estaban aislados, separados, sin conexión entre sí: los glóbulos blancos flotando en su propio espacio sin relación alguna con las neuronas y estas últimas ocupándose de los asuntos del cerebro, que ciertamente no incluían la inmunidad y la inflamación. Dicha separación constituía la idea predominante en los años ochenta y noventa. Sin embargo, las investigaciones que he realizado durante más de cuatro décadas han derribado esta sabiduría convencional; no sólo han revelado implicaciones para la comunicación entre ambos sistemas, sino también para la vida, y tornaron irrelevante aquel chiste.

Todo comenzó con la mayor sorpresa que he experimentado en un laboratorio. Nos encontrábamos estudiando los efectos del daño cerebral en ratas, de modo que administramos un fármaco experimental que diseñamos para prevenir la inflamación cerebral, pero descubrimos que aplicarlo en el cerebro afectaba el sistema inmunitario y detenía la inflamación en todo el cuerpo, y que el causante de esa condición era el nervio vago. La idea resultaba revolucionaria, a pesar de que tenía sentido entender que la comunicación en el sistema nervioso viaja en ambas direcciones. El cuerpo, el nervio vago y el cerebro no sólo reaccionan ante las lesiones y las infecciones (entrada), sino que responden con señales que regulan la respuesta inflamatoria del sistema inmunitario (salida). Por medio de tecnologías avanzadas de biología molecular y Silicon Valley, demostramos que lo anterior es cierto. Mis colegas y yo descubrimos el arco motor de lo que resulta ser un reflejo bidireccional, incluida una salida neuronal que nos permite *trabajar con el nervio vago para controlar el sistema inmunitario*. Es un reflejo curativo. Y podemos trabajar con él.

Cuando estás sano, esa parte del sistema nervioso en la que no tienes que pensar se autogobierna. Cuando no lo hace, te enfermas. Una intrincada red de nervios es esencial para mantener el equilibrio y la armonía dentro del cuerpo, y comprender cómo el nervio vago te conserva saludable es una nueva clave para entender el modo de tratar la enfermedad. En otras palabras, el nervio vago sabe lo que hace para mantener el cuerpo en armonía. Comprender cómo lo hace nos permite intervenir para arreglar las cosas si van mal.

Al publicar nuestro descubrimiento en *Nature* describimos por primera vez cómo el sistema nervioso sintoniza de manera reflexiva la respuesta inflamatoria en tiempo real, pero también sugerimos un procedimiento para armonizar de nuevo el nervio vago cuando nuestros sistemas inmunitarios se desafinan.[7] Este descubrimiento, unido a la investigación y a la innovación tecnológica en curso, originó un nuevo campo en el rubro clínico: la medicina bioelectrónica, la cual está desentrañando nuevos mecanismos para trabajar con el sistema nervioso a través de dispositivos electrónicos creados con el fin de aliviar el sufrimiento y estimular la curación. La capacidad de manipular y prevenir procesos patológicos específicos mediante impulsos eléctricos que estimulan el nervio vago convierte a estos artefactos en una tecnología revolucionaria líder en el nuevo campo.

Exhibo en la pared de mi estudio una tarjeta de felicitación que alguien me regaló hace tiempo porque me hace reír. Se trata de la imagen de un pizarrón en el que alguien escribió: "Si yo fuera científico en un laboratorio, gritaría '¡Eureka!' de vez en cuando, sólo para subir la moral". Lo único que cambiaría de esto en la actualidad es que los científicos ya no recurren a esa expresión, sino que exclaman: "¡Santo cielo!" Eso exteriorizábamos todos el día en que el fármaco que suministramos al cerebro de la rata desactivó la inflamación de su organismo gracias al nervio vago.

Tras formarme como neurocirujano durante casi 10 años y trabajar como adjunto de neurocirugía durante 15 más, me retiré de la práctica clínica, lo cual me permitió volcar todos mis esfuerzos en mi laboratorio y asumir la misión de los Feinstein Institutes que dirijo: *producir conocimientos para curar enfermedades.*

Estoy convencido de que la medicina bioelectrónica tiene el potencial de revolucionar la asistencia médica y mejorar la vida de innumerables personas en todo el mundo. Aunque todavía no se halla en los libros de texto ni en la práctica generalizada, la medicina bioelectrónica ha llegado para quedarse. Está en mi laboratorio y en otros similares de todo el planeta, en estudios clínicos y en dispositivos terapéuticos ya aprobados por la FDA. Ya ha mejorado la vida de muchas personas. Las siguientes páginas de este libro cuentan la historia —o muchas historias, que abarcan muchos siglos— de lo que hace posible esta nueva disciplina médica y lo útil que es y podría ser. En mi laboratorio la moral se encuentra en las alturas y los "eurekas" son reales.

Del laboratorio al dormitorio

La investigación científica y la ingeniería biomédica están consiguiendo crear nuevos dispositivos de estimulación del nervio vago que pueden usarse para tratar la inflamación. Los ensayos clínicos realizados en Estados Unidos y Europa ya han arrojado resultados impresionantes. Algunos pacientes, como Kelly Owens, entran en un ensayo después de pasar décadas sufriendo dolores articulares, fatiga, rigidez muscular, molestias abdominales y hospitalizaciones por complicaciones de la artritis reumatoide y de la enfermedad inflamatoria intestinal. Con la estimulación regular del nervio vago, muchas de estas personas disfrutan una vida normal y sana, libres de su enfermedad y sin tomar medicamentos.

El último y definitivo paso será adoptar los estimuladores del nervio vago y otras terapias bioelectrónicas en la práctica médica para beneficio de quienes lo requieran. En la historia de la medicina pueden transcurrir años o incluso décadas para que se acepte una idea verdaderamente nueva. Existen diversas justificaciones al respecto, entre ellas el carácter conservador de los médicos a la hora de tomar decisiones, que empieza por no hacer daño. No querrías que tu doctor se dejara llevar por cualquier cura o medicina milagrosas. Pero otras posturas un tanto cerradas también pueden obstaculizar la práctica de la estimulación del nervio vago porque ésta es capaz de trastocar intereses —principalmente económicos— de la industria farmacéutica. En la actualidad, los antiinflamatorios representan un porcentaje sustancial de los ingresos totales y de las ventas mundiales de medicamentos.

Una concientización más amplia sobre el poder y la viabilidad de la estimulación del nervio vago, combinada con una mayor demanda, acelerará la adopción de este enfoque revolucionario de la medicina. Aunque el progreso médico muchas veces avanza con lentitud, este libro pretende brindarte los conocimientos necesarios para que hoy mismo hables del nervio vago con tu doctor familiar, lo cual te permitirá acceder a nuevas terapias científicamente probadas en cuanto estén disponibles. Mientras nos asomamos a un futuro claro y presente de cuidados precisos y personalizados del nervio vago valdría la pena que te preguntes lo siguiente:

- ¿Existe una terapia del nervio vago para mi diagnóstico o para lo que me molesta?
- ¿Puedo estimular mi nervio vago sin un implante quirúrgico?
- ¿Qué necesito saber para elegir una terapia del nervio vago?
- ¿Qué preguntas debo hacerles a mis profesionales médicos?
- ¿Podría unirme a un ensayo clínico si la terapia aún no ha sido aprobada, como hizo Kelly Owens?
- ¿Y si sólo quiero sentirme más feliz, más fuerte y vivir más tiempo, contento con mi relación intencionada y cotidiana con mi nervio vago?

Todas estas interrogantes son adecuadas. Permíteme guiarte a través de las opciones, de modo que te sea posible tomar decisiones informadas en el camino de la salud y la armonía con tu nervio vago. Al fin y al cabo su canción es tu canción.

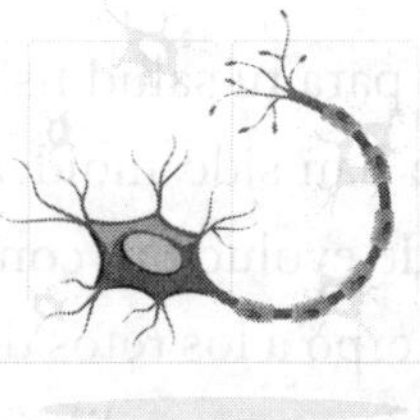

2

El gran nervio se revela

"Lucia Galvani le contó a su marido Luigi que las ancas de rana preparadas para la comida parecían vivas sobre el alambre de cobre. El análisis del siglo siguiente resolvió este aspecto de los espíritus del ánima en potenciales eléctricos transitorios que viajan por las fibras del sistema nervioso. Ya no eran 'espíritu', sino que se habían convertido en un evento físico describible bajo la energía."

CHARLES SHERRINGTON[1]

Tal vez no sabías que tienes algo llamado *nervio vago* antes de leer este libro. O quizás estés inundado de consejos relacionados con esa parte de tu anatomía desde muchas direcciones, según tu relación con los algoritmos de las redes sociales. Empecemos con una pregunta sencilla y unificadora: ¿quieres estar más sano y ser más feliz?

Si respondiste que no porque has alcanzado un estado de salud y de ánimo que no puede mejorarse, acepta mi felicitación. Perteneces a un afortunado grupo de personas que (lo sepas o no) han aprendido a afinar su nervio vago y a aprovechar sus poderes para gozar de una salud óptima. Es probable que disfrutes una vida más larga, sufras menos enfermedades y experimentes más resistencia emocional en comparación con las personas cuyos nervios vagos no se hallan tan bien afinados.

Si dijiste que sí, que te gustaría estar más sano y ser más feliz, no te encuentras solo, obviamente. Sin embargo, lo menos obvio es que existen abundantes oportunidades para que trabajes con tu nervio vago y obtengas beneficios para tu salud física y mental. La estructura y la función de este nervio han sido moldeadas y perfeccionadas a lo largo de millones de años de evolución, con el propósito de optimizar las respuestas de todo el cuerpo a los retos de la vida, grandes y pequeños, manteniendo los sistemas en equilibrio y los órganos trabajando en armonía y reforzando las capacidades cognitivas y la sensación de bienestar. Ampliar el tono del nervio vago puede aumentar tu resistencia, mejorar tu estado de ánimo e incrementar tu bienestar general.

Se denomina *tono vagal* a la actividad del nervio vago.[2] Es un reflejo de la actividad neurológica del sistema nervioso parasimpático, y hay cosas que puedes hacer para mejorarlo, como el ejercicio físico, la meditación, la respiración y la exposición al frío. Mejorar el tono vagal está relacionado con una serie de beneficios para la salud, como la reducción del riesgo de cardiopatías, accidentes cerebrovasculares y diabetes, así como la mejora del estado de ánimo, la función cognitiva y la calidad del sueño. En otras palabras, salud y felicidad.

¿Cómo pueden 200 000 fibras nerviosas que viajan arriba y abajo en un haz a cada lado del cuello entre el cerebro y todos los órganos controlar tantas funciones vitales, marcar la diferencia entre vivir más sano y feliz o no? ¿Por qué las sutiles modulaciones de las actividades de señalización de estas fibras son tan relevantes? ¿Qué secretos han desvelado los científicos sobre el papel que desempeña el nervio vago en la salud y el bienestar humanos a lo largo de 2 000 años de investigación? Tenemos respuestas a estas preguntas porque ese conjunto de fibras ha sido estudiado por los interesados en el tema durante el mismo tiempo.

Ciertas fuentes nos asedian con indicaciones sobre cómo comer, dormir, respirar, hacer ejercicio, meditar, relajarse, bañarnos y desintoxicarnos, mientras mantenemos el equilibrio entre la vida laboral y personal, con el fin de vivir mucho tiempo y prosperar. A veces resulta abrumador. Nos bombardean todo el tiempo con consejos contradictorios en las redes sociales, los infomerciales de televisión y los *pod-*

casts, y resulta complicado dilucidar a qué darle prioridad. Parece que no hay tiempo suficiente en el día para estar sano. Al fin y al cabo, la mayoría tenemos obligaciones y responsabilidades que se anteponen al ejercicio físico, al acto de cocinar alimentos ecológicos y a llevar a cabo sumersiones en agua fría, aunque todos sabemos que pocas cosas importan más que la salud y la felicidad. Pero existen soluciones, y un día en que hacer las cosas sanas parece abrumador es un buen momento para regresar a lo básico. Siempre es mejor comprender la naturaleza de un problema antes de intentar solucionarlo.

Este capítulo te introducirá en el nervio vago a través de algunos de los experimentos y descubrimientos clave que los especialistas han efectuado al respecto. En el proceso, dispondrás de una vista previa de los tipos de prácticas cotidianas que ayudan al nervio vago a seguir realizando su increíble trabajo. (Hablaré de esto más adelante en la parte III.) Conforme conozcas la naturaleza de tu nervio vago, los beneficios de largo alcance de mantenerlo en sintonía tendrán cada vez más sentido.

Para quienes busquen una visión más detallada sobre los mecanismos fisiológicos del nervio vago y de las investigaciones que los revelaron existen cientos de tratados científicos. Cito muchos de ellos en la sección de notas. Como quizás algunos resultan difíciles de entender, a menos que seas un especialista en fisiología, anatomía, neurociencia, inmunología, psicología u otro campo de la medicina, en este libro he intentado explicar los puntos principales con un lenguaje —espero— comprensible. Pretendo que el nervio vago cobre vida como si lo vieras por primera vez a través de los ojos de los científicos, los médicos y los inventores que revelaron por primera vez algunos de sus secretos.

Si estás ansioso por ir al grano, puedes saltarte a la parte III, pero te aseguro que le sacarás mucho más provecho a las aplicaciones prácticas si primero entiendes cómo funciona el nervio vago y por qué es verdaderamente genial.

Exponiendo el nervio vago

Claudio Galeno es el original médico-científico. Conocido simplemente como Galeno, vivió hasta la vejez —hace 20 siglos— y su práctica médica fue muy exitosa, en una época durante la cual ejercer esa disciplina y morir longevo eran dos cosas difíciles de lograr. Su existencia abarcó el apogeo del Imperio romano y el inicio de su decadencia. Fue contemporáneo del último de los cinco emperadores buenos, y de algunos de los no tan buenos, varios de los cuales atendió de manera personal. Galeno nació en la riqueza, fue hijo de un próspero arquitecto griego que murió cuando él tenía 19 años y le heredó todo, y siempre mostró una implacable curiosidad por la vida. Unos días operaba a emperadores y a gladiadores heridos, y otros a sus preciadas mascotas y a sus animales de granja. Al creer que cada incisión le ofrecía una nueva "ventana al cuerpo", escudriñó sus profundidades tratando de comprender los secretos del cerebro, el misterio de sus nervios y su función en los mecanismos de la vida.

Quedaba mucho por descubrir. La educación formal de Galeno, sustentada en los tratados de Hipócrates, le enseñó que el cerebro era la fuente de la conciencia humana, el pensamiento y la fuerza de voluntad, pero aún nadie había averiguado qué papel desempeñaban los nervios individuales y si todos formaban parte del mismo sistema. Siglos antes, Aristóteles sugirió que los nervios eran controlados por el corazón, donde se creía que se originaban, pero Galeno rastreó de manera cuidadosa el nervio vago y descubrió que provenían del tronco encefálico.

Debido a que en su época la disección de cadáveres humanos estaba prohibida, Galeno efectuó su experimento más famoso con el nervio vago de un cerdo.[3] Él pensaba que los órganos y las funciones fisiológicas de los animales eran similares a los del ser humano, y por esa razón se dispuso a desvelar sus misterios —centró su interés en ese objetivo— practicando cientos de disecciones en cerdos, ovejas, babuinos y monos. Durante estos estudios descubrió el nervio vago y le siguió la pista a través de una serie de hallazgos que reconfiguraron la comprensión del sistema nervioso en todo el mundo.

Imagina a la multitud reunida alrededor de la mesa, mientras el cirujano expone los músculos, las arterias y los nervios del cuello de un cerdo vivo, un acontecimiento en parte educativo y en parte un anuncio de servicio público en directo.[4] En la escena imaginaria observa cómo una de las ramas del nervio vago en el cuello desciende desde el cerebro, paralela a la arteria carótida. Fíjate cómo da un giro brusco en U hacia arriba y se sumerge en la estructura que llamamos *laringe*, situada en el centro de la garganta, detrás del cartílago tiroides, reconocible desde fuera como la nuez de Adán. Nadie de los asistentes sabía nada sobre el funcionamiento de los nervios o de la laringe, pero esto estaba a punto de cambiar.

Como el arte y la ciencia de la anestesia eran un sueño que aún estaba a siglos de materializarse, todas las cirugías que Galeno realizaba, tanto en humanos como en animales, eran dolorosas y ruidosas. De ese modo, tras localizar el nervio que se ramificaba desde el vago principal y se dirigía hacia el cuello del cerdo que utilizó para su demostración, el cual emitía chillidos lastimeros, Galeno procedió a cortarlo. Entonces el silencio se hizo presente, a pesar de que el animal seguía vivo.

Con un solo movimiento de su cuchillo, Galeno demostró al mundo dos cosas. En primer lugar, que el cerebro controla el comportamiento al enviar señales —entonces desconocidas— a través de los nervios. Pasó mucho tiempo antes de que empezáramos a comprender que dichas señales viajan en dos direcciones, pero el aporte de Galeno tras documentar que el sistema nervioso hace un recorrido de cerebro a cuerpo, aunque técnicamente es antiguo, resultó revolucionario y sorprendentemente moderno. Antes de él, teníamos el modelo de Aristóteles, que consideraba el cerebro como un mero órgano refrigerante de la sangre, y el corazón como conductor de las funciones corporales a través de sus arterias.[5] Galeno centró el cerebro en nuestra comprensión del cuerpo como, 13 siglos después, Copérnico centró el Sol en nuestro sistema planetario.

En segundo lugar, como la rama del nervio vago que silenció al cerdo —luego de que se la cortaran— terminaba en la laringe, Galeno demostró que esta última era la fuente de la vocalización. Hoy sabemos que dentro de este órgano tubular cartilagionoso las cuerdas vocales modulan el flujo de aire, lo que permite a las personas crear palabras y música, y a los cerdos gruñir y chillar. Mediante intrincados movimientos y ajustes de tensión, las cuerdas vocales crean una interacción dinámica de vibraciones que dan lugar a la diversa gama de sonidos y melodías que expresamos (o al menos intentamos expresar). El nervio vago modula todo esto enviando señales al cerebro sobre el estado de los músculos y los tejidos blandos de la laringe, así como transmitiéndole impulsos que coordinan las palabras y el canto. Algunas fibras del nervio vago mandan señales al cerebro y otras al cuerpo. Una enorme cantidad de datos de entrada y salida, entre el cuerpo y el cerebro, o, en este caso, de la laringe al cerebro y del cerebro a la laringe, viaja a través de las 200 000 fibras del nervio vago.

Hemos recorrido un largo camino desde Galeno y, aunque no soy historiador, desde mi posición ventajosa de médico-científico del siglo XXI he sido testigo de nuevos descubrimientos sobre el nervio vago que han originado nuevas terapias. Sé por experiencia lo que es operar dentro del cuerpo y el cerebro. He visto a personas en diversos estados de compensación y descompensación fisiológica. He tenido encuentros íntimos con la anatomía del nervio vago y sus funciones. He atendido y me he hecho amigo de seres humanos que padecen enfermedades y viven con los resultados de cirugías y otros tratamientos exitosos o fallidos.

Como experimentalista en un laboratorio, he tenido la oportunidad privilegiada de diseccionar y revelar con exquisito detalle anatómico, celular e, incluso, molecular algunos de los secretos de la vida. Escuchamos el nervio vago y lo grabamos, recopilamos datos y le contamos al mundo lo que hemos aprendido. Como las preguntas que nos planteamos se refieren a las interacciones entre sistemas vivos complejos, que no pueden responderse en tubos de ensayo y en placas de Petri, estudiamos ratones.

Para ello, invertimos millones de dólares al año en el bienestar de los roedores, alojándolos en un entorno cálido y limpio, con una dieta abundante y sana. Nuestro trabajo en los Feinstein Institutes cumple las normas más estrictas de supervisión ética guiadas por el Departamento de Agricultura de Estados Unidos y del estado de Nueva York. Cada experimento que proponemos es revisado por un comité independiente responsable del tratamiento ético hacia los animales, incluido el tipo de anestesia que les aplicamos y cómo les extraemos sangre. Todo lo anterior es —como debe ser— la responsabilidad que mis colegas y yo aceptamos con la esperanza de descubrir nuevas curas y nuevos tratamientos para quienes más los necesitan.

Casi 2 000 años después de Galeno, imagina que eres testigo de esta escena: nos encontramos en mi laboratorio, en un moderno edificio de cristal y ladrillo de cinco pisos situado en una esquina suburbana de Manhasset, Nueva York. Entramos en un vestíbulo cerrado, muy iluminado, con presión y temperatura controladas, en el que se alojan ratones y quirófanos. Después de vestirnos (tú también) con batas de papel, gorras de baño, cubrezapatos, mascarillas y guantes, ingresamos a la sala de alojamiento forrada con estanterías de acero inoxidable que muestran compartimentos portátiles transparentes con ropa de cama suave y blanda. La habitación y todo lo que hay dentro de ella están impecablemente limpios y desprenden un aroma agradable, cálido; huele a levadura. Un ciclo de 12 horas de luz complementa el ambiente, controlado para adaptarse a la preferencia de los roedores por estar despiertos y alimentarse cuando la mayoría de los investigadores duerme: un temporizador atenúa la iluminación de modo que la "noche roedora" coincida con nuestro día. Un cirujano lee las etiquetas de una fila de compartimentos hasta que encuentra el que busca y lo desliza fuera de su estante. Nuestros cubrezapatos suenan por el pasillo mientras caminamos hacia el quirófano, donde una mesa quirúrgica está preparada para la microcirugía.

El cirujano saca suavemente uno de los ratones de su recipiente y lo introduce en una caja cerrada de plexiglás alimentada por un tubo con gas anestésico halotano. Cuando el ratón está completamente sedado, en 10 o 15 segundos el cirujano lo saca de su jaula, lo coloca sobre una mesa acolchada boca arriba y guía su hocico en forma de cono hacia una pequeña boquilla cónica que administrará cantidades precisas de anestesia durante toda la intervención. Mientras el pequeño animal respira de forma constante dentro del cono, el cirujano le unta una pequeña cantidad de crema Nair en la garganta y en la parte superior del pecho, espera 10 o 15 segundos más y rasura y limpia de manera cuidadosa el pelaje de la zona en la que realizará una pequeña incisión, tan diminuta que sólo verá lo que está haciendo a través de un microscopio. Frota alcohol en la piel expuesta para esterilizarla y coloca este instrumento en su sitio.

Un monitor de pantalla plana conectado al microscopio muestra el bisturí cortando la piel ligeramente a la izquierda del centro del cuello, unos milímetros de largo y un milímetro de profundidad. La incisión es lo bastante profunda como para dejar al descubierto los músculos del cuello, esos que puedes sentir al lado del propio pulso carotídeo, adyacentes a la nuez de Adán. El cirujano separa el referido grupo muscular del cuerpo del ratón con el fin de exponer su arteria carótida, encajada en un túnel fibroso con el nervio vago, que manipula cuidadosamente de modo que este último quede al descubierto. Aunque sólo tiene el grosor de un cabello humano, en el monitor el vago blanco destaca entre el rojo palpitante de la arteria carótida. Con unas micropinzas, el cirujano levanta con suavidad el delicado nervio y desliza un electrodo por debajo, deteniéndose unos minutos con el fin de relajar esa parte anatómica antes de encender una computadora que controla el conductor electrónico.

El electrodo, producto de la tecnología de Silicon Valley, es capaz de estimular el nervio vago del ratón con pulsos eléctricos calibrados y registrar las miles de millones de señales eléctricas que fluyen de un lado a otro entre el cuerpo y el cerebro. Mientras tú observas, la computadora del cirujano captura en su disco duro las vibraciones que normalmente transmiten las fibras del nervio vago. También registra los cambios en estas señales provocados por la estimulación electrónica. Como si estuviéramos en un estudio de grabación del nervio vago, los impulsos captados pueden amplificarse, filtrarse y convertirse a un formato digital, igual que la música.

Una vez terminada la sesión de grabación y retirado el electrodo, el cirujano cierra la pequeña incisión con un solo punto y extrae una muestra de sangre que analizará más tarde en el laboratorio con el fin de revelar los efectos de la estimulación del nervio vago. A continuación, traslada al ratón a un compartimento de recuperación, donde pronto despertará.

Estos experimentos cotidianos de laboratorio me remiten al que en su momento practicó Galeno con aquel cerdo. Siglos y generaciones de médicos-científicos después, lo que entonces era una idea totalmente nueva aún repercute con fuerza: *el cerebro escucha al cuerpo a través del nervio vago y éste le contesta*. Hace 20 siglos, el descubrimiento del nervio vago que logró Galeno propició una nueva forma de pensar cómo el cerebro usa los nervios para controlar el cuerpo. Y aun hoy parece que el nervio vago nos sigue hablando —a mis colegas y a mí—, desafiándonos a revelar sus demás misterios que influyen en tu salud y en tu felicidad.

Tu nervio vago y tu corazón que late

Como la naturaleza del sistema nervioso autónomo es funcionar sin conocimiento consciente, y ya que no podemos medir de forma directa la actividad del nervio vago sin cirugía, ¿cómo sabes si lo estás estimulando? Una respuesta simple a esta interrogante es que tú percibes que lo haces cuando tu pulso disminuye.

A mediados del siglo XIX, el mundo científico, fascinado por la electricidad, estaba obsesionado con un sinfín de baterías eléctricas, generadores, botellas de Leyden y otros dispositivos novedosos para estimular los músculos y los nervios de animales de laboratorio y seres humanos, incluidos los propios científicos, prisioneros, e incluso cadáveres recién decapitados con la guillotina. La opinión consensuada a partir de los resultados ampliamente difundidos indicaba que la aplicación de electricidad a los nervios provoca la contracción de los músculos anexos, lo cual explicaba cómo se transmiten las señales en el nervio que Galeno cortó de un animal siglos antes. Al difundirse estos resultados, una nueva idea se arraigó entre los estudiosos del tema: los nervios emitían señales eléctricas para intensificar las acciones de músculos y órganos. Entonces, un par de médicos-científicos que trabajaban en su laboratorio en Alemania estimularon con electricidad el nervio vago y las cosas se pusieron de verdad interesantes.

Cuando los hermanos Weber, Ernst Heinrich y Eduard Friedrich Wilhelm comenzaron sus experimentos, ya se sabía que el nervio vago se ramificaba hacia el corazón.[6] Pero cuando emplearon una corriente eléctrica (haciendo girar un disco de cobre inmerso en un campo magnético para generar electricidad, un dispositivo de Faraday) y la aplicaron a los nervios vagos de ranas y otros animales de laboratorio, observaron con asombro que la frecuencia cardiaca no se intensificaba. De hecho, *disminuía*. Temerosos de haber cometido algún error, repitieron el experimento estimulando el nervio vago varias veces. El resultado fue invariable en todas. Descubrieron que, al aumentar lo suficiente la corriente eléctrica, incluso podían detener por completo los latidos del corazón, tras lo cual éste volvía a latir con normalidad. Fue una buena noticia para la rana y para las millones de personas que se han beneficiado de la estimulación nerviosa desde entonces.

En ciencia y medicina, cada nuevo descubrimiento propicia un nuevo enigma, y el de los Weber fue de los grandes. Los nervios no sólo excitan, sino que también pueden inhibir funciones. Pero ¿cómo? ¿Dé qué manera un estímulo eléctrico en el nervio vago produce un efecto desacelerador en el corazón? ¿Y para qué sirve? Las respuestas a estas preguntas aparecieron 75 años después, cuando el farmacólogo e investigador austriaco Otto Loewi encontró una pista mientras dormía.

Tras un largo día de reflexión sobre el funcionamiento de los nervios, Loewi soñó que el nervio vago enviaba señales crípticas al corazón e incluso imaginó un experimento. Salió corriendo —por así decirlo— hacia su laboratorio cuando el recuerdo onírico aún era claro. Allí, en la tranquilidad previa al amanecer, extrajo con cuidado los corazones latientes de dos ranas, manteniendo el nervio vago unido a un corazón mientras lo extraía del otro. Colocó cada corazón en un baño salino, uno todavía conectado al nervio vago y el otro desconectado.

Cuando Loewi estimuló eléctricamente el nervio vago del primer corazón, como lo hicieron los hermanos Weber años atrás, el latido de ese órgano cardiaco se desaceleró, esta vez como se esperaba. Entonces —como Loewi lo había soñado— transfirió líquido de este primer baño al segundo y observó cómo el segundo corazón, sin ningún nervio conectado, también empezó a desacelerarse. Se dio cuenta de que la electricidad del nervio vago liberaba sustancias químicas que producían ese efecto, una observación sorprendente que explicaba, en el nivel más básico, el funcionamiento real del sistema nervioso.

El descubrimiento de Loewi acerca de que los nervios convierten las señales eléctricas en moleculares demostró que las moléculas que éstos liberan, y no la electricidad que se aplicaba directamente, son las responsables de controlar la función de los órganos que reciben las entradas neuronales. Él llamó *vagusstoff* al químico esquivo segregado por el nervio vago cuando se le estimula con una corriente eléctrica, que ralentiza los latidos del corazón, vocablo que significa "lo que suena": *material vago* o *cosa vaga*.[7] Hoy lo denominamos *acetilcolina*, el primer neurotransmisor identificado, y entendimos que entre sus múltiples efectos en el cuerpo también suprime las células marcapasos cardiacas, lo que desacelera el corazón.

Loewi repitió sus experimentos cientos de veces, no sólo estimulando el nervio vago para disminuir la frecuencia cardiaca (activando "descanso y digestión"), sino también estimulando los nervios simpáticos del corazón de rana que aceleran los latidos del corazón (activando "lucha o huida"). Al transferir líquido del baño de un corazón de rana inervado que latía más rápido a un corazón denervado en un segundo baño, observó que el segundo órgano se aceleraba. Esta vez descubrió que la aplicación de electricidad a los nervios simpáticos estimulaba la liberación de una molécula diferente —y no de acetilcolina— que producía esa acción acelerante; se trataba del neurotransmisor *norepinefrina*, nombre con el cual se le conoce en la actualidad.

Acetilcolina y *norepinefrina* son las dos primeras palabras que los investigadores acuñaron dentro de un complejo lenguaje para referirse a las respuestas químicas de neurotransmisores generadas por estimulación eléctrica que dirigen nuestras células, nuestros músculos y nuestros órganos. Con el tiempo se identificaron más de 100 neurotransmisores adicionales, cada uno con su propia frecuencia en la armonía del sistema nervioso.

Recordando el resumen del sistema nervioso autónomo de mi profesor de medicina, el doctor McNally, resulta que una diferencia importante entre las respuestas de lucha o huida y de descanso y digestión radica en los neurotransmisores que liberan. Los nervios simpáticos producen norepinefrina, que tiende a acelerar las cosas, y el nervio vago parasimpático produce acetilcolina, propenso a desacelerarlas.

Los científicos y los médicos que estudian la regulación de la frecuencia cardiaca normal, desde los hermanos Weber y Otto Loewi, aprendieron que el latido del corazón de un ser humano en reposo puede variar en un intervalo de 60 y 100 latidos por minuto, dependiendo de la edad, la salud y la forma física de la persona. El pulso se ve influido por un acto de equilibrio entre las señales del nervio vago, que desaceleran el corazón, y las señales de los nervios simpáticos, que lo aceleran.

En general, las investigaciones han descubierto que un pulso más lento dentro de lo normal es positivo si quieres vivir más tiempo y con mejor salud. Un estudio realizado en Framingham, Massachusetts, evaluó el impacto de la frecuencia cardiaca en reposo sobre la mortalidad durante un periodo de seguimiento de 30 años en 5070 participantes que no padecían ninguna enfermedad cardiovascular al inicio de la investigación.[8] El análisis, que se basó en un total de 1876 muertes, reveló que, tanto en hombres como en mujeres de todos los grupos de edad, se produjo un aumento progresivo de las tasas de mortalidad por todas las causas, así como por enfermedades cardiovasculares y coronarias que se relacionaban con frecuencias cardiacas en reposo más elevadas (registradas cada dos años). Las personas con pulsaciones más lentas estaban significativamente más sanas y vivían más tiempo.

Un segundo estudio, aún mayor, realizado en Francia, evaluó el impacto de la frecuencia cardiaca elevada en la mortalidad de 19386 adultos franceses, de 40 a 69 años, entre 1974 y 1977, con un seguimiento hasta 1994.[9] Los resultados fueron sorprendentes porque demostraron que un pulso más rápido en una población es un factor de riesgo independiente de mortalidad no cardiovascular en ambos sexos y de mortalidad cardiovascular en los varones. En otras palabras, una vez más, las personas con un pulso más lento y, por lo tanto, con mayor actividad del nervio vago, estaban significativamente más sanas y vivían más tiempo. Comprobar el pulso en reposo es la medida más sencilla y económica para determinar la longevidad estadística de una población y no requiere análisis de sangre ni otros diagnósticos más invasivos y caros.

Si pausas la lectura de este libro por un momento, te tomas el pulso y descubres que está muy acelerado, te aseguro que no significa que estés condenado. De hecho, algunas personas con pulso acelerado viven más de 100 años. ¿Cómo encaja esto con los estudios? Me gusta explicarlo recurriendo a la analogía de que si tienes en la mano un billete de lotería, tus posibilidades de ganar el premio no son de 1 entre 270 000 000, sino de 100 por ciento. Las estadísticas derivadas de un estudio de población no predicen el riesgo específico de un individuo en particular. Sin embargo, sabemos que un ritmo cardiaco en reposo más lento es resultado de un nervio vago sano y, estadísticamente, eso es algo bueno. La actividad del nervio vago, o tono vagal, es una función integradora que refleja los aportes previos del ejercicio, entre otros factores conductuales, ambientales y genéticos, a lo largo de muchos meses o años. Por lo tanto, un pulso más lento para tu edad y para tu salud podría indicar de forma razonable un progreso hacia tu objetivo de ser más saludable y feliz, ya que sugiere que estás viviendo de maneras que estimulan permanentemente tu nervio vago. Hablaremos más sobre estrategias para hacer esto en la parte III.

Cómo cooperan tus sistemas simpático y parasimpático

Durante mucho tiempo se pensó que las respuestas de lucha o huida y de descanso y digestión lograban el equilibrio en el organismo al excluirse mutuamente. Si una estaba "activada", razonaban los científicos, la otra debía estar "desactivada". Por ejemplo, cuando hay que acelerar el ritmo cardiaco para hacer ejercicio, se suponía que el nervio vago debía estar inhibido durante esos periodos. Ahora sabemos que esta suposición es errónea. Investigaciones recientes han revelado una relación más dinámica entre estos dos sistemas, en la cual ambos pueden estar activos en distintos grados dependiendo de la situación.

Para comprender los efectos corporales del yin y el yang autonómicos en acción, imagina que estás trotando a un ritmo cómodo por una calle tranquila cuando un gran perro corre hacia ti desde el patio de alguien extraño, gruñendo, enseñando los dientes, las orejas hacia delante y una franja de pelo erizada a lo largo de su lomo. De inmediato, tu sistema nervioso simpático se activa, preparándote para luchar o para huir. El ritmo cardiaco aumenta, la presión arterial se eleva y las pupilas se dilatan. Si decides huir, el sistema nervioso simpático te proporciona la energía y la fuerza necesarias para escapar —con suerte—. Si optas por luchar, la adrenalina y los esteroides glucocorticoides que corren por tus venas centran tu mente; hacen que el tiempo se detenga y te ponen en un estado óptimo para la destreza física y la defensa personal.

Pero entonces aparece el dueño del perro, lo llama, y el animal, bien adiestrado, se detiene, da media vuelta y se retira hacia él. El peligro ya pasó. Conforme disminuye tu activación simpática, tu sistema nervioso parasimpático toma el control. A medida que decrece tu ritmo cardiaco y baja tu presión arterial, tu cuerpo vuelve a un estado de calma. Estas respuestas de lucha o huida y de descanso y digestión son esenciales porque los retos de la vida pueden ser extremos y porque ambas son necesarias para mantener el equilibrio del organismo. Investigaciones recientes revelan que se encuentran en un modelo de cooperación de dos sistemas, en vez de estar simplemente enfrentados. Trabajan juntas para establecer un delicado equilibrio, ajustándose de manera constante para mantener la homeostasis y garantizar nuestra supervivencia.

Un tono vagal alto indica una fuerte influencia parasimpática, que suele asociarse con un estado predominantemente relajado y tranquilo. Por el contrario, un tono vagal bajo con una actividad simpática alta se asocia normalmente con el estrés o la ansiedad. A veces determinamos el tono vagal midiendo la variabilidad de la frecuencia cardiaca (VFC), que es la duración del tiempo entre cada latido cardiaco individual, la cual, a su vez, se calcula analizando los picos en un electrocardiograma por un periodo que puede variar de una hora hasta un día entero.[10] Cada vez que el nervio vago envía una señal de "desaceleración" para frenar el corazón, prolonga el tiempo hasta el siguiente latido. Por lo tanto, una VFC alta, indicativa de un tono vagal alto, significa que el nervio vago está más activado, lo que produce un cuerpo que puede pasar eficazmente de estados de estrés a estados de relajación y, a menudo —aunque no siempre—, un pulso en reposo más lento. Esto es un indicador de buena salud. Por el contrario, una VFC baja, o un tono vagal bajo, pueden ser signos de estrés crónico o de enfermedad y están relacionados con un mayor riesgo de padecimientos cardiovasculares y de otros problemas de salud, y normalmente de un pulso en reposo más rápido.

Volvamos a trotar. Si —como siguen afirmando muchos libros de texto— el ejercicio aumenta la activación simpática, lo que a su vez desconecta el sistema parasimpático, incluido el nervio vago, trotar y otros tipos de actividad aeróbica no parecen beneficiar el tono vagal. Sin embargo, nuevos e importantes resultados indican que el ejercicio también pone en acción al sistema parasimpático. Esta investigación desafía la visión tradicional de la literatura especializada y abre nuevas posibilidades para comprender la compleja interacción entre la actividad física, el sistema nervioso y la salud en general.

Un estudio reciente que podría servir de base para un dibujo animado de *The Far Side* observó ovejas en una caminadora (la investigación se realizó en Nueva Zelanda).[11] En primer lugar, los investigadores determinaron que el régimen óptimo de ejercicio de esos ovinos era de 18 minutos, hasta una velocidad máxima de 2.5 kilómetros por hora en una pendiente de 15 grados de inclinación. Esto multiplicaba por cuatro o por cinco su gasto cardiaco, un esfuerzo razonable para animales que han evolucionado para recorrer kilómetros de colinas y valles para sobrevivir. Los científicos implantaron catéteres especializados con el fin de sondear, monitorear, estimular y registrar la actividad del corazón, el nervio vago y el flujo sanguíneo de cada oveja durante el ejercicio. Descubrieron que, contrariamente a lo esperado, el nervio vago no estaba "apagado" mientras la caminadora permanecía encendida y las ovejas trotaban; de hecho, la actividad del nervio vago aumentaba durante el ejercicio.

Para entender por qué sucedía esto midieron el flujo sanguíneo de las arterias coronarias que irrigan el corazón y notaron que el aumento de circulación de sangre a través de las mismas derivaba del propio incremento de la actividad del nervio vago. Este aumento del flujo sanguíneo al músculo cardiaco le permitía responder a las mayores exigencias del ejercicio. La amplificación de las señales del nervio vago retrasó el inicio del siguiente latido, dándole al corazón más tiempo para proveerse de sangre oxigenada, lo cual se tradujo en un mayor aporte de oxígeno para sí y para el organismo con cada palpitación. Este estudio demostró un beneficio sinérgico mutuo, en lugar de una oposición entre ambos lados del sistema nervioso autónomo.

Si te encuentras sano, tu nervio vago nunca está "apagado", sino que siempre permanece trabajando con el fin de mantener tu cuerpo en equilibrio dinámico, y a ti tan saludable y feliz como tus posibilidades te lo permitan, ya sea que estés en reposo, haciendo ejercicio o enfrentándote a situaciones estresantes. El ejercicio regular optimiza el tono vagal general, un signo de mejora de la comunicación mente-cuerpo esencial para la salud y el bienestar global. En la parte III hablaremos con más amplitud sobre el ejercicio, el tono vagal y la cooperación en tu sistema nervioso.

El valiente nuevo mundo de la optogenética

Los avances de la biología molecular, la neurofisiología y la electrofisiología nos han proporcionado una visión moderna del cuerpo que Galeno, los hermanos Weber, Otto Loewi y otros investigadores pioneros no podían imaginar, pues revelan el funcionamiento del nervio vago cada vez con más detalle, permitiéndonos saber cómo cada una de sus 200 000 células nerviosas transmite información al cerebro y de vuelta al cuerpo.

Cada una de tus 200 000 neuronas vagales es una célula con una larga proyección, el axón, que produce diminutos picos eléctricos llamados *potenciales de acción*. Estos picos fluyen a lo largo de la fibra nerviosa y generan una corriente de información en un intrincado entramado de biología y física. En reposo, la neurona es un recipiente silencioso rebosante de energía potencial. Pero cuando recibe la orden de activación, la neurona cobra vida. Los canales de su membrana celular se abren, facilitando la entrada de una avalancha de iones de sodio cargados positivamente. Esta afluencia cambia la carga eléctrica dentro de la neurona, lo que origina un pico de tensión: el potencial de acción. A continuación, una onda de excitación eléctrica recorre el nervio y detona una reacción en cadena de canales de sodio que se abren de manera secuencial a lo largo del mismo, propagando una corriente de potenciales de acción. La neurona vagal, antes silenciosa, se ha convertido en un mensajero zumbador y sus emisiones eléctricas se precipitan hacia el final de la línea (la *terminal presináptica*). La llegada de los potenciales de acción al final del axón propicia la liberación de neurotransmisores desde ese punto hasta el pequeño espacio (la *hendidura sináptica*) que separa la terminación nerviosa de su órgano objetivo o de otra célula nerviosa. A continuación se produce un breve —pero crucial— silencio, un periodo refractario, que le permite a la neurona reajustarse para la siguiente oleada de información.

Gracias a las nuevas tecnologías es posible empezar a desentrañar esta maraña de conexiones y vincularlas a nuestros comportamientos. Una poderosa herramienta, la *optogenética*, combina la precisión de la óptica láser con las complejidades de la genética molecular.[12] En una situación similar a la de Otto Loewi cuando reveló cómo los nervios convierten las señales eléctricas en químicas, ahora estamos modificando genéticamente las neuronas de ratones para que generen proteínas fotosensibles, u opsinas, derivadas originalmente de algas amantes de la luz solar, con el fin de utilizar rayos láser para activar aquellas células neuronales. En su entorno natural, las opsinas permiten a las algas orientarse hacia la luz solar. Una vez introducidas en las neuronas, las opsinas hacen que estas células cerebrales respondan a esa luminosidad. Al desplegar emisiones láser de una longitud de onda específica que interactúan con las opsinas podemos estimular o inhibir neuronas concretas del cerebro con una precisión sin precedentes y observar lo que sucede. Esta tecnología de vanguardia está revolucionando la investigación neurocientífica y brinda la posibilidad de desarrollar tratamientos novedosos para trastornos neurológicos.

La optogenética nos da el poder de activar de manera selectiva un conjunto objetivo de neuronas de entre los miles de millones disponibles, lo cual nos permite observar los comportamientos resultantes. Es como la diferencia entre tocar una melodía delicada en un piano y sentarse sobre las teclas si el piano tuviera 100 000 millones de teclas. Literalmente podemos ver las conexiones entre la actividad de determinadas neuronas en una región cerebral discreta y las funciones fisiológicas, patológicas y de comportamiento específicas que controlan el cuerpo. Varios laboratorios, entre ellos el mío, están usando estos nuevos avances para estudiar el nervio vago.[13]

Investigadores de la Facultad de Medicina de Harvard han desarrollado otro conjunto de herramientas moleculares que, combinadas con la potente lente de la optogenética, pueden usarse para explorar el nervio vago en ratones, rebosante de sus 4 000 a 6 000 neuronas (entre más simple es el animal, menos fibras nerviosas posee).[14, 15] De esta compleja constelación neuronal, los investigadores han centrado sus esfuerzos en cartografiar una cohorte precisa de apenas unos cientos de estrellas y han hecho un descubrimiento sorprendente: dos grupos distintos de neuronas del nervio vago, de unos pocos cientos cada uno, tienen efectos opuestos sobre la respiración. Cuando los investigadores proyectaron una luz láser sobre el cerebro para estimular optogenéticamente las neuronas de un grupo, los ratones dejaron de respirar mientras estaban en una fase de exhalación profunda. Pero la estimulación del otro grupo de neuronas hizo que los roedores respiraran de forma rápida y superficial. Estas fibras del nervio vago que controlan la respiración no afectaron la frecuencia cardiaca ni la presión estomacal, otras funciones reguladas por el nervio vago. Lo anterior significa que hay determinados grupos de neuronas vagales que desempeñan sus propias funciones específicas; la estimulación de una pequeña parte o segmento del nervio vago puede producir respuestas completamente distintas de las que arroja la estimulación de otra pequeña parte.

Así que cuando alguien me comenta: "Quiero estimular mi nervio vago", yo pregunto: "¿Qué parte?", porque eso importa.

La respiración profunda es una forma de estimular de manera voluntaria tu propio nervio vago. Inténtalo ahora. Realiza una respiración diafragmática profunda e imagina que estás inflando la parte inferior de los pulmones cerca de la región umbilical como si se tratara de un globo, seguida de una exhalación gradual mientras metes el ombligo. Inhala por la nariz, cuenta hasta tres y exhala lentamente por la boca, ahora contando hasta siete. Repite este ciclo 12 veces, lo cual equivale a 12 respiraciones completas (o dos minutos), y estarás en camino de mejorar tu calidad de vida.

Así de fácil. Acabas de activar el sistema nervioso parasimpático, has desacelerado el pulso, has mejorado la variabilidad de la frecuencia cardiaca y has aumentado el tono vagal estimulando algunas de las neuronas del vago, quizás unos cientos de fibras en la inhalación y unos cientos más en la exhalación, aunque no estamos seguros. Lo que sí sabemos, y lo explicaré más adelante, es que tal vez te sientas mejor después de respirar profundamente. Y existen buenas razones para ello. Como verás en la parte III, si adoptas hábitos que combinen la respiración diafragmática con el ejercicio aeróbico regular (caminar a paso ligero, montar en bicicleta, nadar o correr), podrás cultivar aún más los beneficios a largo plazo de un nervio vago sano.

Salud, felicidad y tu nervio vago

En tiempos de Galeno, el nervio que hoy llamamos *vago* se conocía como *nervio neumogástrico*, denominado de esa manera por el camino que recorre hasta los pulmones *(pneumones)* y el estómago *(gaster)*.[16] Tras profundizar en sus funciones, Galeno consideró necesario cambiarle el nombre. Por respeto a su importancia como dador de voz y sustento de la vida, lo bautizó como "el gran nervio", que fue como se conoció durante más de 1400 años.[17]

Quince siglos después de Galeno, a principios del siglo XVII, los médicos-científicos perfeccionaron los procedimientos de disección de animales y cadáveres humanos, y continuaron trazando la anatomía del gran nervio y estudiando sus funciones. Lo cortaron en varias zonas, con lo cual surgieron nuevas observaciones y conclusiones, interesantes y sombrías a la vez. Seccionaron el gran nervio cerca del cerebro en ambos lados (izquierdo y derecho), normalmente en el cuello, y descubrieron que esa escisión era suficiente para acabar con la vida de perros, gatos, cerdos, ranas y otros animales de laboratorio. Trazaron su curso ramificado desde el cerebro a través del cuerpo, como una tela de araña conectada a todos los órganos en su camino. Confirmaron el papel esencial del nervio en el mantenimiento de la vida. Impresionado por el largo alcance del nervio, uno de estos científicos, de origen danés, Caspar Bartholin, decidió rebautizarlo como "nervio errante", o *nervus vagus* en latín.[18]

La palabra *vagar* no me parece del todo correcta. Cuanto más aprendemos sobre el nervio vago, más comprendemos que sabe exactamente adónde va y lo que hace. La ciencia moderna ha revelado que está conectado con precisión y sintonizado finamente, que es un aliado de la salud, la felicidad y —como veremos en su relación con el sistema inmunitario— la curación. La naturaleza del nervio vago dista mucho de estar desorientada: Galeno y los primeros científicos que le siguieron ya lo sabían. La finalidad del nervio cautivó su curiosidad científica, como la mía.

Quizá *vago* reflejaba en términos poéticos las sinuosas líneas trazadas hasta entonces, o quizás expresaba inadvertidamente la comprensión incierta que los propios científicos tenían de sus enormes poderes. Quedaba mucho por aprender. Y todavía falta mucho. En cualquier caso, el nombre de *vago* se mantuvo, pero cuanto más aprendemos, sé que es más grande.

Dos mil años de ciencia sobre el nervio vago siguen evolucionando. En las reuniones semanales de mi centro de investigación clínica repasamos nuestros últimos resultados experimentales. Al pensar en lo que significa todo lo anterior, la codirectora de mi laboratorio, Sangeeta Chavan, y yo, junto con nuestros respectivos equipos, buscamos respuestas enterradas en el vago, rastreando las pistas que arrojan nuestros datos para resolver sus misterios. Como otros colegas en sus laboratorios en todo el mundo, seguimos en busca de más pistas. Escuchamos al nervio vago mientras transmite sus mensajes de ida y vuelta entre el cuerpo y el cerebro, fibra a fibra. Gracias a los científicos, médicos e innovadores que allanaron el camino antes que nosotros, y a lo que hemos aprendido desde entonces, ahora confiamos en que estos estudios conduzcan a vidas más sanas y felices para los demás. Y tal vez para ti.

3

Los reflejos curativos de tu cuerpo

> "La constancia del medio interno es la condición para una vida libre e independiente."
>
> **Claude Bernard**[1]

Se llamaba Janice y sólo tenía 11 meses de edad cuando una tarde se arrastró por el suelo de la cocina mientras su abuela estaba inmersa en la preparación de la cena. Cuando ésta volteó para vaciar una olla de agua hirviendo, tropezó con Janice y una cascada de aquel líquido borboteante cayó sobre la niña indefensa. Menos de una hora después, hace 39 años, me encontraba en el mundo de Janice, en la unidad de quemados del séptimo piso del Pabellón Payson del Hospital de Nueva York, con vistas al East River, mientras le insertaba un laberinto de catéteres en las arterias y en las venas femorales con el fin de suministrarle los líquidos necesarios para mantener su tenue existencia.

Las unidades de quemados son espacios muy iluminados, cálidos, húmedos y están llenos de sufrimiento. Se forma un hedor por la mezcla de diversos malos olores: el sudor humano del esforzado personal médico, mezclado con el penetrante antibiótico Silvadene, un bálsamo curativo que aplicamos a las heridas por quemaduras, las cuales emanan sus propios vapores pútridos. En esta atmósfera fétida debemos hacer cálculos fríos, usando fórmulas que estiman la mortalidad a partir de la edad del paciente y el volumen de tejido quemado y lesionado. En el caso de Janice, la sombra de la muerte se cernía sobre ella, con una probabilidad de que el desenlace fatal sucediera superior a 90 por ciento.

Pero durante tres semanas y media su organismo desafió estas estimaciones y su espíritu perseveró, incluso a pesar de la neumonía y de la insuficiencia hepática y renal. Mientras seguía recuperándose, esperábamos que tal vez —sólo tal vez— superaría las probabilidades. Empezamos a murmurar sobre su futuro, sobre los días más allá del dolor, sobre posibilidades que desde el accidente eran impensables y de pronto volvían a ser factibles. Quizás algún día pudiera volver a casa.

Fue en ese suave resplandor de esperanza cuando me quedé en la puerta de su habitación, viendo cómo una enfermera mecía a Janice con ternura en sus brazos mientras la alimentaba con una mamila, de un lado a otro de manera reiterada hasta que, de repente, algo empezó a estar mal. Vi cómo a Janice se le pusieron los ojos en blanco (se salvaron de ser quemados). En la pantalla que se hallaba sobre sus cabezas los registros numéricos de sus signos vitales parpadeaban, mientras su presión sanguínea caía en picada y su ritmo cardiaco se tornaba agitado y caótico. Conforme sus labios se volvían azules, y más azules aún, Janice dejó de respirar.

Entré corriendo a la habitación, acuné a Janice en el hueco de mi brazo izquierdo, sellé mi boca sobre su nariz y su barbilla y respiré de manera suave hacia sus pulmones mientras presionaba rítmicamente con un dedo su frágil esternón. La enfermera llamó a todo el personal con el código de Janice. En cuestión de minutos su habitación estaba abarrotada por algunos de los mejores pediatras, intensivistas y cirujanos del mundo.

La pequeña Janice fue intubada, conectada a un respirador y cardiovertida con descargas eléctricas; por último, se le colocó un marcapasos intracardiaco flotando en la aurícula derecha a través de la vena yugular, algo que hasta ese día sólo se había hecho una o dos veces en niños pequeños en nuestro hospital. Todo, incluso ese raro procedimiento, salió a la perfección durante la hora que duró el código de emergencia, pero a pesar de nuestros esfuerzos, el corazón de la niña permaneció en silencio y no pudimos ponerlo en marcha de nuevo.

Era mi responsabilidad informárselo a la mamá. Aún puedo escucharla gritar luego de enterarse de la lamentable noticia. De inmediato, un silencio atónito inundó la habitación como si el mundo entero dejara de respirar como su hija. Entonces cayó al suelo desvanecida. La levantamos con cuidado y la llevamos hasta un sofá donde la recostamos. Cuando volvió en sí y estuvo acompañada por su familia, me dirigí hacia la enfermería para redactar la "nota de defunción" en el historial de Janice.[2]

En los meses que siguieron a esta pérdida mis pensamientos regresaban a menudo a la inquietante pregunta sobre qué llevó a Janice a ese precipicio. Todos comprendimos entonces que los pacientes con quemaduras caminan por una delgada línea con la infección que se presenta por ese cuadro clínico, de modo que éramos plenamente conscientes de las toxinas que generan los microbios al respecto, una de las cuales, la más conocida y estudiada, era el lipopolisacárido (LPS), que es letal y la producen bacterias como *E. coli*, entre otras. Conocíamos asimismo que el LPS desencadena una falla fisiológica en la que la presión arterial cae en picada, los latidos del corazón se tornan erráticos, los órganos necrosados se ennegrecen y cesa la respiración. Era como si Janice hubiera sido envenenada con LPS, aunque no había signos de que tuviera una infección importante ni rastro de toxinas.

Si no había infección ni toxinas bacterianas, ¿qué desencadenó el colapso? Yo sabía que faltaba una pieza del rompecabezas. Y estaba seguro de que ese elemento faltante debía estar oculto a plena vista, en la intrincada interacción de la vida, la muerte y la inflamación.

Eres tus reflejos

Mientras lees esto, tu cerebro se dedica activamente a las tareas de escanear el texto y convertir las palabras impresas en una voz que sólo tú oyes, dentro de tu cabeza. Puedes escuchar ese discurso interno porque tu cerebro maneja las palabras escritas en tu corteza auditiva, que es la responsable de procesar e interpretar los sonidos. Pero mientras rastreas el nervio vago desde la operación del cerdo de Galeno hasta mi laboratorio, o intentas entender por qué murió Janice, tu cerebro también está realizando múltiples tareas, gestionando una miríada de otras funciones que te mantienen vivo, sano y capaz de leer. Casi todas las tareas del cerebro se desarrollan por debajo de tu percepción consciente. Por ejemplo, a menos que desvíes intencionadamente tu atención de esta página, no eres consciente de que los nervios sensoriales de las plantas de tus pies están transmitiendo información a tu cerebro sobre la presión que ejercen tus calcetines contra tu piel, aunque si decides ponerles atención puedes ser consciente de las sensaciones de tus pies. Sin embargo, por mucho que lo intentes, no puedes atender conscientemente todas las sensaciones que surgen en la mayor parte de tu cuerpo.

Los nervios sensoriales rodean las células de tu cuerpo, incluidas todas sus partes esenciales, y aunque quisieras, no puedes sentir las señales que controlan tus órganos internos y te conservan sano. No puedes sentir cómo el nivel de glucosa en el hígado hace que los nervios sensoriales que viajan hasta el cerebro a través del nervio vago coordinen la necesidad de que el páncreas produzca insulina. Tampoco puedes sentir las señales nerviosas sensoriales del nervio vago que informan al cerebro sobre la presión del aire en los pulmones o los niveles de dióxido de carbono en la respiración, ni las señales que vuelven del cerebro a través de las fibras nerviosas motoras del vago que modulan las actividades de esos mismos órganos. La temperatura corporal, la frecuencia cardiaca y la presión arterial, junto con los niveles de oxígeno, hormonas y glucosa, y millones de otros datos vitales, se transmiten de manera constante del cuerpo al cerebro a través del nervio vago.

Tú eres ajeno a estos procesos. Mientras tanto, tu sistema nervioso usa la potencia de sus 100 000 millones de neuronas y sus 600 billones de sinapsis para procesar esas ingentes cantidades de datos sensoriales, sus entradas. Entrada y salida, sensaciones y respuestas a esas sensaciones suceden cada segundo que estás vivo.

Llevo décadas pensando en esto y la interrogante que me mantiene despierto por la noche —cuando mi tono vago podría beneficiarse del sueño— es: ¿cómo? ¿*Cómo* funcionan todos estos sistemas sin que tengamos que pensar en ellos?

La respuesta, destilada hasta su esencia, son los reflejos.

Probablemente estás familiarizado con tu propio reflejo rotuliano. No me refiero a la reacción que se deriva cuando alguien te corta el paso en el tráfico o cuando discutes temas controversiales de política. Me refiero al *reflejo rotuliano* literal que activa tu médico cuando te sientas con las piernas colgando sobre la mesa de exploración del consultorio. Este reflejo rotuliano comienza cuando un martillo de goma golpea el tendón rotuliano justo debajo de la rótula (*rótula* es otro nombre para la rodilla). Este pequeño golpe estira el tendón y estimula los nervios sensoriales especializados en responder a la tensión y al estiramiento, produciendo una serie de potenciales de acción en los nervios sensoriales que viajan hasta la médula espinal, donde las neuronas envían la señal de salida a través de los nervios motores al músculo cuádriceps, que se contrae. Antes de que te des cuenta de que pasó algo, tu pie te sorprende levantándose de la mesa, sin tu permiso ni guía. ¿Quién lo hizo? Tus reflejos: no tuviste que tomar ninguna decisión.

Los reflejos simples colaboran para producir comportamientos complejos. En el ejemplo del golpe en la rodilla, la extensión de la pierna requiere algo más que la activación de un grupo muscular, como el cuádriceps. El circuito reflejo también envía señales que inhiben al mismo tiempo otros músculos, como los isquiotibiales, que normalmente se opondrían a que la pierna saliera disparada hacia delante, ya que su función es producir la flexión de la rodilla. El término técnico para este tipo de coordinación entre reflejos es *inhibición recíproca*, que me gusta porque destaca la sinergia y la cooperación que se producen entre la estimulación y la inhibición reflejas.[3] ¿Recuerdas cómo la lucha o la huida y el descanso y la digestión trabajan juntos? Es la misma idea. La inhibición recíproca en los reflejos permite al sistema nervioso integrar señales simples para producir comportamientos complejos equilibrados, rápidos y coordinados.

Supongamos que llevas un rato leyendo y se acerca la hora de comer. No eras consciente mientras tu cuerpo digería el desayuno, pero ahora el vacío de tu estómago llega como una sensación a tu conciencia, incitándote a hacer algo al respecto. Algo como, por ejemplo, ir por una pizza. Exploremos los diversos reflejos del nervio vago que colaboran para equilibrar las funciones de tus órganos durante el simple acto de comer.

Ya sea que prefieras el estilo de pizza Nueva York, Chicago, New Haven, o el napolitano, o simplemente el que tengas más cerca, comer un trozo —o tres— requiere una compleja cooperación de reflejos. Al entrar a la pizzería los ojos observan las brillantes opciones, una clase magistral de análisis neuronal en la que las señales visuales se combinan con los recuerdos y las preferencias. Al considerar los ingredientes, el cerebro habla en silencio para guiarte hacia tus favoritos. Con la rebanada en la mano, los reflejos musculoesqueléticos y la médula espinal, en sintonía con la posición de las extremidades en el espacio, orquestan la precisa coordinación necesaria para llevarte la pizza a la boca. Pero incluso antes de esos primeros movimientos ya estás salivando porque los reflejos del nervio vago han activado las glándulas salivales para lubricar la garganta y preparar la boca para saborear, masticar y tragar. Mientras tanto, otras señales reflejas del nervio vago dirigidas al estómago y al páncreas aumentan la producción de ácido gástrico y enzimas digestivas. Los sistemas están listos, tomas un bocado y empiezas a masticar.

Esta cascada de reflejos está en constante sintonía y se ajusta al ritmo de la retroalimentación sensorial: la interacción de las sensaciones del queso, la salsa y la corteza de la masa en la lengua, el calor de la pizza que atraviesa la faringe y el esófago cuando llega al estómago. Esta armonía refleja entre las glándulas digestivas, la lengua y los músculos de las mejillas incluso puede estimularse sólo con *pensar* en la pizza. Es muy probable que estés salivando solamente con leer esto, porque incluso el acto de atender esta historia en la página puede activar tus reflejos del nervio vago.

Cuando comes, miles de neuronas sensoriales que viajan por el nervio vago desde tu esófago, estómago y páncreas envían información al cerebro, desencadenando miles de reflejos. Estos reflejos agitan tu mente con pensamientos y emociones, aprovechando tus recuerdos de otros festines de pizza y su placer. Mientras tanto, estas entradas del nervio vago en el tronco encefálico estimulan salidas reflejas que bajan de nuevo por el nervio vago con el fin de impulsar la comida a través de los intestinos, inducir el páncreas para que produzca enzimas digestivas e insulina y sincronizar este trabajo con tu corazón y tus pulmones.

No tienes que pensar qué hacen tus órganos con la pizza. Simplemente puedes sentarte y disfrutarla, tal vez mientras sigues leyendo, o quizá mientras tomas un descanso y charlas con alguien. La pizza nos ha alimentado en muchas reuniones de laboratorio.

Tus reflejos nunca duermen, lo cual es muy bueno. Mientras hablas y masticas, si algún bocado se te va por el conducto equivocado, tu reflejo de la tos se activará, expulsando el alimento errante de tu tráquea.[4] Y probablemente, en medio de la excitación, pierdas la cuenta y comas más trozos de los habituales —como médico, te recomiendo que no lo conviertas en un hábito, ¿pero quién no lo ha hecho alguna vez?—. La hinchazón y el malestar pasarán porque los reflejos del nervio vago están trabajando de manera intensa, 24 horas al día, siete días a la semana, colaborando para devolverte a la homeostasis. La comida se moverá por el sistema, se digerirá, se absorberán sus nutrientes y las señales de saciedad que llegan al cerebro suprimirán tus ganas de seguir comiendo. Tus reflejos del nervio vago siempre están colaborando de ese modo con el objetivo de equilibrar tus sistemas.

Los reflejos son la clave para entender cómo el sistema nervioso orquesta a la perfección comportamientos complejos sin una dirección consciente. Mediante la integración automática de reflejos sencillos, el sistema nervioso nos capacita para llevar a cabo complejas hazañas multitarea tan variadas como caminar mientras mascamos chicle, tocar un concierto de violín de Mozart mientras el latido del corazón sigue el compás, o comer pizza y leer. La vida y la salud dependen de la actuación de reflejos invisibles, protectores y curativos que animan nuestra existencia y nuestro bienestar.

Estos sólo son algunos ejemplos de los miles de reflejos del nervio vago mediados por sus propias fibras que recorren cada lado del cuello. Cada una de estas fibras vagales es única y se halla conectada a su propio circuito reflejo específico. La complejidad de este gran nervio puede dejarnos perplejos.

La salud depende de la homeostasis

Cerca de 80% de las fibras del nervio vago es *aferente*, es decir, que son nervios sensoriales que transmiten señales de entrada desde el entorno interno y externo de tu cuerpo hasta tu cerebro. Cada una de estas fibras aporta información específica en el arco de entrada de un reflejo concreto; por lo tanto, cada una desempeña un papel esencial en la mediación de innumerables reflejos simples que, en conjunto, coordinan el funcionamiento saludable de todos los órganos y sistemas de tu cuerpo mientras tú eres felizmente inconsciente.

Una amplia gama de estímulos químicos y mecánicos activan las respuestas reflejas del nervio vago a los cambios de temperatura, el estrés oxidativo y las demandas energéticas, así como a la presencia de moléculas específicas como la glucosa, la grasa, los nutrientes, las hormonas y las citocinas producidas por el sistema inmunitario. Tu tronco encefálico integra miles de estas entradas y responde activando los arcos motores en miles de circuitos reflejos. Estas salidas —señales neuronales que vuelven al cuerpo a través del nervio vago— coordinan el comportamiento general de tus órganos y tus sistemas vitales. Cada fibra del nervio vago desempeña su propio papel, en concierto con otros innumerables reflejos, para mantener tu organismo en un equilibrio saludable, estado conocido como *homeostasis*.

La homeostasis es el proceso dinámico a través del cual tu cuerpo —y los de todos los organismos vivos— mantiene un entorno interior estable, a pesar de las fluctuaciones que existen tanto dentro como fuera de nosotros. Esta regulación es esencial para el correcto funcionamiento de tus órganos y sistemas vitales, y para tu salud en general, pues garantiza que las condiciones internas de tu anatomía permanezcan en un rango estrecho y óptimo.

La homeostasis no está codificada en el ADN. No existe un gen para ella. Es una propiedad emergente; es decir, cuando un conjunto de entidades simples crea algo inesperado y extraordinario, como una bandada de pájaros que vuela por el cielo en formación o moléculas de agua individuales que se autoorganizan en copos de nieve de formas infinitamente diferentes. La homeostasis es el funcionamiento equilibrado de los sistemas fisiológicos que surge del complejo entrelazamiento de cientos de miles de millones de neuronas y billones de sinapsis del sistema nervioso. Los reflejos simples, seleccionados por la evolución, actúan de manera conjunta para producir sistemas orgánicos estables, a pesar de los cambios del clima y el suministro de alimentos y a pesar de las lesiones o las infecciones. La homeostasis surge como algo mayor que la suma de sus partes, algo necesario para la salud, algo que nos permite curarnos.[5]

sanar | *verbo* | volver a estar sano o saludable

- aliviar (el malestar o la angustia de una persona)
- corregir o remediar (una situación indeseable)[6]

Billones de impulsos, o potenciales de acción, viajan arriba y abajo por tu nervio vago entre tus órganos y tu cerebro; intervienen en reflejos que producen homeostasis, facilitan la curación y sostienen la salud. Los reflejos mantienen la salida continua, rítmica y equilibrada de tus sistemas cardiovascular, respiratorio, gastrointestinal, hepatorrenal (hígado y riñones) y nervioso. Esta breve lista de reflejos del nervio vago sólo representa algunos ejemplos de los cientos que los fisiólogos y los neurocientíficos han estado estudiando durante décadas.[7]

El reflejo barorreceptor mantiene la presión arterial y surge desde los barorreceptores, neuronas especializadas que detectan el estiramiento, situados en la arteria carótida y en la aorta (la arteria principal cerca del corazón). Su función consiste en controlar de manera continua los cambios de la presión arterial (sangre oxigenada procedente del corazón) debidos al estiramiento de las paredes vasculares.[8] Cuando los barorreceptores detectan un aumento de la presión derivada del estiramiento de las paredes, envían señales desde el nervio vago hacia el tronco encefálico, que a su vez activa las fibras motoras del referido nervio, aumentando el tono vagal del corazón y reduciendo la frecuencia cardiaca. De manera simultánea, los barorreceptores mandan señales a las neuronas del tronco encefálico que amortiguan el sistema nervioso simpático (de lucha o huida), lo cual provoca la dilatación de los vasos sanguíneos y una disminución de la presión arterial. A la inversa, un descenso de la presión arterial provoca la reducción del disparo de los barorreceptores, lo que disminuye el tono del nervio vago y aumenta la actividad simpática, que eleva la frecuencia cardiaca y la contractilidad, y hace que los vasos sanguíneos se contraigan para equilibrar los niveles de presión arterial dentro de un rango saludable.[9]

El reflejo de Hering-Breuer impide que los pulmones se inflen en exceso. Cuando inhalas profundamente, las neuronas receptoras de estiramiento situadas en los músculos lisos de las vías respiratorias pulmonares (bronquios y bronquiolos) detectan el grado de inflado de los pulmones.[10] Los impulsos de estos receptores suben por el nervio vago hasta el tronco encefálico. Cuando este último recibe dicha emisión, el centro respiratorio situado allí envía señales que inhiben los músculos inhalatorios, con lo cual finaliza la inhalación e inicia la exhalación. Lo anterior evita que tus pulmones se inflen en exceso y ayuda a regular la profundidad y el ritmo de tu respiración. Cuando practicas ejercicios de respiración profunda estimulas este reflejo vago. Hablaremos más de esto en la parte III.

La arritmia sinusal respiratoria (ASR) controla la variación natural de la frecuencia cardiaca que se produce durante el ciclo respiratorio. Al inhalar, se activan los receptores de estiramiento pulmonar. Las señales de entrada de estos receptores viajan a través del nervio vago hasta los centros cardiorrespiratorios del tronco encefálico, que a su vez mandan señales que inhiben la salida motora del nervio vago al corazón. La reducción de la salida vagal aumenta la frecuencia cardiaca; este incremento que se produce durante la inhalación, y su posterior disminución durante la exhalación, mejora la eficacia del ciclo cardiaco al sincronizar la secuencia de contracciones y relajaciones con el ciclo respiratorio, lo que conduce a un llenado y vaciado óptimos del corazón y a una oxigenación óptima de la sangre.[11]

El reflejo vaso-vagal equilibra la propulsión, la digestión y la absorción de nutrientes durante cada comida. Los receptores situados en las paredes estomacales y los intestinos se activan por la distensión del estómago o por la presencia de determinados estímulos químicos, como grasas, proteínas, carbohidratos y hormonas gastrointestinales. Estas señales se transmiten al tronco encefálico a través del nervio vago. A su vez, el tronco encefálico envía señales que controlan diversas funciones digestivas.[12]

El reflejo hepático de detección de azúcar regula los niveles de glucosa en sangre. Las neuronas vagales sensibles a esas concentraciones en tu hígado modulan la salida de las motoneuronas del nervio vago y las neuronas simpáticas que controlan la producción y el almacenamiento de glucosa en aquel órgano. Al mismo tiempo, los nervios vago y simpático regulan la liberación de insulina del páncreas, lo cual permite mantener los niveles de azúcar en sangre dentro de límites saludables. Este es uno de los reflejos implicados en la terapia con ultrasonido que investigaremos con más profundidad en el capítulo 7.[13]

El reflejo de inmersión optimiza el uso del oxígeno por parte del organismo. (Este es uno de los favoritos de internet y de las redes sociales.) El agua fría en tu rostro estimula los nervios sensoriales, que envían señales a tu tronco encefálico. El tronco encefálico coordina entonces una respuesta autónoma, emitiendo mensajes a través del nervio vago al corazón y al sistema respiratorio para reducir tu frecuencia cardiaca y suprimir tu respiración.[14] Además, el reflejo de inmersión redirige el flujo sanguíneo hacia los órganos vitales. Esto ayuda a proteger tu cuerpo durante la sumersión en agua fría, pues equilibra el flujo sanguíneo y conserva el oxígeno, razón por la cual algunas personas, especialmente bebés, han podido sobrevivir indemnes a periodos prolongados de sumersión en agua helada y a eventuales ahogamientos accidentales. Como veremos en la parte III, la exposición al frío puede activar este reflejo.

La homeostasis es clave para la salud, y el nervio vago es clave para la homeostasis. Dos siglos de investigación han revelado el papel sustancial del nervio vago en la regulación y el equilibrio de las funciones corporales esenciales. Tu nervio vago trabaja las 24 horas del día, armonizando los sistemas vitales para mantener el bienestar. La alteración de los reflejos protectores y curativos del nervio vago perturba este equilibrio. Un estado de homeostasis alterada, denominado *desregulación*, *desequilibrio* o *enfermedad*, se produce cuando el entorno interno del cuerpo se halla inestable. Aunque no todos los casos de desregulación son tan extremos como lo que le ocurrió a Janice, el desequilibrio persistente o grave de los reflejos que controlan los órganos y los sistemas vitales del cuerpo incide en la mayoría —si no es que en todas— de las condiciones patológicas y los estados de salud adversos. Por esa razón, comprender los desequilibrios del reflejo del nervio vago y cómo corregirlos se ha convertido en uno de los objetivos más importantes de la neurociencia, la inmunología y toda la medicina.

Estoy seguro de que lo que sabemos hoy sobre los reflejos del nervio vago y la salud y la enfermedad es sólo la punta del *iceberg*. Como ya comentamos en el capítulo 2, estudios realizados en la Facultad de Medicina de Harvard han demostrado que tan sólo un centenar de fibras del nervio vago —que representan menos de 2% de todas las contenidas en esa misma parte neurálgica de un ratón— es suficiente para controlar los aspectos fundamentales de la respiración.[15] Las funciones particulares de esta gran cantidad de fibras del nervio vago siguen siendo desconocidas. No sabemos con exactitud cuántas fibras se requieren para controlar la entrada y la salida de la mayoría de los reflejos del nervio vago, pero es probable que sea un número igualmente pequeño. Lo anterior sugiere que si nos dirigimos a determinadas neuronas del vago con optogenética y otras herramientas, podemos descubrir nuevos reflejos que controlan aspectos inexplorados de la fisiología.

Hace 26 años mis colegas y yo descubrimos un reflejo fundamental del nervio vago que regula el sistema inmunitario, el mismo que durante mucho tiempo se creyó que no tenía nada que ver con el sistema nervioso. Lo explicaré con mayor detalle en el capítulo 5; pero cómo llegamos a ese experimento, cómo descubrimos el reflejo inflamatorio, se remonta a la pequeña Janice.

Inflamación: cuando es demasiado de algo

Tras la muerte de Janice me pregunté si las moléculas producidas por su propio sistema inmunitario, y no las bacterias, eran la causa directa del *shock* y la lesión tisular. Esta posibilidad desafiaba el dogma imperante de que el sistema inmunitario no podía hacer daño y sólo era una fuerza para el bien. Pero a falta de otra explicación para su muerte parecía que valía la pena investigarla. De ser cierto, podríamos intentar desarrollar antídotos o moléculas antagonistas con el fin de bloquear los efectos inductores del *shock* del sistema inmunitario, empleando estos antídotos como nuevos fármacos para inhibir la inflamación.

En 1985, atendiendo el consejo que me dio mi abuelo cuando yo era niño, decidí hacer algo al respecto. Me embarqué en una búsqueda investigativa que continúa hasta hoy. A pesar de mi formación como neurocirujano, me fascinaban los mecanismos moleculares del *shock* y la inflamación, no porque supiera que el nervio vago y esta última estuvieran relacionados, aún no, sino porque mi paciente murió en mis brazos. No sabía por qué y quería un antídoto para evitar que otros sufrieran lo mismo que ella.

Galeno, con la aguda mirada de un observador poético, reconoció la esencia de la inflamación como el calor, el enrojecimiento, la hinchazón y el dolor que son la respuesta del cuerpo a una lesión o infección. La sorprendente verdad sobre la inflamación es que es tan intrínseca a nuestro ser como la cadencia de los latidos de nuestro corazón, el flujo y el reflujo de nuestra respiración o las conversaciones eléctricas y químicas que susurran entre nuestras neuronas. La inflamación, como todos los reflejos, es protectora, la forma que tiene nuestro cuerpo de mantenerse íntegro y seguir adelante frente a las hondas, las flechas y los microbios de la vida. El médico y escritor Lewis Thomas sugirió que sin nuestro sistema inmunitario y la inflamación no tendríamos *yo:*

> En efecto, la inflamación y la inmunología deben estar poderosamente diseñadas para mantenernos separados; sin tales mecanismos, que implican un esfuerzo considerable, podríamos habernos desarrollado como una especie de sincitio que fluye sobre la tierra, sin la morfogénesis ni siquiera de una flor.[16]

Como las lesiones y las infecciones son consecuencias inevitables de la vida, la inflamación es una reacción universal en el reino animal; es la forma que tiene el cuerpo de reparar las lesiones y orquestar las polifacéticas estrategias de defensa inmunológicas y metabólicas esenciales para protegerse de bacterias, virus y otros enemigos al acecho.

Cualquiera que haya vivido con un sistema inmunitario debilitado, ya sea como consecuencia de un trastorno genético poco común o, como Kelly Owens en el capítulo 1, por la influencia de potentes sustancias inmunosupresoras destinadas a ayudarles, sabe cómo la capacidad del cuerpo para recuperarse y curarse se desorganiza. Las heridas persisten y la aparición de una infección, por pequeña que sea, se convierten en una amenaza. En última instancia, la diferencia entre existir o no puede ser la capacidad del nervio vago para regular la inflamación y restablecer la homeostasis durante una lesión o una infección.

Así que, la próxima vez que sientas molestias en una muela infectada o un dedo del pie, intenta encontrar consuelo al saber que el dolor forma parte de tu respuesta inflamatoria protectora, una señal de que estás iniciando el proceso de curación. Cuando los glóbulos blancos atacan la zona afectada, estimulan tus nervios, y eso duele; pero están ahí para limpiar los residuos, derrotar a los invasores invisibles y volver a reparar los tejidos. Recuérdalo también cuando tengas un resfriado o gripe, porque la aparición de la fiebre, la pérdida de apetito y la fatiga significan que tu sistema inmunitario está respondiendo a los extraños ocupantes víricos. Unas células especializadas, denominadas *fagocitos*, convocan a otras células inmunitarias defensoras, llamadas *linfocitos*, que crean recuerdos duraderos del ataque. La próxima vez que te invada un germen similar, tu sistema inmunitario se levantará de manera instantánea con el fin de reconocerlo, mejor equipado para protegerse de una enfermedad. La inflamación es un testimonio de la capacidad de recuperación de la vida, donde nuestras heridas pueden repararse, nuestro sistema inmunitario recordar y nuestros dedos bailar de nuevo.

Si la inflamación por lo general nos ayuda en nuestra lucha diaria por sobrevivir y prosperar, ¿por qué hoy tiene mala fama? Mis profesores de medicina destacaron los beneficios de la inflamación para el paciente y ninguno se refirió a la posibilidad de que hubiera demasiada, por supuesto no la suficiente como para matar a alguien; pero esta circunstancia cambió cuando me gradué de la licenciatura y comencé mi residencia en neurocirugía. Fue Esopo, el antiguo narrador, quien afirmó que es posible tener demasiado de algo bueno.

Con el tiempo, mis investigaciones demostraron que cuando la inflamación se sobreestimula, puede descontrolarse y causar estragos en las células sanas del organismo, en lugar de curar la herida o rechazar a los microbios invasores.[17] Este descubrimiento me proporcionó más pistas en el sentido de que el sistema inmunitario, como los demás sistemas orgánicos, está controlado por el sistema nervioso autónomo y que el nervio vago desempeña un papel central.

A principios de la década de 1980 me preparaba para ser neurocirujano y vivía y trabajaba en el Upper East Side de Manhattan, en la intersección de tres dominios médicos sagrados: el New York Hospital-Cornell University Medical Center (ahora Weill Cornell Medicine), la Rockefeller University y el Memorial Sloan Kettering Cancer Center. Cada una de estas instituciones investigativas tuvo una participación trascendental en el descubrimiento de una importante molécula producida por el sistema inmunitario que empezó a arrojar luz sobre cómo se regula la inflamación.

Después de ver lo que le pasó a la pequeña Janice, me pregunté: ¿es posible que las moléculas producidas por el propio sistema inmunitario de tu cuerpo puedan matarte? ¿Estas mismas moléculas podrían ser las responsables de las inflamaciones crónicas, aunque en menor cantidad y durante periodos más largos? En ese momento se estaba investigando una molécula llamada *factor de necrosis tumoral*, o simplemente TNF (por sus siglas en inglés).[18] Lo poco que se sabía sobre sus características me sugería que podía estar implicada en el *shock* letal y la lesión tisular.

El TNF se identificó por primera vez en estudios realizados con ratones en el Memorial Sloan Kettering. Los investigadores estaban administrando TNF a roedores en un intento por erradicar tumores cancerosos, procurando no causarles toxicidad.[19] El TNF es una citocina, y las citocinas son proteínas esenciales para la inflamación, producidas por el sistema inmunitario. El TNF, por ejemplo, señala la movilización de otras células que matan a los invasores e inician la curación. También incita al metabolismo de tu cuerpo a movilizar reservas de energía hacia estos procesos de lucha contra la infección y para activar la recuperación.

Por ese entonces, mis colegas y yo también estudiábamos el TNF en Cornell, en colaboración con la Universidad Rockefeller. Pero analizábamos su capacidad para causar inflamación de forma inespecífica dañando tejidos normales, no tumores. Descubrimos que, cuando se trata del sistema inmunitario, más no es necesariamente mejor. Y que como más puede ser demasiado, tuvimos un primer atisbo de las posibilidades futuras de deshacernos del TNF con el empleo de anticuerpos monoclonales que lo contrarrestaban, usados ahora por millones de pacientes.

La primera vez que inoculé TNF a una rata, me hallaba solo en la tranquilidad matinal del laboratorio. Fue un procedimiento quirúrgico similar al que presenciaste en el capítulo anterior: anestesia, incisión, separación de las capas musculares para exponer la arteria carótida... En este caso, después de deslizar con delicadeza un diminuto tubo de polietileno en la arteria de un milímetro de ancho, conecté el latido pulsante del corazón de la pequeña criatura a un transductor de presión, que trazaba cada palpitación en un soporte de papel, como una cinta de teletipo que evidenciaba de manera gráfica la homeostasis de la rata, descrita como presión arterial y ritmos cardiaco y respiratorio.

Cuando vi la transformación, la entrada en estado de *shock*, la aceleración y posterior desaceleración del ritmo cardiaco del diminuto animal, así como el cese de su respiración, supe que estaba viendo algo por primera vez: una molécula producida por las propias células del cuerpo efectuaba las mismas acciones letales que la toxina bacteriana lipopolisacárido.[20] El cuerpo era capaz de suicidarse con TNF.

En las necropsias comprobamos que los riñones de las ratas estaban pálidos, los intestinos ennegrecidos por la necrosis y los pulmones hinchados de líquido, como si los roedores se hubieran ahogado. Otros análisis histoquímicos de tejidos preparados a partir de estos órganos mostraron un desfile microscópico de glóbulos blancos porque los fagocitos, incluidos los macrófagos y los neutrófilos, invadieron los tejidos. Los vasos sanguíneos de los pulmones estaban tan obstruidos con glóbulos blancos que no había espacio para el paso de la sangre, un hallazgo que propició —o al menos contribuyó a— la aparición de la apnea y la muerte.

Nuestros datos significaban que cada uno de nosotros es capaz de generar un exceso de inflamación. Esto es lo que le ocurrió a Janice. Su cuerpo produjo demasiado TNF y eso la mató. La constatación representó un poderoso motivo para que pasáramos a las siguientes cuestiones críticas.

Si el TNF fuera el problema, ¿podríamos usar una molécula que lo bloquee con el fin de prevenir la inflamación? En otras palabras, ¿podríamos fabricar un antídoto contra la inflamación excesiva? Sabíamos que el sistema inmunitario de todas las personas puede producir TNF, pero no es común morir por un *shock* repentino o por una lesión tisular. Cada vez estaba más claro que debía existir un mecanismo para regular la cantidad de estas moléculas que produce el sistema inmunitario con el objetivo de mantener la salud y la homeostasis. Me obsesioné con entender eso.

En el otoño de 1986 nos embarcamos en los experimentos decisivos que pretendían acercar nuestros conceptos a la aplicación humana.[21] Creamos un antídoto contra el TNF, un "anticuerpo monoclonal anti-TNF", y lo probamos en babuinos.

Los babuinos son primates en peligro de extinción que viven principalmente en diversas regiones de África y de la Península Arábiga y comparten muchas características anatómicas y fisiológicas con los humanos. Los machos adultos pesan entre 30 y 40 kilos. En muchas zonas urbanas de África los babuinos son vistos como plagas, al igual que los mapaches en otras partes del mundo, que se atreven a robar comida, asaltar casas y arrebatarles las maletas a los turistas desprevenidos. Aunque son mucho más caros y más difíciles de manipular que los ratones y las ratas, los babuinos son un modelo de laboratorio de referencia para imitar la compleja fisiología del *shock* y las lesiones tisulares causadas por infecciones o inflamaciones letales en seres humanos. Gracias a subvenciones y contratos, pudimos empezar a trabajar.

Entre el zumbido de ventiladores, bombas de fluidos y máquinas de monitorización hemodinámica, dos babuinos sedados descansaban boca arriba en mesas de operaciones paralelas en una sala de cirugía animal que tomamos prestada en el octavo piso de la Facultad de Medicina de la Universidad de Cornell. Para reproducir el escenario clínico —humano— en todos los aspectos posibles, saqueé un congelador lleno de muestras bacterianas de pacientes en estado de *shock* tratados a lo largo de los años. Cerca del fondo, en una esquina que me obligó a meterme casi hasta la parte más profunda del congelador para alcanzarla, encontré una caja que contenía un tubo de bacterias que mataron a un joven 20 años atrás. La etiqueta identificaba la especie bacteriana como *E. coli*, una causa común de infección letal en pacientes hospitalizados en estado crítico.

Usamos esta bacteria viva para encender el sistema inmunitario de los babuinos con el propósito de que liberara TNF. En lugar de utilizar TNF sintetizado en laboratorio, como el que les administramos a las ratas, queríamos que el babuino infectado encontrara su ritmo después de producir su propio TNF, como sucedería en un paciente. Entonces intentaríamos salvarlo de sí mismo.

Resultó que sí podíamos.

Durante un despejado día de otoño en Manhattan, comenzamos nuestro experimento en una sala de operaciones veterinarias sin ventanas. Inoculamos a un babuino anti-TNF monoclonal, mientras que el otro animal, el de control, recibió un anticuerpo irrelevante que no impediría los efectos del TNF. A continuación, perfundimos las venas de ambos animales con billones de *E. coli* letal.[22]

Durante las ocho horas siguientes, ajustamos la administración de fluidos intravenosos en función de sus parámetros cardiovasculares y de hidratación por medio de técnicas precisas que simulaban los cuidados que tú o yo recibiríamos en la unidad de cuidados intensivos de un hospital. Y como lo hacíamos habitualmente con nuestros pacientes humanos, establecimos protocolos para registrar los datos clínicos cada 15 minutos, anotando los progresos en diagramas de flujo, mientras observábamos y esperábamos. Lo que sucedió entonces cambió mi mundo. Y en pocos años cambiaría también el mundo de millones de personas.

Las reacciones de los babuinos a las bacterias en sus venas fueron reveladoras y profundamente conmovedoras. Momentos después de que las bacterias invadieran su sangre, el TNF surgió del interior de sus sistemas inmunitarios, alcanzando sus niveles séricos máximos en poco menos de dos horas. Un babuino, desprovisto de los monoclonales anti-TNF, se vio desbordado de inmediato y, al igual que las ratas, su presión sanguínea no tardó en descender y sus ritmos vitales en desvanecerse. A la octava hora, su corazón estaba completamente parado y sucumbió. Sin embargo, su homólogo, con anticuerpos monoclonales anti-TNF inundando su torrente sanguíneo para silenciar las acciones del TNF, no resultó afectado, a pesar de que las bacterias se replicaban en su sangre. Continuó con sus funciones cardiacas, respiratorias y renales normales, sin alterar su equilibrio homeostático, horas después de la muerte de su congénere.

Aunque a los dos babuinos se les introdujo la misma amenaza bacteriana, los resultados fueron muy diferentes. La protección de los anticuerpos monoclonales anti-TNF fue la diferencia entre la armonía homeostática y el colapso de los sistemas. Lo anterior significaba que el factor necesario que causaba el *shock* letal no era la bacteria, sino el TNF. Eso lo demostró el babuino que vivió porque recibió anticuerpos monoclonales anti-TNF.

El día que la rata murió después de que le suministrara TNF fue un "momento santo" de gran trascendencia que los científicos pueden esperar tener sólo pocas veces en su vida, si cuentan con suerte. El día que el babuino vivió porque le di anti-TNF fue otro. A mí y a mis colegas que participaron en estos primeros experimentos nos parecía seguro, y en ese entonces sólo a nosotros, que este descubrimiento sobre el sistema inmunitario causante de la inflamación trastocaría la medicina y la industria farmacéutica.

Pasamos la noche en vela. Al amanecer, nuestro sujeto protegido contra anticuerpos no mostraba signos de alteración de la homeostasis. Entonces, como ya habíamos hecho tantas veces con sujetos humanos, retiramos con cuidado los catéteres que conectaron a nuestros pacientes babuinos con nuestro mundo de investigación y nuestros monitores. Una vez instalado en su habitación, el babuino vivo despertó, nos miró somnoliento y empezó a comer una manzana como tocado por la gracia. Era un nuevo día.

En diciembre de 1987 publicamos estos resultados en *Nature*, en un artículo que demostraba por primera vez que los anticuerpos monoclonales contra el TNF podían utilizarse como fármaco antiinflamatorio experimental.[23] Lo anterior se contraponía a una premisa importante y consagrada en el campo de la inmunología: que las respuestas inmunitarias son, casi por definición, beneficiosas para el huésped. El escenario estaba preparado para probar anticuerpos monoclonales anti-TNF en pacientes, un enfoque que más tarde se convertiría en una nueva clase de fármacos antiinflamatorios ampliamente utilizados por millones de personas para tratar enfermedades como la artritis reumatoide y la enfermedad inflamatoria intestinal.

El reflejo inflamatorio y el nervio vago

En 1992 puse en marcha un nuevo laboratorio en los Feinstein Institutes, en Manhasset, Nueva York. Durante varios años, mis colegas y yo estudiamos una molécula antiinflamatoria que inventamos y denominamos CNI-1493.[24] Resultó ser excepcionalmente eficaz en una amplia gama de modelos de laboratorio de inflamación perjudicial, como artritis, *shock*, ictus, lesiones cerebrales y enfermedad inflamatoria intestinal.[25] También funcionó en personas: los resultados de los ensayos clínicos demostraron que la administración de CNI-1493 reducía la inflamación y las lesiones tisulares en pacientes con enfermedad inflamatoria intestinal y disminuía la producción de TNF en personas tratadas contra el cáncer.[26]

Previmos estos resultados. Lo que no esperábamos era que la presencia de CNI-1493 en el cerebro impidiera la producción de TNF, no sólo en este órgano sino también en el cuerpo, un descubrimiento que hicimos gracias a un error de comunicación con el equipo de investigación que realizaba uno de los experimentos. En lugar de administrar la toxina bacteriana (lipopolisacárido) directo en el cerebro para observar dentro del mismo los efectos sobre la producción de TNF bloqueada por el CNI-1493, inyectaron la toxina en el abdomen del ratón. Esto debería haber estimulado normalmente el sistema inmunitario para producir altos niveles de TNF en la sangre. Cuando llegaron los resultados de las mediciones séricas notamos que los animales con CNI-1493 en el cerebro no produjeron TNF en el torrente sanguíneo. ¿Cómo afectaba al organismo el bloqueador del TNF en el cerebro, en una dosis demasiado baja para entrar en el torrente sanguíneo? No había ninguna explicación al respecto en las publicaciones especializadas, así que investigamos otras posibilidades. Inspirados por los exploradores que antes que yo trazaron el alcance del nervio vago, encontramos la respuesta. Cuando cortamos el nervio vago y repetimos el experimento, el CNI-1493 en el cerebro no logró detener la producción de TNF en el cuerpo. En otras palabras, las señales transmitidas por el nervio vago pueden detener la producción de TNF.

Casi de inmediato me di cuenta de la trascendencia de este descubrimiento. Si el nervio vago regula el sistema inmunitario mediante un reflejo antiinflamatorio y curativo, entonces debería ser posible regular la inflamación con dispositivos que estimularan el nervio vago en los pacientes.[27] Y confiaba en que esto fuera factible porque, como neurocirujano, sabía que la estimulación del nervio vago ya se realizaba de forma rutinaria y segura para tratar a pacientes con epilepsia.

Desde que los hermanos Weber desaceleraron el corazón de una rana y Otto Loewi descubrió el *vagusstoff* sabemos que estimular los nervios con ráfagas de electricidad provoca efectos en los órganos conectados a los nervios. Con base en esta sencilla y vieja idea, quise comprobar si estimulando solamente el nervio vago de una rata, sin administrarle CNI-1493 ni ninguna otra molécula antiinflamatoria, se reducía la cantidad de TNF.

Para llevar a cabo el experimento, primero "tomé prestado" un pequeño estimulador nervioso manual, alimentado por dos pilas AA, de la sala de neurocirugía del Hospital Universitario North Shore (situada a poca distancia de mi laboratorio). Con esta sencilla herramienta estimulamos con electricidad el nervio vago de una rata durante cinco minutos antes de inyectarle lipopolisacárido con el fin de inducir al sistema inmunitario a producir TNF. Dos horas después, recolectamos muestras de sangre para medir las cantidades que contenía de este factor. Al cabo de unos días obtuvimos los resultados: la estimulación del nervio vago suprimió los niveles de TNF 75%, en comparación con los sujetos de control.[28] Sólo más tarde supe que varios integrantes de un grupo de científicos y técnicos apostaron en contra de estos resultados, pero como no hicieron sus apuestas conmigo directamente, no sé cuánto les costó nuestro éxito.

Sé que era la tercera ocasión que veía por primera vez algo que nadie más había visto. Descubrimos un circuito del nervio vago que inhibía el TNF, que podíamos activar con un estimulador nervioso. Santo cielo, otra vez.

Existe una gran cantidad de literatura sobre la relación entre el cerebro y el sistema inmunitario, porque durante siglos los médicos, practicantes de la medicina tradicional y líderes espirituales de diversa índole han hablado y escrito sobre la conexión mente-cuerpo y su papel en la salud y la enfermedad. Parecía probable que el sistema inmunitario, como guardián y primera línea de defensa, pudiera ser receptor u objetivo de una influencia de la mente o el cerebro, pero nadie comprendía los mecanismos por los cuales esto podía suceder, y las limitadas teorías científicas acerca de estas relaciones estaban sumidas en la filosofía y la psicología, no en la neurociencia ni en la inmunología. Por tal motivo, muchos científicos de la corriente dominante descartaron las ideas sobre las conexiones mente-cuerpo o sistema nervioso-sistema inmunitario por considerar cuestionable su validez, y por esa razón, durante tanto tiempo, no formaron parte del plan de estudios de las facultades de medicina.

Robert A. Good, uno de los fundadores de la inmunología moderna, expresó de la siguiente manera su frustración en 1981:

> A menudo se les pregunta a los inmunólogos si el estado de ánimo puede influir en las defensas del organismo. ¿Puede una actitud positiva, un estado de ánimo constructivo, la tristeza, la depresión o la ansiedad alterar la capacidad de resistir infecciones, alergias, autoinmunidades o incluso el cáncer? Estas preguntas me producen una sensación de incapacidad porque en el fondo sé que tales influencias existen, pero soy incapaz de explicar cómo funcionan ni puedo prescribir de ninguna manera científica cómo aprovechar estas influencias, predecirlas o controlarlas. Por lo tanto, normalmente no se pueden abordar desde una perspectiva científica. Ante esta incapacidad, la mayoría de los inmunólogos se sienten naturalmente incómodos y alegan que no quieren que los molesten con esas cosas.[29]

Ahora pueden abordarse desde una perspectiva científica. Es posible, y lo estamos haciendo. En mi reunión semanal de laboratorio, después de que la primera estimulación del nervio vago suprimiera de manera significativa la inflamación, esbocé las conexiones entre el cerebro, el nervio vago y nuestros órganos corporales, como el bazo y el hígado, y tuve una idea que unió todos nuestros descubrimientos: el reflejo inflamatorio. Propuse que el nervio vago es portador de un reflejo antiinflamatorio y curativo que se añade a la lista de sus reflejos protectores ya conocidos.

Inherente a sus funciones defensivas, tu sistema inmunitario también puede sentir, porque sus células detectan la presencia de microbios y tejidos lesionados. Cuando esto ocurre, las células liberan moléculas que estimulan tus neuronas sensoriales y provocan el dolor, la fiebre, la pérdida de apetito y otras sensaciones de enfermedad. Como ya lo hemos aprendido, las neuronas no sólo responden a sus pares, sino también a los guerreros celulares de la inflamación: los macrófagos y los linfocitos. Cuando las células inmunitarias emiten sus alertas mediante citocinas y otras innumerables moléculas inflamatorias, las neuronas escuchan con atención y entonan su respuesta.

Más allá de lo que ves, tocas, saboreas, oyes y hueles, tu sistema inmunitario también alerta a tu cerebro sobre tu entorno. Esto garantiza que siempre estés informado y respondas, por reflejo, de acuerdo con lo que necesites para tu salud y tu felicidad. Las neuronas del nervio vago, tu sexto sentido, proporcionan arcos sensoriales para los reflejos de tu sistema inmunitario. Ésta es la entrada. Recuerda que 80% de las fibras del nervio vago es sensorial, capaz de transmitir cantidades prodigiosas de información sobre el estado de su sistema inmunitario minuto a minuto. Cuando el cerebro recibe esta información en el tronco encefálico, donde se conecta el vago, dirige en automático al sistema inmunitario de modo que actúe en consecuencia a través del arco motor de sus reflejos antiinflamatorios y curativos. Esta es la salida. Entrada y salida, todo a través del nervio vago, detectando y respondiendo, controlando, ajustando y reajustando para volver a la homeostasis y regular la inflamación. Tus sistemas inmunológico y nervioso, en lugar de estar aislados y separados, se comunican en un lenguaje eléctrico y químico común.

O bien, lo hacen cuando todo funciona como debería.

Si tu nervio vago no está haciendo lo que debería hacer, la inflamación puede desbocarse y abrumarte. Entonces el reflejo inflamatorio representa una oportunidad porque podemos reactivarlo y aprovecharlo con estimuladores del nervio para inhibir esa alteración patológica. El nervio vago está hecho para eso, pero en algunos casos necesita ayuda. En un mundo que depende de los fármacos para tratar la inflamación, esta constatación nos lleva a una nueva estrategia: un campo completamente nuevo de la medicina que ofrece dispositivos de estimulación del nervio vago en lugar de fármacos (incluso anti-TNF) a los pacientes que no mejoran, o que temen los efectos secundarios o que no pueden permitírselos.[30]

Los tres experimentos que he descrito en este capítulo han tenido enormes implicaciones. Explican que la muerte de Janice fue el resultado de una inflamación desenfrenada. Su cuerpo fue incapaz de encontrar el camino de vuelta a la homeostasis, una falla extrema del reflejo inflamatorio. Hoy en día, lo que le ocurrió a Janice es más prevenible. También es poco frecuente. Son mucho más comunes enfermedades crónicas como la epilepsia, la artritis reumatoide, la enfermedad inflamatoria intestinal, la diabetes y la obesidad, y la depresión y la ansiedad. Conforme convergen la ciencia y la innovación, el nervio vago emerge como objetivo terapéutico que puede prevenir o revertir la inflamación detrás de estas condiciones. Y aprender a estimular el nervio vago nos acerca a un mundo en el que podrán evitarse inflamaciones catastróficas y tratarse mejor las enfermedades inflamatorias que afectan a millones de personas.

¿Cómo lo hacemos? ¿Y funciona? Estas son las preguntas de la parte II.

II

GRANDES INTERVENCIONES

La nueva frontera de la terapia de estimulación[1]

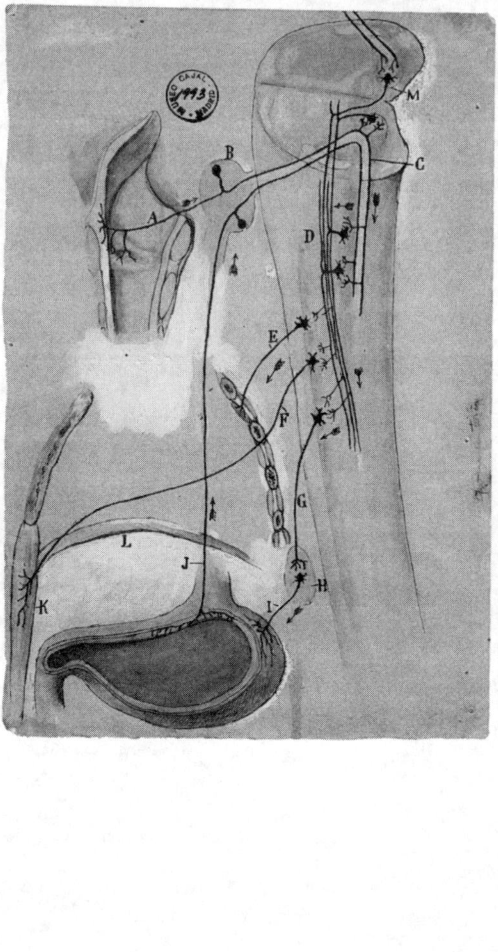

Legado Cajal-csic

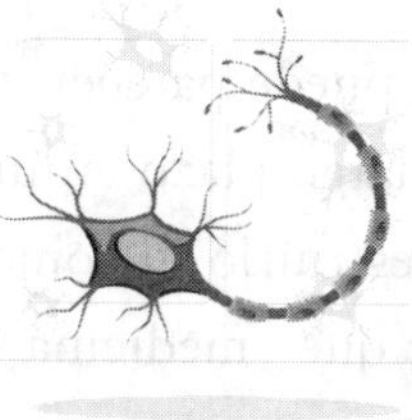

4

El camino hacia la estimulación y los primeros experimentos con epilepsia

> "La vida y la muerte me parecían límites ideales,
> los cuales primero debía traspasar, y verter un torrente de luz
> en nuestro oscuro mundo."
>
> **Mary Wollstonecraft Shelley**
> *Frankenstein*[1]

Como puede atestiguar cualquiera que haya visto un árbol carbonizado por un rayo, los encuentros entre la electricidad y las células vivas están plagados de peligros potenciales. La electricidad es un flujo de energía producido por partículas subatómicas llamadas *electrones*, cuyo movimiento a través del tejido biológico de los tejidos vivos puede generar calor suficiente para destruir el tronco de un árbol o las células de nuestro cuerpo. La cantidad de calor liberado depende de la fuerza que impulsa la electricidad —definida en voltios— y de la resistencia al flujo eléctrico —definida en ohmios—. En Estados Unidos, los circuitos domésticos funcionan a 120 voltios, y los niños aprenden desde pequeños a no meter los tenedores ni los dedos en los enchufes. Un solo relámpago puede liberar más de 300 millones de voltios, capaces de producir suficiente calor para prender fuego a un árbol o matar a un desafortunado golfista.

Así pues, la electricidad puede parecer una terapia poco probable. ¿Cómo es posible usarla a largo plazo en un dispositivo de estimulación del nervio vago, sin destruirlo? ¿Cómo puede la electricidad ser buena para nosotros? ¿Por qué "medicina bioelectrónica" no es una contradicción de términos?

Las respuestas residen en la diferencia fundamental entre el flujo de corriente eléctrica y el flujo de señales de información en las neuronas que viajan de un extremo a otro de la fibra nerviosa. Se le demomina *circuito cerrado* al sistema de conductores que la electricidad requiere para que la energía se desplace de un punto a otro. Cuando enciendes un interruptor en casa, completas o "cierras" ese circuito, y la energía fluye por el cable que viaja hasta el foco o el electrodoméstico. Apagar el interruptor rompe el circuito y detiene el flujo de electrones por el cable; corta la transferencia de energía de un extremo a otro del circuito. En el caso de los rayos, el árbol o el golfista son efectivamente el interruptor, que cierra el circuito entre aquella enorme chispa eléctrica y la tierra. Los electrones que fluyen contra la resistencia de un cable generan calor en proporción a la resistencia, lo cual propicia que la energía eléctrica se convierta en energía térmica. Cuando la resistencia es alta, o la tensión que empuja la corriente es alta, la cantidad de calor producida también es alta. Peligrosamente alta.

Pero las señales que se generan en las neuronas es diferente. Desde estas últimas los electrones no fluyen con libertad, como lo hacen en un cable conductor. Más bien, como describí en el capítulo 2, las neuronas propagan distintos picos de señales eléctricas, conocidos como *potenciales de acción*, que se mueven a lo largo de las neuronas.[2] Cada pico se produce debido a una diferencia de voltaje a través de la membrana celular, llamada *potencial de membrana*, causada por la distribución diferencial de moléculas cargadas —las que llevan cargas negativas o positivas—. Pequeños poros, denominados *canales iónicos*, están situados de manera estratégica a lo largo de la membrana neuronal y permiten que las moléculas cargadas —*iones*— fluyan de dentro hacia fuera de la misma, y viceversa. Este flujo de iones al interior y al exterior de la neurona provoca los cambios de voltaje o potenciales de acción.

Los potenciales de acción recorren la longitud de la neurona conforme los canales iónicos adyacentes se abren en secuencia, uno tras otro, desde el principio hasta el final, como una fila de fichas de dominó que se golpean entre sí. En términos biológicos, los potenciales de acción viajan rápido, pero su velocidad es demasiado lenta en comparación con el flujo de electricidad en un cable. Por ejemplo, la velocidad de la corriente eléctrica en un conductor se aproxima a la velocidad de la luz, a casi 300 millones de metros por segundo, pero la de los potenciales de acción que se desplazan a lo largo de una neurona únicamente oscila entre uno y 120 metros por segundo.

Para aprovechar la electricidad y estimular el nervio vago de forma segura usamos ráfagas rítmicas que imitan los potenciales de acción, en lugar del flujo continuo de electrones que se presentan en los relámpagos o en el cableado eléctrico. También secuenciamos de manera cuidadosa cada pulso para inducir al nervio a disparar sus propios potenciales de acción sin producir cantidades peligrosas de calor ni sobrecargar sus delicadas estructuras. Con ese propósito utilizamos un generador de impulsos eléctricos, el cual es un instrumento que contiene un circuito diseñado para alternar con rapidez un nivel de tensión más alto con uno más bajo, como si se encendiera y se apagara de manera inmediata la corriente eléctrica que llega a los electrodos.[3] La sincronización y la secuencia precisas de estos cambios de tensión crean una onda característica de forma "cuadrada".

Estos impulsos eléctricos tocan el nervio vago, produciendo potenciales de acción como notas musicales. El tempo de la salida eléctrica de un estimulador del nervio vago, conocido como *frecuencia* y expresado en hertz (Hz), decide el ritmo de la estimulación, es decir, cuántas veces se provoca el disparo de las neuronas en un segundo.[4] En música, la frecuencia se conoce como *tono*. Lo ancho del pulso, que se mide en milisegundos, determina la duración de cada nota individual y afecta a las neuronas específicas del nervio vago que participan en el concierto. Por último, la amplitud, como un dial de volumen, ajusta la intensidad de las ondas eléctricas que fluyen a través del electrodo. Estos son los principales parámetros ajustables de cualquier dispositivo de estimulación del nervio vago: la fuerza o amplitud de la corriente, la anchura de cada impulso y la frecuencia de estos últimos transmitida a través de un cable a un par de electrodos. Al ajustar estos parámetros es posible generar una estimulación precisa adaptada a tipos específicos de fibras nerviosas dentro del propio nervio vago para seleccionar los filamentos que desempeñan papeles clave en el tratamiento, como frenar la inflamación o detener una convulsión.

Los efectos fisiológicos de la estimulación del nervio vago en el cerebro y en el cuerpo comienzan cuando los electrodos inician el disparo neuronal y luego se extienden hacia lo profundo del sistema nervioso, porque los potenciales de acción individuales que tocan las fibras del nervio vago son parte de una vasta red neuronal interconectada. Recordarás que Otto Loewi demostró que los potenciales de acción que se transmiten a lo largo del nervio vago incitan a las terminaciones nerviosas a liberar neurotransmisores, o "cosas del vago", en la sinapsis. Y recuerda que determinadas fibras vagales controlan aspectos específicos de la fisiología, como la inhalación y la exhalación. Hoy sabemos que hay miles de millones de sinapsis en el sistema nervioso que se activan cuando se estimula el nervio vago. De ese modo, al acceder al nervio vago con un electrodo en tu cuello estamos empezando a aprender a modular la armonía fisiológica de tu cuerpo y de tu cerebro.

Quizá te sorprenda saber que cientos de miles de personas ya viven con un estimulador del nervio vago (ENV) implantado quirúrgicamente, una maravilla médica que tiene sus raíces en prácticas del siglo XIX.[5] Así es como sabemos que son seguros, mientras seguimos probando su eficacia para tratar distintas enfermedades. La mayoría de los dispositivos de ENV se han colocado en pacientes con epilepsia, la primera enfermedad que se trató con estimulación del nervio vago.

En términos claros, los tratamientos históricos de la epilepsia con electricidad no eran muy seguros ni muy eficaces ni nada amables. Para los estándares actuales, resultaban aterradores. Como una innovación de finales del siglo XIX en Estados Unidos, los pacientes atendidos por el doctor J. L. Corning, especialista en epilepsia, recibían "aplicaciones prolongadas" que combinaban la compresión carotídea —de las arterias carótidas, en el cuello, que suministran sangre al cerebro— con la estimulación eléctrica.[6] Corning inventó un aparato especial que, en lugar de sujetarse con la mano, se fijaba con una banda que rodeaba el cuello y se aseguraba por detrás con una hebilla... "Con este dispositivo es posible realizar aplicaciones que duren una o muchas horas. Todo lo que se necesita es una pila de cloruro de plata... y humedecer los electrodos periódicamente." Lo diseñó para estimular el nervio vago con el fin de disminuir el ritmo cardiaco del paciente, pues en esa época él creía que la epilepsia era causada por un flujo excesivo de sangre al cerebro.

Según el doctor Corning, los efectos de su "collarín" fueron "muy notables", pero no sin complicaciones, que incluían debilidad generalizada, miedo abrumador, agonía física y confusión emocional, que se manifestaba a través de episodios de llanto, vértigo, desmayos y, ocasionalmente, la muerte. (¿Qué pasó con eso de que "lo primero es no hacer daño"?) Sólo podemos preguntarnos cómo alguien es capaz de soportar semejante calvario. Tal vez aquellos pacientes se mantuvieron gracias a su confianza inquebrantable en el médico, convencidos de que sabía lo que hacía. Ciertamente, su relato me hace apreciar que hoy en día la mayoría depositamos nuestra confianza en la evidencia.

Aun así, el "collarín" de Corning contenía las semillas de ideas que se convirtieron en una tecnología asombrosa de la que disponemos en la actualidad. Él fue el predecesor de la terapia bioelectrónica de estimulación del nervio vago para la epilepsia, la inflamación, la depresión y otras aplicaciones que exploraremos en los siguientes capítulos.

La estimulación del nervio vago como tratamiento de la epilepsia existe desde hace más tiempo del que se piensa, lo cual no sólo me parece interesante, sino también tranquilizador para cualquiera que esté preocupado por los dispositivos "novedosos" y la seguridad. El nacimiento moderno de la estimulación del nervio vago tuvo lugar en la histórica ciudad de Pisa, Italia, a principios de la década de 1950, que fue un periodo de transición, aspiración e invención propio de la posguerra. En un laboratorio del Istituto di Fisiologia de la Universidad de Pisa, Alberto Zanchetti estudiaba la epilepsia en animales y documentaba meticulosamente los resultados de los electroencefalogramas (EEG), método usado para medir la actividad eléctrica del cerebro y la presencia de convulsiones: "Los husos desaparecían bruscamente en cuanto comenzó la estimulación [del nervio vago]",[7] escribió. "La interrupción se debió en definitiva a impulsos vagales, porque esa influencia no se observó cuando el extremo proximal del vago había sido atado."

Zanchetti administró impulsos eléctricos de sólo 0.5 milisegundos, o media milésima de segundo cada uno, al nervio vago de un gato anestesiado, lo cual incitó a esa parte anatómica a transmitir potenciales de acción que viajaban hasta el cerebro. Un diminuto electrodo en forma de horquilla había convertido el poder de la electricidad en señales naturales del nervio vago, ofreciéndole la primera visión del uso de un estimulador del mismo para calmar los picos epilépticos del EEG.

Pero, por razones comprensibles, el descubrimiento de Zanchetti no logró llamar la atención ni generar entusiasmo para su uso clínico. Hasta entonces nadie había demostrado que fuera remotamente posible utilizar la electricidad para tratar una enfermedad. Y nadie había implantado jamás un dispositivo eléctrico en un ser humano, ya que todos los generadores de impulsos eléctricos disponibles eran máquinas voluminosas alimentadas por tubos de vacío diseñadas para su uso en laboratorios.

Fue necesario el desarrollo de una tecnología hoy casi omnipresente, el marcapasos cardiaco, para que la medicina avanzara hacia la vanguardia de la estimulación del nervio vago en el siglo XXI. A principios de la década de 1950, en Boston, un investigador llamado Paul Zoll realizaba un trabajo paralelo al de Zanchetti a 6 000 kilómetros al otro lado del Atlántico. El doctor Zoll buscaba una nueva forma de ayudar a los pacientes con la enfermedad de Stokes-Adams, un trastorno médico poco frecuente, caracterizado por una alteración del sistema eléctrico del corazón que provoca latidos irregulares y desaceleración cardiaca, o bradicardia. Esta condición puede causar una pérdida repentina de conciencia y, a veces, si el corazón late demasiado despacio, es mortal. En algunos pacientes con Stokes-Adams, los episodios de bradicardia pueden producirse muchas veces al día.

En tiempos de Zoll, estos episodios cercanos a la muerte se trataban con la inyección directa de fármacos en el corazón mediante una larga aguja hipodérmica. Imagina la violenta escena de *Pulp Fiction*, cuando el personaje de John Travolta (Vincent Vega) clava una jeringa de epinefrina en el corazón de Mia Wallace (interpretada por Uma Thurman) para reanimarla por una sobredosis de heroína; pero ahora reprodúcela una y otra vez, pues algunos pacientes necesitarían esta violenta reanimación varias ocasiones al día. Notarás que el tratamiento comienza a parecerse menos a una intervención médica y más a la famosa escena de la regadera de una célebre película de terror. Tenía que haber una mejor forma.

Gracias a Zoll y a sus colegas, ahora la hay.[8] En 1952, Zoll reactivó un corazón afectado por Stokes-Adams al aplicar electricidad en el pecho de un hombre de 65 años con una grave enfermedad coronaria. Unos años más tarde, un cardiocirujano de Mineápolis llevó más lejos la tecnología de estimulación eléctrica, implantando en el corazón de una niña de tres años un cable recubierto con teflón que podía conectarse a un generador de impulsos eléctricos de cabecera. Este procedimiento se ha repetido millones de veces desde entonces y se sigue realizando a diario en quirófanos de todo el mundo.

Aunque estos acontecimientos inauguraron una nueva era de conectores eléctricos implantados, los primeros electrodos presentaban limitantes porque necesariamente debían estar conectados a un generador de impulsos eléctricos, los cuales en esos días eran similares a las voluminosas radios domésticas de la época. Estar conectado al generador de impulsos era como permanecer atado a un gran electrodoméstico colocado junto a la cama. Alimentados por grandes tubos de vacío, los generadores de impulsos eran poco manejables, propensos a descomposturas y dependientes de fuentes de alimentación externas y extensiones de cable.

Entonces apareció el transistor.[9] Fabricado con materiales como el silicio o el germanio, que son semiconductores —es decir, transportan la electricidad con una eficiencia que oscila entre la de un conductor, como el cobre, y la de un aislante, como el plástico—, la conductividad de un transistor puede controlarse y modificarse con precisión, lo que permite amplificar o conmutar señales electrónicas de forma ágil y exacta. Casi de la noche a la mañana desaparecieron los aparatos voluminosos del tamaño de un mueble. En su lugar se programaron pequeños dispositivos alimentados por transistores para administrar impulsos eléctricos intermitentes, cuidadosamente calibrados y cronometrados, en sincronía con la prescripción del médico. Gracias a estos nuevos y diminutos componentes tecnológicos, los inventores integraron las computadoras en complejos instrumentos médicos lo bastante diminutos para implantarlos en el cuerpo humano y modular funciones vitales como los latidos del corazón y las señales del nervio vago. Y a medida que se desarrollaban las tecnologías, los minúsculos dispositivos se hacían cada vez más pequeños.

Pero aún persistía el inconveniente de las fuentes de energía externas. Durante un apagón de tres horas en Mineápolis, en 1957, un bebé paciente de un médico llamado C. Walton Lillehei murió mientras se recuperaba de una operación porque se cortó la electricidad que suministraba al generador de impulsos.[10] Enojado y frustrado, el doctor Lillehei le suplicó a un colega que construyera un nuevo aparato portátil alimentado por pilas. El colega, Earl Bakken, ingeniero eléctrico, inventor, reparador de televisores y fundador de la empresa de dispositivos médicos Medtronic, estaba fascinado por la electricidad desde que vio la película *Frankenstein* cuando era un niño de nueve años.[11] Aceptó intentarlo. Recordó que leyó un artículo en *Popular Electronics* que enseñaba cómo usar transistores con el fin de fabricar un metrónomo de pilas que se podía colocar en el piano.[12] Unas semanas más tarde, Bakken le regaló a Lillehei una especie de metrónomo de pilas para el corazón.

Al día siguiente, de paso por el hospital, Bakken se quedó estupefacto al encontrarse por casualidad con un niño recién operado a corazón abierto que ya llevaba su prototipo transistorizado. En su autobiografía, Bakken recuerda las explicaciones de Lillehei sobre la rápida adopción del nuevo dispositivo: "Con su típica calma, mesura y seriedad, explicó que el laboratorio le dijo que el marcapasos funcionaba y que no quería perder ni un minuto más sin él. Dijo que no permitiría que un niño muriera por no usar la mejor tecnología disponible".[13]

En sólo cuatro semanas el primer marcapasos externo transistorizado alimentado por pilas se puso en marcha para su uso clínico. Y no mucho después —aunque los ensayos clínicos todavía estaban en curso—, un cirujano de Estocolmo, Suecia, implantó el primer marcapasos transistorizado de baterías, del tamaño de un disco de hockey, en la pared abdominal de un hombre cuya esposa insistió en que así se hiciera.[14] Para bien y para mal, estos rápidos logros serían imposibles de repetir en el complejo panorama normativo y ético actual, que rige los dispositivos en todas las fases, desde su desarrollo inicial hasta las pruebas clínicas y su uso en pacientes.

Antes de 1957 —el año en que nací— no existían dispositivos eléctricos totalmente implantables. En el momento de escribir estas líneas se usan millones de ellos en todo el planeta —y la empresa de Bakken, Medtronic, tiene ventas anuales superiores a 31000 millones de dólares—.[72] En todo el mundo se han implantado más de tres millones de marcapasos cardiacos transistorizados, plenamente funcionales y alimentados por pilas. Más allá de estos dispositivos que salvan vidas, su desarrollo tecnológico también creó una plataforma para construir un nuevo tipo de tecnologías de estimulación completamente implantables, computarizadas y que funcionan con baterías, dirigidas a los nervios, incluido el vago.

La epilepsia y el primer paciente con ENV

Los avances tecnológicos de los marcapasos cardiacos y la investigación sobre la epilepsia convergieron finalmente en la estimulación del nervio vago a mediados de los años ochenta. En Filadelfia, no lejos de donde Benjamin Franklin hizo volar un papalote para aprovechar la electricidad de un rayo, el neurocientífico Jacob Zabara trabajaba en su laboratorio de la Universidad de Temple.[15] Conocía los experimentos de Zanchetti en Pisa y se dio cuenta de que sería posible adaptar la tecnología de los marcapasos cardiacos para conseguir lo que su predecesor italiano no habría podido hacer sin la tecnología de las décadas posteriores.[16] Al igual que Zanchetti, Zabara quería usar la estimulación del nervio vago para ayudar a las personas epilépticas. Se asoció con un ingeniero eléctrico con experiencia profesional en el diseño de marcapasos y juntos fundaron la empresa Cyberonics, dedicada a avanzar en el tratamiento de la epilepsia.[17] Aprovechando los circuitos de transistores integrados disponibles en el mercado, y con la ayuda de colegas del sector para el diseño, Cyberonics desarrolló un dispositivo implantable con un electrodo en forma de hélice que envolvía el nervio vago del cuello.

En noviembre de 1988, un joven llamado Toney Kincaid se convirtió en el primer paciente en recibir este estimulador implantable del nervio vago para cualquier afección.[18] Toney llevaba cinco años sufriendo ataques epilépticos diarios desde que desarrolló una malformación arteriovenosa, una maraña de grandes arterias y grandes venas en el cerebro. Confinado casi siempre en casa, salvo para asistir a consulta médica, Toney tuvo la suerte de participar en un estudio sobre la terapia de estimulación del nervio vago para la epilepsia.

La palabra *epilepsia* proviene del vocablo griego *epilambanein*, que significa "convulsionar". De hecho, se trata de una enfermedad que puede afectar a las personas de forma repentina y sin previo aviso. En sus inicios, la epilepsia solía estar envuelta en un velo de superstición y se consideraba una forma de posesión divina que elevaba y alienaba a los afectados. Sin embargo, en medio de estas interpretaciones místicas, el antiguo médico Hipócrates abrió nuevos caminos. En su obra fundamental *Sobre la enfermedad sagrada*, el autor del juramento que hasta hoy prestan los nuevos médicos propuso la idea, entonces revolucionaria, de que la epilepsia, al igual que otras enfermedades, tenía su origen en causas naturales del cerebro.[19] Lo anterior supuso un profundo cambio hacia el reconocimiento de esta condición como un trastorno médico y no como una maldición divina y sentó las bases para los tratamientos que utilizamos hoy en día.

Ahora sabemos que el mecanismo de la epilepsia se origina en las neuronas cerebrales.[20] Según la definición médica, la epilepsia es un trastorno neurológico crónico caracterizado por crisis recurrentes que se originan por disparos neuronales anormales y sincronizados en el cerebro. Estos eventos eléctricos celulares se propagan de neurona en neurona como una tormenta eléctrica.

Los síntomas y los signos epilépticos pueden manifestarse de manera sutil como breves episodios de falta de respuesta. En otros casos, pueden desencadenar fuertes convulsiones y producir pérdida total de conciencia; la "oscuridad negra" que lo borra todo y que Dostoievski describió en su libro *El idiota* cuando creó al príncipe Myshkin basándose en su propia experiencia. Las crisis epilépticas pueden localizarse en regiones cerebrales específicas o generalizarse y afectar zonas cerebrales más amplias. Algunas crisis producen pérdida de conciencia, espasmos musculares y rigidez, y movimientos incontrolados que van de sutiles a enérgicos. En otros casos, las crisis más leves pueden manifestarse como episodios de mirada fija o sutiles movimientos repetitivos de la boca y de las extremidades.

La naturaleza clínica de una crisis epiléptica depende de la localización en el cerebro de las neuronas específicas que sufren la agitación eléctrica. Una persona con esa enfermedad puede experimentar alucinaciones visuales cuando se producen descargas epilépticas en la corteza visual, pero otra puede tener disparos epilépticos en los lóbulos temporales —una región cerebral clave para las emociones y los recuerdos— que desencadenan sensaciones diversas como *déjà vu* o excitación sexual. A veces la epilepsia del lóbulo temporal produce distorsiones de la propia imagen corporal, la sensación de que Alicia se hace muy grande o muy pequeña tras caer por la madriguera del conejo, lo que se conoce como síndrome de Alicia en el País de las Maravillas. Si padeces epilepsia o conoces a alguien que la padezca, ya sabes que puede ser perturbadora y difícil de sobrellevar. En casos graves como el de Toney es debilitante. Las personas con epilepsia pueden ver limitadas sus actividades cotidianas, como manejar, o el tipo de trabajo que pueden realizar. Es comprensible que la perspectiva de sufrir un ataque en público provoque ansiedad y que la familia ajuste su vida para mantener a salvo a su ser querido. Por desgracia, incluso en el siglo XXI, la epilepsia ha sido muy mal entendida y estigmatizada. En la acualidad, 2000 años después de Hipócrates, algunos grupos religiosos siguen practicando rituales para extirpar los demonios que creen que causan las convulsiones.[21]

Más allá de los signos y los síntomas clínicos de la epilepsia, los procedimientos de diagnóstico utilizan el EEG para medir y registrar la actividad eléctrica del cerebro. Mediante la colocación de electrodos en el cuero cabelludo es posible medir los patrones eléctricos producidos por la actividad de las neuronas cerebrales. En los casos de epilepsia, estas grabaciones del EEG suelen detectar "picos" característicos en las ondas cerebrales, descargas eléctricas en las neuronas que indican actividad epiléptica.[22] Estos picos del EEG, junto con las manifestaciones clínicas correspondientes y con técnicas de imagen cerebral como la resonancia magnética y la tomografía computarizada, establecen el diagnóstico.

Una vez confirmado el diagnóstico de epilepsia, el tratamiento de primera línea es una clase de los denominados *fármacos anticonvulsivos*. Con más de 20 fármacos anticonvulsivos disponibles, el proceso de selección se guía por la maximización del beneficio para prevenir las convulsiones a la vez que se mitigan los riesgos potenciales de efectos secundarios.[23] La elección de la medicación anticonvulsiva para un paciente concreto no se rige por una fórmula universal porque ningún medicamento siempre es eficaz y cada uno conlleva su propia serie de efectos secundarios, que se manifiestan a través de un conjunto de molestias, como mareos, somnolencia, fatiga, cambios cognitivos y fluctuaciones emocionales. El tratamiento de cada paciente es único. Con suerte, mediante ensayo y error el médico y el paciente encuentran la medicación y la dosis óptimas. El camino puede parecer un laberinto.

Casi un tercio de los pacientes con epilepsia cruza el umbral de la necesidad de intervención quirúrgica. Los neurocirujanos pueden abrir el cráneo para implantar láminas de electrodos en la superficie cerebral y registrar la actividad neuronal con una precisión muy superior a la del EEG. Estas grabaciones corticales, recolectadas a lo largo de varios días mientras se registran en video todos los movimientos del paciente hospitalizado para su posterior análisis conductual, permiten determinar con precisión el origen de las crisis en el cerebro. Con las imágenes cerebrales y los registros corticales, el neurocirujano puede identificar con precisión el foco de la crisis y extirpar el epicentro de la epilepsia.

Como alternativa, hoy en día los neurocirujanos son capaces de instalar un dispositivo electrónico en el cuello con el fin de estimular eléctricamente el nervio vago, gracias a la innovadora intervención quirúrgica realizada en Toney hace más de tres décadas. En el estudio de 1988 participaron 20 sujetos, entre ellos Toney, en cuatro lugares distintos, que recibirían el implante. Toney, su neurocirujano y el equipo de investigación de la Facultad de Medicina Bowman Gray de Wake Forest, en Winston-Salem, Carolina del Norte, se pusieron manos a la obra en cuanto la FDA aprobó el estudio, y de ese modo Toney se convirtió en el primer paciente con ENV.

Mi amigo William O. Bell —o Bill para mí— realizó la operación. Hizo una incisión en el lado izquierdo del cuello de Toney, a lo largo de los dos tercios inferiores del borde anterior del músculo esternocleidomastoideo. Tras separar los músculos y la fascia, aisló el nervio vago izquierdo de la arteria carótida y la vena yugular vecinas. Enseguida, envolvió cuidadosamente el nervio vago con un electrodo estimulador parecido a un Slinky en miniatura. (En cirugías como la descrita es importante evitar el nervio laríngeo recurrente, el que Galeno identificó hace 2000 años como el que controlaba la laringe de su ruidoso cerdo.)

A continuación, introdujo por debajo de la piel un *pasador* —un tubo provisional por el que el cirujano pasa los cables de los electrodos— hasta un bolsillo en el pecho debajo de la clavícula. Tras conectar el extremo de un cable con el generador de impulsos, que descansaba en el bolsillo, y el otro al electrodo del nervio vago en el cuello, el cirujano probó el dispositivo y cerró las incisiones. Toney no experimentó debilidad generalizada, miedo abrumador, agonía física ni confusión emocional; no hubo llantos, desmayos ni vértigos, y hoy está vivo y sano.

Antes de que le implantaran el estimulador del nervio vago, Toney sufría un promedio de 80 convulsiones al día; pero después de la operación, bajo los cuidados de su neurólogo,[24] la intensidad de la estimulación del dispositivo fue aumentando de manera gradual durante nueve meses y la frecuencia de sus convulsiones disminuyó, pasando de más de 2000 al mes a sólo unas cuantas al día. El 31 de julio de 1989, ocho meses después de que se le implantara el dispositivo de ENV, Toney pasó un día entero sin un solo ataque; su primer día sin ataques en años.[25]

Agradecido, y con la esperanza de retribuir, Toney fundó la Asociación de Epilepsia de Carolina del Norte, una organización sin fines de lucro —en la que actualmente es director general— cuyo objetivo consiste en concientizar sobre la epilepsia y apoyar la investigación de nuevas terapias. Su misión es "hablar en nombre de los que no pueden, defender a los que no son capaces, educar a los que sufren, llevar la educación a los que no saben, dar amor y apoyo a los desesperados, ser una luz para los que viven en la sombra y ser un amigo para los que se sienten abandonados".[26]

"No hay pacientes más agradecidos que los pacientes con epilepsia a los que intervienes y liberas de los ataques", me dijo hace poco Bill, ya jubilado. "No tienen ningún otro problema, y arreglas lo que les pasa, y logran vivir la vida a plenitud: ascender a puestos en el trabajo que antes no podían hacer, volver a manejar o sacar su licencia de conducir por primera vez."

En el estudio inicial de los cuatro primeros pacientes epilépticos tratados con un dispositivo de estimulación del nervio vago implantado, entre los que se encontraba Toney Kincaid, tres de los cuatro experimentaron una reducción significativa de las crisis.[27] Dos mostraron una reducción de 100% de los ataques, uno observó una disminución de 40% y el cuarto no experimentó ninguna mejoría. Si se considera que todos ellos agotaron las esperanzas de terapia con medicamentos anticonvulsivos, estos resultados fueron realmente prometedores. Los efectos secundarios fueron leves e incluyeron una ronquera transitoria —debido a la retroalimentación a través del nervio laríngeo recurrente— y una sensación de zumbido, o vibraciones musculares en el cuello, cuando se activaba la estimulación. Un paciente experimentó hipo incontrolado, pero ninguno manifestó bradicardia significativa u otros problemas graves.[28]

Para que el estimulador implantable del nervio vago estuviera más disponible en la década de 1990, el pequeño estudio con Toney Kincaid y un puñado de personas más se repitió en ensayos clínicos cuidadosamente controlados y aprobados por la FDA. Basándose en la investigación piloto, Cyberonics patrocinó un estudio más amplio, doble ciego y aleatorizado en la Universidad de Gotemburgo, en la costa oeste de Suecia.[29] Tras 12 semanas de referencia, se implantaron dispositivos de ENV idénticos en todos los sujetos, pero los pacientes se distribuyeron de manera aleatoria en dos grupos de tratamiento en función de la cantidad de estimulación eléctrica suministrada: alta o baja. Los resultados de los primeros 67 pacientes de esta fase de 14 semanas fueron sorprendentes. Los del grupo de tratamiento con ENV alta mostraron una reducción promedio de la frecuencia de las crisis de 30.9%, una mejora significativa respecto de la reducción promedio de 11.3% observada en el grupo de ENV baja. Cabe destacar que cerca de 40% de los pacientes del grupo de ENV alto logró reducir al menos 50% la frecuencia de las crisis, el doble que en el grupo de ENV bajo. Con base en estos resultados, la FDA aprobó el uso de la estimulación del nervio vago para tratar la epilepsia, que hasta entonces sólo se había atendido con fármacos.

Hoy en día, la implantación de un dispositivo de estimulación del nervio vago es un procedimiento relativamente sencillo y, por lo general, sin complicaciones. La intervención, realizada con anestesia local o general, suele ser ambulatoria, lo cual significa que la mayoría de los pacientes se va a casa el mismo día. Los efectos secundarios son poco frecuentes —afectan a menos de 5% de los pacientes—; los más comunes son una infección leve, debilidad de las cuerdas vocales, dolor de cuello y dificultad respiratoria inducida por el esfuerzo —llamada *disnea*— durante el periodo de recuperación.[30] Estas tasas de complicaciones relacionadas con la cirugía son similares a los riesgos de otros dispositivos implantados en millones de pacientes, como marcapasos y articulaciones artificiales. Estos riesgos pueden ser mucho menos onerosos que las posibles consecuencias de unas convulsiones incontroladas, como la discapacidad y la exposición continuada a otros efectos secundarios de la medicación.

Ahora que se han implantado cientos de miles de estimuladores del nervio vago para tratar la epilepsia, ¿qué hemos aprendido sobre su eficacia? ¿Ayudan a las personas que no han encontrado mucho alivio en los medicamentos?

Me complace afirmar, en una palabra, que sí. No todo el mundo, pero sí mucha gente; no perfectamente, pero sí de forma significativa. La literatura científica sobre este tema es compleja y extensa, pero revela una serie de respuestas a la estimulación implantable del nervio vago, medidas por lo general en el porcentaje de pacientes que experimentan al menos una reducción de 50% en la frecuencia de las crisis. Estos parámetros oscilan entre 45 y 65%, pero la historia no acaba ahí. Los niños con síndromes epilépticos graves como Lennox-Gastaut, Landau-Kleffner y Dravet también han obtenido beneficios, con reducciones significativas tanto de la frecuencia como de la gravedad de las crisis.

Queda una pregunta por responder: ¿cómo funciona la estimulación del nervio vago para la epilepsia? No sería el primero ni el único caso en que la neurociencia sabe que algo funciona sin comprender sus mecanismos. Años de investigación y la experiencia clínica de cientos de miles de pacientes han dado lugar a una serie de hipótesis, que van desde el efecto amortiguador de la estimulación del nervio vago en regiones cerebrales hiperactivas hasta la modulación de la liberación de neurotransmisores.[31] Algunos investigadores se han centrado en el aumento de la norepinefrina cerebral como posible clave, en tanto que otras pruebas emergentes apuntan a que la inflamación impulsa las cascadas epilépticas. Esto sugiere que la ENV puede ser beneficiosa para la epilepsia porque suprime la inflamación.[32]

Algunos especialistas sugieren que el tratamiento con ENV puede influir en el equilibrio de ciertos neurotransmisores, como el ácido gamma-aminobutírico (GABA, por sus siglas en inglés) y el glutamato, protagonistas de la sinfonía de la excitabilidad neuronal.[33] Al modificar el delicado equilibrio entre impulsos excitatorios e inhibitorios, la estimulación del nervio vago podría evitar la aparición de convulsiones y detonar la liberación de opioides endógenos, los analgésicos naturales del organismo, que de la misma forma pueden tener propiedades anticonvulsivas.[34] Otra teoría propone que —mucho más sutil ahora que en el siglo XIX— la estimulación del nervio vago influye en el flujo sanguíneo cerebral, un resultado sutil que podría modular de forma indirecta la actividad neuronal, disminuyendo potencialmente la intensidad o la frecuencia de las convulsiones.[35] Los defensores de esta postura señalan una correlación significativa entre el aumento del flujo sanguíneo al tálamo y un cambio en la frecuencia de las convulsiones, pero la comunidad científica aún no ha llegado a un consenso sobre si estos cambios están directamente relacionados con los efectos terapéuticos de la estimulación del nervio vago.[36]

Más allá del flujo sanguíneo, la estimulación del nervio vago puede influir en la propia estructura del cerebro. Con el tiempo, la ENV puede fomentar la plasticidad neuronal, es decir, la capacidad de las neuronas para formar nuevas conexiones y reorganizar las existentes.[37] Esto podría propiciar que el cerebro se torne más resistente a las convulsiones, al reforzar y al debilitar algunas de sus sinapsis.

Aunque cada teoría ofrece una probable explicación sobre por qué la estimulación del nervio vago puede reducir los ataques epilépticos, la respuesta corta es que realmente no sabemos cómo funciona; pero el uso generalizado de estos dispositivos de ENV también tuvo implicaciones directas e importantes para nuestra capacidad de estudiar cómo el nervio vago controla la inflamación.

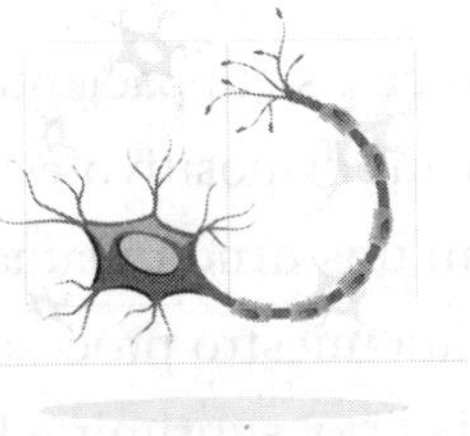

5

Reequilibrar la inflamación

> Había llegado a la presencia
> de una maravilla tecnológica, es decir, yo.
>
> **Lewis Thomas**[1]

Cada año mueren 60 millones de seres humanos, 40 millones —dos tercios— atrapados por su propio sistema inmunitario desequilibrado. Aunque en sus certificados de defunción no se mencione la *inflamación*, está ahí, acechando detrás de las enfermedades que mejor conocemos: cardiopatías, accidentes cerebrovasculares, Alzheimer, diabetes, neumonía, enfermedad pulmonar obstructiva crónica, cáncer, etcétera, todas causadas o agravadas por ella.[2] Otros padecen afecciones autoinmunes como la artritis reumatoide o la enfermedad inflamatoria intestinal y viven con discapacidades dolorosas.

Regresando a los Feinstein Institutes, cuando empecé a interesarme por la relación entre el nervio vago y la inflamación, en la primera década de este siglo, la terapia de estimulación del nervio vago para la epilepsia se convirtió en algo habitual. Cada semana se implantaban estimuladores a pacientes con epilepsia en hospitales cercanos a mi laboratorio. Sangeeta Chavan y yo aprovechamos esta oportunidad para responder a una pregunta importante: ¿la liberación del factor de necrosis tumoral (TNF) por el sistema inmunitario humano suprime la estimulación del nervio vago?

Realizamos un estudio con siete pacientes con epilepsia a quienes estaba previsto implantar un dispositivo estimulador del nervio vago (ENV). Ninguno padecía un trastorno inflamatorio o autoinmune, pero aceptaron donar sangre para nuestro proceso de investigación, diseñado con el fin de evaluar si el ENV suprimiría la capacidad de su sistema inmunitario de producir TNF.

Tomamos muestras hemáticas antes, durante y después de su implantación y, de vuelta al laboratorio, Sangeeta les añadió endotoxina, lo cual indujo a los glóbulos blancos a empezar a producir TNF, que ella pudo medir en los tubos que las contenían. Los resultados nos condujeron a otro avance importante.

Sangeeta, una científica brillante y entusiasta, brilla cuando habla de ciencia. Aprendió su rápido inglés en la India antes de emigrar a Estados Unidos como becaria de posdoctorado en inmunología. En los Feinstein Institutes la ascendieron a profesora titular. Ahora, como codirectora del laboratorio conmigo, describe de la siguiente manera el alcance de nuestro trabajo:

> No todo puede depender de una proteína, en un tipo de célula, ¿verdad? Tiene que ser todo el animal. Así que no estudiamos un tipo de célula o una sola enfermedad, porque nos interesa lo que pasa en conjunto cuando entran en juego distintos sistemas fisiológicos y queremos encontrar curas.

Tras comparar la cantidad de TNF producida en la sangre recolectada antes de activar el ENV en pacientes con epilepsia con la que se producía después de ponerlo a funcionar, la respuesta fue clara e inequívoca. Activar el ENV disminuía de forma significativa la cantidad de TNF que generaban las células inmunitarias. Cuando Sangeeta y yo vimos esos resultados, nos convencimos de que, en el futuro, los pacientes con inflamación serían tratados mediante la estimulación del nervio vago, porque la capacidad de controlar la cantidad de producción de TNF es una extraordinaria puerta de entrada al tratamiento de una larga lista de afecciones inflamatorias.

Para ese objetivo necesitaba una empresa, de modo que en 2005 cofundé SetPoint Medical con mi colega y amigo H. Shaw Warren. Como especialista en enfermedades infecciosas del Hospital General de Massachusetts, Shaw llevaba décadas estudiando métodos novedosos para tratar la inflamación. Ideamos una nueva empresa bioelectrónica con la misión de realizar ensayos clínicos sobre la estimulación del nervio vago con el fin de comprobar si el descubrimiento de mi laboratorio sobre el reflejo inflamatorio podía funcionar en las personas tan bien como en los ratones. Shaw y yo teníamos un largo historial de colaboración en proyectos de investigación y lanzamiento de nuevas empresas, incluida la cofundación de Critical Therapeutics, una empresa de biotecnología pionera en tratamientos para la sepsis y otras afecciones relacionadas con la unidad de cuidados intensivos. Hablábamos a diario, barajábamos ideas y considerábamos cómo los dispositivos electrónicos podrían sustituir algún día a los fármacos caros y tóxicos.

Shaw y yo elegimos el nombre SetPoint Medical porque, al igual que el termostato de la pared controla el punto de ajuste de la temperatura de la casa, pretendíamos utilizar el ENV para establecer un nuevo punto de ajuste saludable en el sistema inmunitario. Pensamos que SetPoint reflejaba la idea de ejercer una influencia funcional sobre un sistema complejo y regularlo para mejorar.

El proceso de aprobación por parte de la FDA de dispositivos médicos como los ENV suele comenzar con ensayos clínicos diseñados para evaluar la seguridad del dispositivo en un pequeño número de pacientes.[3] Si se demuestra que el aparato es seguro durante estas primeras pruebas, los fabricantes pueden solicitar la autorización para realizar ensayos clínicos que evalúen la eficacia del artefacto en una muestra más amplia de personas. Por lo regular, estas pruebas comparan el nuevo dispositivo con el tratamiento de referencia para la enfermedad que se pretende tratar. Si se demuestra que es más eficaz que el tratamiento estándar, o igualmente eficiente con menos efectos secundarios o con menor costo, la FDA puede avalar su comercialización.

Este proceso aprobatorio de la FDA comprende, por lo regular, tres etapas: en la fase 1 se evalúa principalmente la seguridad y la tolerabilidad del dispositivo o el fármaco, la fase 2 determina su eficacia preliminar y su seguridad permanente, y la fase 3 confirma su eficiencia en una población más amplia, al mismo tiempo que controla las reacciones adversas y realiza un comparativo con tratamientos estándares o equivalentes. Empezar con una idea nueva en un laboratorio y luego iniciar desde cero el proceso de traducción clínica para pasar por las tres fases y obtener la aprobación, toma muchos años. Y cuesta muchos millones de dólares. La tasa de fracaso es alta, lo que significa que también son altos los riesgos para los inversionistas y los patrocinadores de los ensayos. Pero al final, si un nuevo producto médico demuestra ser seguro y eficaz en estos ensayos clínicos, el fabricante puede presentar una solicitud a la FDA para que autorice su comercialización.

Como la artritis reumatoide y la enfermedad inflamatoria intestinal eran nuestros principales objetivos clínicos, Shaw y yo sabíamos que SetPoint se enfrentaría a serios retos.[4] Al ser una empresa emergente de dispositivos médicos con limitaciones de liquidez nos enfrentaríamos a compañías farmacéuticas multimillonarias que comercializaban antiinflamatorios, como los anticuerpos anti-TNF que yo contribuí a crear con mi publicación en *Nature* 20 años antes.[5] Los antiinflamatorios biológicos relacionados con los anticuerpos monoclonales anti-TNF se convirtieron en productos franquicia de estas enormes empresas y generan miles de millones de dólares de beneficios anuales en todo el mundo.[6] Shaw y yo sabíamos que los próximos ensayos clínicos de SetPoint costarían decenas de millones de dólares y que en última instancia tendríamos que recaudar más de 200 millones de dólares para obtener todas las aprobaciones necesarias de la FDA antes de que el primer dispositivo de ENV para tratar la inflamación pudiera salir al mercado; pero al principio nuestro objetivo inmediato era convencer a algunos de los mejores y más talentosos empleados para que vinieran a trabajar a la empresa.

Yaakov Levine, un excepcional estudiante de posgrado de mi laboratorio, se convirtió en uno de los miembros pioneros del equipo de SetPoint. Yaakov puso en marcha una división de investigación dentro de los confines de los Feinstein Institutes, en un espacio de laboratorio que SetPoint rentaba. Este acuerdo facilitó una colaboración sin fisuras entre la empresa y mi laboratorio, un acuerdo de beneficio mutuo porque podíamos ayudar a Yaakov con cualquier reto relacionado con la biología molecular o con la neurociencia del reflejo inflamatorio y él podía ayudarnos con los últimos avances en ingeniería biomédica aplicada al nervio vago. Empezamos a llamar *medicina bioelectrónica* a esta intersección de neurociencia, biología molecular e ingeniería biomédica, con la esperanza de que uno de los primeros éxitos del nuevo campo fueran los nuevos dispositivos de ENV para tratar la inflamación.[7]

Pronto conocería a la primera persona del mundo que recuperó la salud gracias a nuestro primer ensayo clínico.

Un tratamiento revolucionario para la artritis reumatoide

Un soleado domingo de noviembre de 2011 volé a Sarajevo, la capital de Bosnia y Herzegovina. Allí se estaba llevando a cabo un ensayo clínico patrocinado por SetPoint para determinar si un ENV podía tratar la inflamación en pacientes. Al acercarnos al aeropuerto en la parte final del vuelo apreté la frente contra la ventanilla y vi que volábamos bajo sobre cementerios, un campo tras otro de innumerables marcas blancas sobre el verde de las ondulantes colinas de Bosnia, un recordatorio de la guerra reciente en ese lugar. Mientras aterrizamos y nos dirigimos a la terminal, reorienté mis pensamientos hacia el papel que ahora desempeñaba el país en las pruebas de un nuevo dispositivo médico experimental. Imaginé el ENV surgiendo de la devastación de la guerra como un ave fénix en miniatura destinada a aliviar el sufrimiento. Los seres humanos podemos hacernos mucho daño, pero también mucho bien: viajé muy lejos para conocer al primer paciente del primer ensayo clínico que probaba la nueva idea de estimulación del nervio vago para tratar la inflamación. Quería verlo con mis propios ojos y escuchar su historia con mis propios oídos, porque creo que lo que le sucedió reescribirá el tratamiento de la inflamación y el futuro de la medicina.

Todo gran avance médico comienza con un solo paciente. Joseph Meister, a los nueve años de edad, tuvo la suerte de ser el primer receptor de una vacuna contra la rabia, un novedoso invento del laboratorio de Louis Pasteur. Antes de que eso pasara, la rabia mató a todos los seres humanos que infectó. Quizá sea apócrifo, pero algunos dicen que Pasteur, al reflexionar sobre su legado, pidió un sencillo epitafio: "Joseph Meister vivió".[8] No se discute que Joseph Meister fue el primer paciente y que sobrevivió.

Jonas Salk inventó la vacuna contra la polio y la probó en sí mismo antes de administrarla a desconocidos.[9] Él fue el primero, y su mujer y sus hijos, los siguientes. Aunque las pruebas posteriores siempre son cruciales, los primeros pacientes son el soplo de esperanza inaugural de las revoluciones en medicina.

El primer paciente al que se implantó un estimulador del nervio vago para tratar la inflamación padecía artritis reumatoide. La artritis reumatoide, cuyo nombre procede de las palabras griegas que significan "articulaciones acuosas e inflamadas", es un síndrome autoinmune crónico, es decir, una enfermedad en la que el sistema inmunitario del organismo ataca a sus propios tejidos sanos.[10] El daño se produce cuando la inflamación de las articulaciones causa la destrucción de los tejidos, lo que provoca síntomas como hinchazón, dolor y rigidez. Las manos y las muñecas se ven afectadas de forma simétrica, pero la inflamación de la artritis reumatoide también puede dañar otras partes del cuerpo, como la piel, los ojos, los pulmones y el corazón. La causa exacta de la inflamación en la artritis reumatoide sigue siendo imprecisa, pero se cree que se debe a una mezcla de factores, tanto ambientales como genéticos. Imagina que se trata de un incidente de "fuego amigo". En este caso, los glóbulos blancos del organismo, llamados *monocitos*, *linfocitos* y *macrófagos*, atacan a las células normales del cuerpo. Es como si el sistema inmunitario hubiera deducido de manera errónea que las articulaciones sanas están infectadas por virus u otros gérmenes y deben ser destruidas o eliminadas.

La artritis reumatoide afecta a unas 25 millones de personas en todo el mundo, incluyendo a más de un millón tan sólo en Estados Unidos.[11] Afecta más a las mujeres que a los hombres, y su aparición es más frecuente en la mediana edad. El diagnóstico se basa principalmente en los síntomas, pero las radiografías y los análisis de laboratorio pueden arrojar más luz. Más allá de las articulaciones, la artritis reumatoide afecta en muchos casos a órganos u otras partes del cuerpo, lo que provoca complicaciones como enfermedades cardiovasculares, osteoporosis, enfermedad pulmonar intersticial y depresión. Pero las deformidades articulares, sobre todo de los dedos, son especialmente devastadoras. Los tratamientos oportunos y agresivos pueden reducir los síntomas y desacelerar la progresión de la enfermedad, lo cual ayuda a los pacientes a sobrellevar el día a día. Pero las terapias disponibles en la actualidad no son curas.

Los medicamentos y las pastillas (fármacos antirreumáticos modificadores de la enfermedad [FAME]) actúan sobre la inflamación, al desacelerar su progresión y reducir los daños.[12] Algunos ejemplos comunes de FAME son el metotrexato, la hidroxicloroquina y la sulfasalazina. Otra clase de antiinflamatorios, llamados *biológicos*, se derivan de organismos vivos para actuar de manera específica sobre el sistema inmunitario.[13] Los biológicos —también conocidos como fármacos biológicos o biofarmacéuticos— son mezclas complejas de proteínas, azúcares o ácidos nucleicos, o pueden ser células y tejidos vivos, y deben administrarse mediante métodos invasivos, incluyendo las inyecciones con aguja.

Los fármacos biológicos, incluidos los anticuerpos monoclonales anti-TNF, actúan sobre citocinas específicas —pequeñas proteínas que se desempeñan como mensajeros químicos en el sistema inmunitario— u otras proteínas y células implicadas en el proceso inflamatorio, y suprimen de ese modo el sistema inmunitario. Estos potentes fármacos inmunosupresores también pueden causar efectos secundarios peligrosos y vienen con una "advertencia de recuadro negro", que indica que un posible efecto secundario de su uso es la muerte. Además, tienen un costo alto y sólo benefician a alrededor de 40% de los pacientes con artritis reumatoide.[14]

Esperábamos poder ofrecer un tratamiento más seguro para estos pacientes que fuera eficaz en un porcentaje mayor de ellos, pero primero teníamos que averiguar si la estimulación del nervio vago funcionaría en personas con artritis reumatoide.

Ralph Zitnik, director médico de SetPoint, y yo nos acomodamos en el asiento trasero de un pequeño coche europeo para un accidentado viaje de dos horas. Nos adentrábamos en las montañas hacia Mostar, una pintoresca ciudad al suroeste de Sarajevo e, históricamente, la capital de Herzegovina. Mostar se extiende a orillas del río Neretva, combinando la importancia histórica y el encanto natural. El Stari-Most, o Puente de Mostar, con su majestuoso arco de piedra de casi dos metros sobre el río esmeralda, es algo más que una obra de ingeniería otomana del siglo XVI: es un símbolo de unidad y un conducto vital en una ruta comercial centenaria. De hecho, la ciudad toma su nombre de la palabra que designaba a los guardianes originales del puente: *mostari*.

De camino al hospital donde se realizaba el ensayo clínico, Ralph y yo nos detuvimos en el puente para ver cómo los buzos de altura se lanzaban a las profundidades. Hablamos de su destrucción durante la guerra, en 1993, y de su reconstrucción y reapertura 11 años después. Fue una restauración de piedra y mortero, y también un renacimiento simbólico surgido del indomable espíritu de Mostar. Me sentí inspirado y esperanzado de ser pronto testigo de otro renacimiento, que uniera siglos de investigación sobre el nervio vago con un avance moderno para los pacientes.

El Hospital Clínico Universitario de Mostar está situado en un alto acantilado que domina la ciudad, a un kilómetro y medio del río. Fue construido en 1977 como centro médico regional y sufrió graves daños durante la guerra pero, al igual que el puente, fue reconstruido poco después. El austero e imponente edificio rectangular con altas ventanas refleja la prioridad de la función sobre la forma. El doctor Ante Bogut, uno de los médicos locales del equipo clínico que lleva a cabo allí el ensayo de SetPoint, y el único que hablaba inglés, nos recibió en la puerta principal.

Sin hacer ningún esfuerzo por contener mi emoción, le agradecí a ese médico los esfuerzos de su equipo por inscribir al primer paciente de la historia en recibir un ENV para tratar la artritis reumatoide y por darme la oportunidad de averiguar si mi idea funcionaba en realidad.

El doctor Bogut me habló del paciente. Mientras paseábamos por los largos pasillos de linóleo color beige del hospital, me enteré de que Pero Dragoje era papá de dos niños pequeños, un hombre de mediana edad que se ganaba la vida como camionero. Pero la aparición de la artritis reumatoide lo incapacitó para seguir con su oficio, ya que le dolían tanto las manos y los pies que no podía trabajar. Sus médicos lo trataron durante años con prednisona, un medicamento esteroide utilizado para suprimir la inflamación, así como con metotrexato, uno de los FAME. Eso era todo lo que podían ofrecerle, porque los biológicos, como los anti-TNF, no estaban disponibles entonces en Bosnia. Así que, al quedarse sin opciones de tratamiento y tras pasar años de largos días con dolor, echado en el sofá, sin poder trabajar ni jugar con sus hijos, se lanzó —en sentido figurado— a la oportunidad de participar en el ensayo clínico de SetPoint.

Tres meses antes de que yo visitara a Pero y al equipo clínico que lo atendía, el doctor Richard Bucholz, profesor de neurocirugía de la Universidad de Saint Louis, viajó a Mostar para realizar la operación e implantar un ENV SetPoint en el nervio vago izquierdo del primer paciente. Richard aportó a su formación como neurocirujano un temprano interés por las computadoras que, junto con su destreza natural, lo colocó a la vanguardia de la neurocirugía y de la tecnología digital.[15] Ayudó a desarrollar el implante que llegó a insertar en el cuello de Pero Dragoje, tras su trabajo con la estimulación del nervio vago para pacientes con epilepsia y depresión (véanse los capítulos 4 y 6, respectivamente). Richard calcula que hasta ahora ha implantado más de 2 000 dispositivos ENV.

En SetPoint, Yaakov descubrió que sólo era necesaria una pequeña cantidad de corriente para desactivar la inflamación durante la artritis.[16] Así que modificó los ajustes de fábrica de los dispositivos usados para tratar la epilepsia (que suelen suministrar cinco minutos de corriente alternados con cinco minutos de desconexión las 24 horas del día, los siete días de la semana) con el fin de estimular durante sólo cinco minutos, sólo tres o cuatro veces al día, y suministrar una décima parte de la corriente.[17] Aunque estos nuevos ajustes bloquearon la inflamación en el laboratorio, hasta entonces no sabíamos qué sucedería en los pacientes.

Pero Dragoje estaba sentado en una sala de conferencias con dos médicos y un técnico de electrofisiología del hospital. Al verme, se levantó con una sonrisa de oreja a oreja y me estrechó la mano con firmeza, sin dar muestras de dolor o incomodidad. Era corpulento, medía 1.80 metros de estatura, con los hombros anchos, la frente alta y la fuerza de alguien que ha pasado años transportando cajas y palés pesados. Aunque él no hablaba inglés, con el doctor Bogut como traductor, le pregunté por su lucha contra la artritis reumatoide. Me contó que en el momento de la operación de implante, cuando tenía 57 años, sus manos ya se habían vuelto inútiles. No podía mover los dedos ni agarrar cosas. Y temía que eso nunca mejorara. Entonces oyó hablar del ensayo clínico.

Desde que se le activó el ENV se sintió muy bien y me dijo que a la semana de la operación le dejaron de doler las manos y los pies. Y pudo volver a trabajar.

Le expresé:

—¡Es increíble!

Sonriendo, respondió:

—¡Sí! —y todos nos reímos.

Indagué un poco más; pregunté si Pero había notado alguna otra cosa, como un cambio en su peso corporal o en su apetito o en sus hábitos de sueño, pero me dijo que no, que lo único que notaba era que el dolor cesó y que sus manos, muñecas y pies se sentían mejor. Al cabo de varias semanas, completamente libre de dolor, volvió a manejar su camión y a transportar pesadas cajas de carga. Volvió a jugar tenis, una vez con tanto vigor que se torció la rodilla. Esto molestó a sus médicos y a sus cuidadores, quienes lo regañaron con sutileza y le recomendaron que se lo tomara con calma, al menos mientras durara el ensayo, ya que una rodilla hinchada ponía en peligro su evaluación clínica.

Me sorprendió que fuera necesario darle ese consejo a un hombre que apenas unas semanas antes estuvo confinado por el dolor y la hinchazón en su sofá, incapaz de hacer casi nada, y menos aún jugar tenis.

Charlamos durante media hora más y luego posamos juntos para una foto. En la imagen, Pero sobresale por encima de mí, una cabeza más alta —y es una cabeza de tamaño considerable—, aunque salimos sonriendo. Muchos de quienes han visto esta foto señalan que yo sonrío más que él, y quizás así sea. Fue uno de los días más felices de mi vida profesional. Pocos inventores médicos tienen la oportunidad de conocer al primer paciente que se ha beneficiado con su idea. Después hablé en privado con los médicos, entre ellos con el doctor Milenko

Bevanda, jefe del hospital y profesor muy respetado que fue mentor de muchos de los principales galenos bosnios de esa época.

—Así que funciona, ¿verdad? —dije.

El doctor Bevanda asintió. Durante toda la reunión habló poco: me evaluaba en silencio mientras yo conversaba con el paciente. Me pregunté si no hablaba inglés, pero noté su ceño fruncido y sus brazos cruzados sobre el pecho en una postura defensiva, así que supuse que el resultado positivo del experimento lo había sorprendido.

Impávido, le pregunté:

—Pensaba usted que era una idea descabellada que nunca podría funcionar, ¿verdad?

En un inglés perfecto, él lo admitió:

—Pensé que no había ninguna posibilidad de que esto funcionara.

Nos reímos todos juntos durante varios minutos mientras nos dimos la mano y nos despedimos con calidez.

Trece años después, en el momento de escribir estas líneas, el aparato de Pero sigue funcionando. Se encuentra muy bien, "funciona sin limitaciones", según me han dicho, y se gana la vida transportándolo por Europa.

Algunos días siente las manos rígidas por la mañana, pero mínimamente. Supongo que él ya tiene 70 años y que algo de rigidez podría ser normal a su edad. Dos años después de finalizar el estudio, Pero dejó de tomar medicación para su artritis reumatoide. De vez en cuando, después de hacer deporte o trabajar en el jardín, puede tomar un Advil u otro antiinflamatorio no esteroideo. Como dice Pero de su ENV: "Sería un hombre muerto sin él".

Tras esa primera reunión con Pero, presenté mi renuncia al consejo de administración de SetPoint. Recibí varias llamadas de sus miembros cuestionando mi decisión. Para mí, la respuesta era sencilla. Después de trabajar en esta idea durante más de 15 años en el laboratorio y de ver el éxito del primer paciente en el primer ensayo clínico, supe que era posible estimular el nervio vago en humanos con el fin de prevenir o revertir la inflamación. Cuando pusimos en marcha SetPoint, mi ferviente deseo era establecer un entorno en el que las ideas de mi laboratorio pudieran probarse en un ensayo clínico. Ahora esta misión estaba cumplida y quería volver a mi laboratorio y a los Feinstein Institutes para realizar nuevos proyectos, hacer nuevos descubrimientos e inventar nuevas curas.

Los científicos que tienen la suerte de lograr descubrimientos que pueden convertirse en tratamientos no se conforman con aceptar el mundo tal como es. Quieren entender cómo funcionan las cosas, ampliar los límites del conocimiento y convertir esa sapiencia en inventos útiles que beneficien a la humanidad. Este proceso puede llevar muchos años, incluso décadas. Requiere persistencia, dedicación y voluntad de fracasar. Y requiere construir nuevos entornos, por lo cual los científicos creativos suelen fundar nuevas instituciones. La investigación científica se basa en la colaboración, y las mejores oportunidades de hacer nuevos descubrimientos se logran al reunir a los mejores y más brillantes en un entorno propicio y bien dotado de recursos. Jonas Salk desarrolló la primera vacuna eficaz contra la polio y fundó el Salk Institute fot Biological Studies para continuar sus investigaciones y formar a futuras generaciones de científicos. Louis Pasteur desarrolló vacunas contra la rabia y el ántrax, y fundó el Pasteur Institute, que hoy en día es una red mundial de centros de investigación. Así que, en noviembre de 2011, aún volando alto tras mi viaje a Bosnia y Herzegovina, regresé a los Feinstein Institutes, a mi laboratorio y a mis colegas, y redoblé mis esfuerzos.

De un estudio de uno, a un estudio de 18

Además del primer paciente de Bosnia, también estudiamos a otros 17 pacientes con artritis reumatoide.[18] Todos ellos tenían la enfermedad activa, es decir, experimentaban dolor en las articulaciones inflamadas y algún nivel de deterioro o discapacidad, a pesar de recibir metotrexato, un FAME, durante un mínimo de tres meses. Richard Bucholz y otros neurocirujanos implantaron el ENV en Mostar, Bosnia; Zagreb, Croacia, y Ámsterdam, Países Bajos. Dos semanas después de la intervención, los investigadores del estudio aumentaron los parámetros de la corriente eléctrica en función de la capacidad de tolerancia de cada paciente. Al hacerlo, algunos sujetos notaron un hormigueo en la voz al hablar (efecto recurrente del nervio laríngeo). Otros notaron espasmos u hormigueos en los músculos del cuello, pero la mayoría de estos efectos secundarios dura poco y se tolera bien.

Al cabo de varias semanas, todos ellos toleraron la terapia de estimulación, con un promedio de 1.3 a 1.6 miliamperios de corriente administrada en ráfagas de cinco minutos tres o cuatro veces al día. El efecto de la estimulación del nervio vago sobre la inhibición de la producción de TNF fue significativo: tras implantar el ENV, observamos que la producción de TNF disminuía casi 50 por ciento. Y, lo que es aún más importante para los pacientes, los signos y los síntomas de su artritis reumatoide mejoraron de forma relevante.[19]

Cinco años después, en julio de 2016, publicamos un artículo en *Proceedings of the National Academy of Sciences* en el que detallamos los resultados del ensayo clínico de SetPoint.[20] Nuestro titular, con la voz neutra de la ciencia, desmentía nuestro entusiasmo: "La estimulación del nervio vago inhibe la producción de citocinas y atenúa la gravedad de la enfermedad en la artritis reumatoide". No obstante, más allá de nuestra condición profesional, hubo festejos y una celebración con champán. Aunque mi laboratorio descubrió muchos años antes que el nervio vago controla la inflamación al suprimir el TNF y otras citocinas en ratones, este estudio clínico se constituía como la primera vez que alguien investigaba si la estimulación del nervio vago podía hacer lo mismo en humanos.

Recuerda que la inflamación está implicada en dos tercios de las muertes humanas en el mundo, y también es una de las principales causas de enfermedad y sufrimiento entre los vivos. Tengamos claro que el primer paciente pudo volver a trabajar y a jugar con sus hijos. Al día de hoy, no creemos que nuestras celebraciones hayan sido prematuras.

Mientras escribía este capítulo se acababa de completar un crucial ensayo en Estados Unidos en el que la FDA aprobó la nombrada "designación de avance" para un nuevo dispositivo ENV desarrollado por SetPoint Medical. Este ensayo se conoce como estudio RESET-RA,[21] el cual evaluó la seguridad y la eficacia del nuevo sistema SetPoint, un aparato del tamaño de un Tylenol que se implanta quirúrgicamente en el nervio vago a través de una pequeña incisión en el lado izquierdo del cuello. El estudio reservó lugares para 250 personas en 40 puntos geográficos de Estados Unidos con el fin de valorar si proporciona alivio a los pacientes con artritis reumatoide activa de moderada a grave, en particular a quienes responden o son intolerantes a los FAME biológicos o sintéticos dirigidos. Todos los participantes recibieron el implante, pero tras su inserción sólo la mitad experimentó estimulación activa, mientras que la otra mitad sirvió como grupo de control; es decir, este último desconocía que no estaba recibiendo estimulación del nervio vago. Al cabo de 12 semanas, los que lo integraban pasaron a recibir estimulación activa durante un seguimiento de 180 semanas en las que ambos grupos —tratamiento y control— se sometieron al procedimiento.

Entonces, cuando trabajábamos en la revisión del manuscrito, llegaron los resultados del estudio RESET-RA, y trajeron buenas noticias.[22] El sistema SetPoint de ENV es el primer dispositivo de modulación neuroinmunitaria que demuestra un beneficio clínico en adultos que padecen artritis reumatoide de moderada a grave. Mi esperanza es que estos resultados favorables, que aportan pruebas esenciales de la eficacia, el perfil de seguridad y los resultados a largo plazo del tratamiento, conduzcan pronto a la aprobación de la FDA de una nueva terapia que beneficiará a millones de futuros pacientes.

Según una investigación —hay muchas otras similares—, 74% de los pacientes con artritis reumatoide se manifiesta inconforme con sus opciones de tratamiento.[23] El dolor, la fatiga y el insomnio siguen disminuyendo su calidad de vida. Los encuestados en el estudio experimentan

> una actividad moderada de la enfermedad (37%) o una actividad elevada (33%). Muy pocos logran la remisión (16%) o una actividad baja (13%) con su tratamiento actual. De las personas que declararon no estar satisfechas con su tratamiento, alrededor de la mitad experimenta en la actualidad un brote (un periodo de exacerbación de los síntomas).

Espero que más personas que padecen artritis reumatoide puedan acceder a este nuevo tratamiento respaldado por la ciencia.

Tratando la enfermedad de Crohn

La primera paciente que conocí con enfermedad de Crohn fue Margie, una profesora de segundo de primaria, de 29 años y recién casada, de West Hartford, Connecticut. Como muchas personas con el mismo padecimiento, sus síntomas empezaron cuando cursaba la universidad. En algún momento de su último año empezó a presentar fuertes dolores abdominales y diarrea. Estos episodios duraron varias semanas seguidas y persistieron después de graduarse, y cuando cumplió 31 años su botiquín estaba repleto de remedios fallidos. A pesar de los innumerables medicamentos y de las modificaciones a su dieta, nada le ayudaba.

Las cosas empeoraron gravemente para Margie cuando tuvo fiebre alta, escalofríos, vómitos y un dolor abdominal debilitante. En el hospital St. Francis de Hartford, Connecticut, le administraron bario antes de hacerle una radiografía abdominal, prueba que evalúa el flujo de líquidos a través del intestino. Su cirujano le diagnosticó estenosis o estrechamiento, es decir, que los conductos intestinales, por lo general blandos y flexibles, estaban pinzados en algunos puntos hasta la anchura de un lápiz, demasiado pequeños para que pasaran los alimentos y los jugos digestivos. En la operación suprimió la inflamación y le extirpó el tejido cicatricial del intestino delgado y después le dio a Margie su diagnóstico.

Llamada así por el doctor Burrill Crohn, gastroenterólogo de Nueva York, la enfermedad de Crohn es un padecimiento inflamatorio intestinal, una afección autoinmune que afecta a segmentos del tracto gastrointestinal desde la boca hasta el ano, incluidos el esófago, el estómago, el duodeno y el intestino delgado y grueso.[24]

Desde la primera descripción de la enfermedad de Crohn, en 1932,[25] se han sumado otros signos y síntomas a la lista: erupciones cutáneas, artritis de las extremidades y la columna vertebral, inflamación ocular —*uveítis*—, ulceraciones de la piel —*pioderma gangrenoso*— e inflamación de la grasa subcutánea —*eritema nodoso*—, entre otros. Como en el caso de Margie, las complicaciones de una inflamación excesiva pueden causar obstrucción intestinal, estenosis y cicatrices, pero también abscesos y fístulas que drenan el contenido intestinal a través de la piel o hacia otros compartimentos corporales.

Tras aparecer al final de la adolescencia o al principio de los 20 años, la enfermedad de Crohn suele iniciar una marcha inexorable a lo largo de la edad adulta, marcando la vida con meses de malestar abdominal, diarrea, fatiga, debilidad e incapacidad. Los corticoides —prednisona— y otros fármacos antiinflamatorios ayudan a algunos pacientes, pero a otros sólo les brindan alivio a corto plazo antes de que reaparezcan las complicaciones intraabdominales, que requieren cirugía hasta en 50% de los casos. Para empeorar las cosas, los esteroides tienen efectos secundarios graves, como debilidad y atrofia muscular, fatiga, cataratas y retención de grasa. Y como los esteroides suprimen el sistema inmunitario —que es como eliminan la inflamación—, esto también propicia que los pacientes sean susceptibles a otras infecciones potencialmente mortales. La inmunosupresión significa que su sistema inmunitario no puede responder con normalidad para defenderse de virus y bacterias letales.

Yo tenía nueve años la primera vez que pisé un hospital y fue para visitar a Margie, mi madrastra. Tras la muerte de mi mamá, mi papá nos trasladó a West Hartford, Connecticut, para estar más cerca de nuestra numerosa familia. Allí conoció a Margie en una cita a ciegas, se enamoraron y se casaron. Al intentar tranquilizarme desde la cama del hospital, Margie me dijo que se sentía bien y que volvería pronto a casa; pero yo estaba lleno de preguntas: ¿cuál era la causa de esta enfermedad? ¿Cómo podía tratarse? ¿Cuándo se produciría el siguiente ataque? Por segunda vez en mi vida me sentía frustrado por no poder ayudar a mi nueva mamá enferma. Y por no entender la causa de su mal.

Cuando no estaba en el hospital, Margie me animaba a desarmar cosas y reconstruirlas, pero no sé si era una estrategia para mantenerme alejado de ella o para guiar mi desarrollo como futuro médico-científico. De pequeño, empecé con juguetes de pilas que desarmaba para ver cómo funcionaban, una práctica que más tarde se extendió a los autos y a los aviones a escala con motor y luego a las podadoras de césped, radios, lavadoras y, finalmente, coches de verdad. Sin comentárselo a mi papá, que habría dicho que no, Margie me prestó el dinero para comprar mi primer automóvil. Para entonces, mis hermanos y yo llamábamos a Margie *mamá*, y para mí ella era la mejor mujer del mundo.

Aunque han pasado más de 50 años desde que vi por primera vez el interior de un hospital cuando visité a Margie, aún no sabemos qué causa la enfermedad de Crohn. Sin embargo, los resultados más recientes de los ensayos clínicos de SetPoint indican que la estimulación del nervio vago puede ser una terapia útil. Este estudio clínico, del que soy coautor,[26] evaluó sus efectos terapéuticos en 16 pacientes —incluida Kelly Owens, la del capítulo 1— con enfermedad de Crohn de moderada a gravemente activa, con el empleo de parámetros establecidos en el índice de actividad de dicha afectación (CDAI, por sus siglas en inglés). Esta herramienta de valoración estándar se basa en una combinación de síntomas notificados por el paciente y medidas clínicas.

Al igual que en los estudios de SetPoint sobre la artritis reumatoide, los sujetos del análisis recibieron estimulación del nervio vago durante sólo 20 minutos o menos al día, pero en 16 semanas se produjo una disminución significativa del CDAI, así como pruebas objetivas de una disminución de la inflamación observada en el revestimiento intestinal mediante endoscopia en 11 de los 15 pacientes. Una vez más, el TNF y otras citocinas asociadas a la inflamación también disminuyeron de manera preponderante. También en este ensayo la estimulación del nervio vago no sólo fue segura y bien tolerada, sino que dio lugar a una reducción sustancial de la gravedad clínica de la enfermedad y a una mejora de la calidad de vida. Los pacientes estaban más sanos y felices.

Hoy sabemos que un subconjunto determinado de fibras del nervio vago desempeña un papel fundamental en la desactivación o reducción de la respuesta inflamatoria en ratones y personas, pues restablecen el equilibrio —homeostasis— del sistema inmunitario. Unos niveles bajos de corriente eléctrica aplicados durante sólo unos minutos, unas cuantas veces al día, estimulan este reflejo antiinflamatorio. Y producen un efecto duradero que persiste de 24 a 48 horas, lo cual significa que menos de 20 minutos de estimulación eléctrica al día deberían bastar para controlar la inflamación en la mayoría de los pacientes.

Aunque la estimulación del nervio vago no estaba disponible para la enfermedad de Crohn cuando Margie la necesitó, siguió animándome hasta el final de sus días y rezando para que esta terapia pudiera aliviar algún día a otras personas. Sé que la terapia de estimulación del nervio vago, como cualquier otra terapia médica, no funcionará 100% de las veces en 100% de los pacientes, pero tras décadas de usarla en el tratamiento de otras afecciones, como la epilepsia —para la que ya se ha aplicado en cientos de miles de pacientes con un dispositivo implantado—, es un hecho que su adopción resulta relativamente segura.[27] Por supuesto es más segura que muchos de los otros tratamientos invasivos para la artritis reumatoide y la enfermedad inflamatoria intestinal, como los fármacos biológicos anti-TNF, en cuyo lanzamiento participé. De nuevo, los anti-TNF y otros agentes biológicos portan advertencias de recuadro negro y son muy caros: pueden costar entre 50 000 y 100 000 dólares anuales de por vida.[28] Según todos los indicios, una terapia de por vida con el nervio vago, sin una de aquellas advertencias, costará más o menos lo mismo que sólo un año de biológicos, y una sola cirugía menor suplantará la necesidad de años de terapias biológicas onerosas, inyectables y potencialmente tóxicas.

En mi escritorio tengo un ENV del tamaño de una cápsula de Tylenol para enseñárselo a la gente que de otro modo no lo creería, y para reflexionar, en los momentos de tranquilidad, sobre la inmensa promesa de una cosa tan diminuta.[29] Llevo décadas trabajando en el campo de la inflamación —hace más de 20 años que registré el invento en la Oficina de Patentes de Estados Unidos—, pero esta cosa me sigue asombrando.

Tras décadas de pruebas clínicas —de mejora de la vida de muchas personas— y de avances científicos y tecnológicos, los ENV por fin podrían estar ampliamente disponibles para tratar las amenazas inflamatorias que se ciernen sobre la humanidad. ¿Cuántas de estas enfermedades podría neutralizar la estimulación del nervio vago? ¿Puede añadir años, o quizá décadas, a una vida saludable? Estamos empezando a averiguarlo, porque cada vez hay más pruebas de que los reflejos del nervio vago pueden favorecer la recuperación al suprimir la inflamación.

Este nuevo campo de la medicina bioelectrónica apenas comienza, pero las experiencias de los pacientes que han formado parte de los ensayos clínicos realizados y en curso permiten vislumbrar un futuro mejor. Personas que antes estaban marginadas o incluso lisiadas por la inflamación han redescubierto la vitalidad. Y ahora nos encontramos en un punto de inflexión en el que la estimulación del nervio vago puede ayudarte a ti o a tus seres queridos. Si padeces enfermedades desencadenadas por la inflamación, espero que este capítulo te haya mostrado que el tratamiento en cuestión ofrece una esperanza real. Consulta el capítulo 11 para saber cómo preguntarle a tu médico si la terapia de estimulación del nervio vago es adecuada para ti.

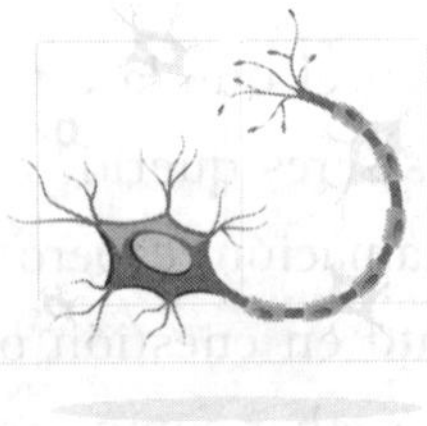

6

Más allá de la medicación

Un reflejo curativo para la depresión

“

No hay amor que pueda curar la locura
o despojarnos de nuestros oscuros estados de ánimo.
El amor puede ayudar, puede hacer que el dolor sea más tolerable,
pero, siempre, uno está en deuda con la medicación que puede o no
funcionar siempre y puede o no ser soportable.

Kay Redfield Jamison[1]

”

“Sentía mucho odio. Odiaba a todos y a cada uno”, recordaba Nick Fournie.[2] “Siempre estaba de mal humor, deprimido, nada bien. Aunque tuviera todo lo que quería, no me hacía feliz.”

Nick estaba deprimido y dormía de día y de noche para escapar de su sufrimiento. “Era como si cada día fueran dos días”, señalaba, y dormir era la única forma en la que podía soportar que el tiempo transcurriera a ese ritmo lento y enloquecedor. Los antidepresivos no lo aliviaban y, peor aún, a veces producían lo contrario; le provocaban más cansancio y desinterés por la vida. Así estuvo durante años hasta que recibió su estimulador del nervio vago (ENV).

Muy pocos somos siempre felices, cada día encontramos alegría en el mundo bullicioso y hermoso y nos deleitamos con gratitud por los abundantes dones de la vida. La mayoría estamos lo bastante contentos, el tiempo suficiente, como para afirmar que básicamente nos encontramos bien, haciendo todo lo que podemos y sorteando una mezcla de bendiciones, decepciones, logros, aburrimiento, alegrías y alguno que otro horror, quizá con la ayuda de la psicoterapia o de los psicofármacos, o con ambas cosas; pero en el otro extremo del espectro algunos nos hallamos en un oscuro túnel de miseria sin final a la vista, sumidos en una melancolía paralizante que reduce la vida a una pesada carga sin respiro en actividades y amistades que solían levantarnos el ánimo. Y a veces, como en el caso de Nick, la psicoterapia y los fármacos no ayudan en absoluto, o no lo suficiente.

Por razones que no comprendemos bien, la depresión es frecuente. Y cada vez más: según la Organización Mundial de la Salud, hasta 280 millones de personas padecen trastornos depresivos graves.[3] Pero es probable que esa estimación no refleje el número real de individuos deprimidos, pues muchos pacientes evitan admitir sus síntomas ante su médico, lo que dificulta el diagnóstico y disminuye las incidencias que se declaran. Lo que sí sé, incluso sin conocerte personalmente, es que alguien cercano a ti, un familiar, amigo o colega, o quizá tú mismo, está deprimido o ha padecido depresión en el pasado. Así de común es.

Como uno de los casi 600 participantes en un ensayo clínico de la Facultad de Medicina de la Universidad de Washington en San Luis, Missouri, a Nick Fournie le implantaron bajo la clavícula izquierda un pequeño dispositivo circular no mucho mayor que un dólar de plata estadounidense.[4] El dispositivo envía pequeñas ráfagas de corriente eléctrica a través de un cable conectado al nervio vago cervical izquierdo, estimulándolo en un ciclo que se repite cada cinco minutos: 30 segundos encendido, cinco minutos apagado, el dispositivo funciona las 24 horas del día. Es como un marcapasos para el cerebro.[5]

Los participantes en este estudio, al igual que Nick, padecían una depresión que no podía aliviarse con cuatro o más antidepresivos, tomados por separado o en combinación.[6] A dos tercios de los 14 millones de estadounidenses con depresión clínica no les ayuda el primer antidepresivo que se les receta, y hasta un tercio no responde a los intentos posteriores con otros fármacos de este tipo. El equipo del doctor Conway dio seguimiento a 328 pacientes a quienes se implantó un ENV, muchos de los cuales también tomaban medicación. Los compararon con 271 pacientes deprimidos con una resistencia similar que sólo recibían el tratamiento habitual, lo cual podía incluir fármacos antidepresivos, psicoterapia, estimulación magnética transcraneal, terapia electroconvulsiva o alguna combinación.

El estudio se diseñó para evaluar la calidad de vida de pacientes que apenas salían adelante, a pesar de tomar múltiples antidepresivos. Al añadir la terapia de estimulación del nervio vago se observó una diferencia significativa en la vida cotidiana de los participantes.[7] Entre las 14 categorías de calidad de vida que evaluaron los investigadores se encontraban la salud física, las relaciones familiares, la capacidad laboral y el bienestar general. Y en 10 de las 14 medidas, los que recibieron ENV obtuvieron mejores resultados. Para que se considerara que una persona había respondido a una terapia contra la depresión tenía que experimentar un descenso de 50% en su puntuación estándar de depresión. Sin embargo, los investigadores observaron que algunos pacientes con ENV decían que se sentían mucho mejor, a pesar de que sus puntuaciones sólo disminuían entre 34 y 40 por ciento.

Nick comenta que sólo nota la sensación de que el aparato está "encendido" durante esos 30 segundos cada cinco minutos si está "muy tranquilo y muy quieto". Cuando está ocupado no lo percibe.

Él y su esposa, su mejor amiga y su amor de la preparatoria, Mary, quien lo apoyó en las trincheras de la depresión y lo animó a ponerse el implante, señalan que su depresión grave ha quedado atrás. "Disfrutamos juntos cada día y yo gozo la vida." En YouTube aparece un video de Nick conduciendo una moto, con Mary detrás, rumbo a la puesta del sol, con un ENV invisible bajo la piel, en su viaje de vuelta a la homeostasis.

El dispositivo que recibieron Nick y los demás participantes en el estudio es similar a los que se usan para tratar la epilepsia. Mi amigo

Bill Bell —el neurocirujano que conociste en el capítulo 4 y que colocó el primer dispositivo ENV implantable en Toney Kincaid— también ha efectuado estos procedimientos en pacientes con depresión. Él recuerda a una joven de unos 20 años de edad cuya familia acudió desesperada a su consulta. Habían probado todo, incluida la terapia electroconvulsiva de mantenimiento, y habían "estado en todas partes: en la Clínica Mayo… en todas partes", cuenta Bill. Nada la alivió demasiado hasta que la estimulación del nervio vago con su nuevo implante resultó alentadora: "Fue como encender un interruptor". Bill relata que después de eso recibió tarjetas de Navidad de la familia durante años. Un caso no prueba que funcione, se preocupa Bill de señalar, pero "seguro que fue maravilloso".

Por supuesto, él tiene razón. Un caso no prueba la eficacia, pero como médico-científico puedo añadir que es igualmente cierto que los primeros pacientes, como Joseph Meister —la primera persona vacunada contra la rabia— o Toney Kincaid y Pero Dragoje —las dos primeras personas en recibir estimuladores implantados del nervio vago para tratar, respectivamente, la epilepsia y la artritis reumatoide—, nos animan a estudiar a más pacientes.

Cientos de miles de personas se han implantado un ENV para la epilepsia y, curiosamente, aunque a veces no les ayudó con sus convulsiones, optaron por mantener su implante porque mejora su estado de ánimo.[8]

Sin embargo, a pesar de las muchas otras personas cuyas historias de depresión son similares a las de Nick y de otros pacientes de Bill, y a pesar de la aprobación por parte de la FDA de los dispositivos implantados de estimulación del nervio vago para la depresión desde 2005, la terapia no se usa de forma generalizada. Esto se debe a varias razones; entre ellas, las políticas de reembolso variables de las aseguradoras y la relativa falta de datos clínicos. Otro obstáculo importante para una adopción más amplia es que no sabemos por qué ayuda a algunos pacientes, pero no a todos, y porque, en el nivel más fundamental, no entendemos qué causa la depresión.

Hay muchas teorías sobre la depresión, demasiadas como para tratarlas aquí, pero consideremos algunas que podrían apuntar a un papel de las funciones de mantenimiento de la homeostasis del nervio vago. Y consideremos cómo los reflejos del nervio vago podrían estar implicados en la curación de la depresión.

¿Cerebro, cuerpo o ambos?

El cerebro es el foco central de la investigación y la terapia de la depresión por la razón obvia de que es el órgano principal responsable del procesamiento de sensaciones, emociones y pensamientos. Los profesionales de la salud mental reconocen que la depresión es un síndrome complejo sin una causa única, que presenta una amplia gama de síntomas, desde tristeza persistente y pérdida de interés por las actividades cotidianas, hasta trastornos del sueño y el apetito, fatiga y problemas de concentración. El diagnóstico de "trastorno depresivo mayor" suma a esta lista sentimientos de impotencia, desesperación y agotamiento paralizante. Su sello distintivo, el retraso psicomotor, se manifiesta como una mente y un cuerpo abrumados, como los de Nick, que luchan con tareas sencillas de la vida diaria.

La neurociencia moderna ha revelado que el cerebro es un circuito neuronal enmarañado en el que zumban 100 000 millones de neuronas individuales, las cuales disparan potenciales de acción específicos que se comunican a través de billones de sinapsis, subyacentes a nuestros pensamientos, nuestras emociones y nuestras sensaciones. Los estudios de imagen cerebral pueden arrojar luz sobre las actividades eléctricas y químicas de centros cerebrales específicos en personas deprimidas y no deprimidas. Aunque dichos estudios muestran algunas diferencias entre ambos casos, es difícil determinar cómo aquellas actividades se relacionan con las experiencias personales, lo cual plantea tantas preguntas como respuestas sobre cómo las disfunciones particulares de los circuitos neuronales causan la depresión.

Como si tratáramos de distinguir una constelación estrellada en una noche nublada, observamos el cerebro con herramientas nuevas y potentes, pero en nuestros esfuerzos por explicar la depresión sólo conseguimos vislumbrar destellos. La causa —o, más probablemente, las causas— se oculta en lo más profundo de una incógnita más amplia. ¿Nos preguntamos si la evolución, que adaptó y moldeó el cerebro humano para optimizar la supervivencia y el éxito, podría haber plantado en él las semillas de la desesperación?

De hecho, es posible que nuestra tendencia moderna a desarrollar depresión tenga sus raíces en una época prehistórica en la que los primeros humanos empezaron a usar el lenguaje.[9] La capacidad de comunicarse mediante palabras reforzó los lazos sociales y la cooperación, mejoró el éxito reproductivo y fomentó la expansión de comunidades muy unidas. Sin embargo, también propició dolorosas decepciones, rechazos y aislamiento, ya que el mismo lenguaje que ayudó a nuestros antepasados a sobrevivir también podía producir sentimientos de dolor, esperanzas frustradas y angustia social.

Estrechamente vinculada al lenguaje primitivo se encontraba otra bendición mixta: una recién descubierta capacidad de planeación futura. La planeación anticipada permitió a los primeros humanos crear herramientas más complejas, desarrollar estrategias de caza a largo plazo y establecer campamentos estacionales; pero, una vez más, esto implicaba una contrapartida.

Paradójicamente, la planeación del futuro, aunque es benéfica, pudo haber contribuido a la ansiedad y a la depresión. La tarea de planificar es capaz de originar una preocupación excesiva cuando los acontecimientos futuros se perciben como una amenaza, una especie de rumiación en la que la mente se encuentra en un estado de alerta máxima y ansiedad que se centra en los resultados negativos más que en las realidades presentes.

Millones de años después, con una capacidad de hablar y planear que nuestros ancestros no podían imaginar hasta hace relativamente poco, seguimos con nuestras rutinas diarias sin preocuparnos nunca de leones que nos ataquen, y sólo en raras ocasiones de perros enojados. Hemos recorrido un largo camino desde nuestros antepasados evolutivos, que pasaban mucho más tiempo pensando en esas cosas, junto con las vías de escape asociadas, literalmente, a luchar o huir; pero también hay malas noticias, porque la tecnología moderna ha desarrollado nuevos métodos para atormentarnos con un flujo incesante de notificaciones y alertas procedentes de teléfonos móviles, relojes y otros dispositivos siempre presentes con el fin de recordarnos a cada momento nuestros factores de estrés modernos y estimular nuestro sistema nervioso simpático. Este continuo bombardeo de información y alertas disminuye nuestra capacidad de recuperación, interfiere en el equilibrio de los ciclos del sueño y sienta las bases para tener niveles elevados y sostenidos de ansiedad, todo lo cual contribuye a la depresión.

Sin embargo, cuando recordamos que el cerebro y el cuerpo están unidos a través de nervios que comunican constantes flujos de información entre sí para mantener el equilibrio fisiológico en los órganos y los sistemas vitales, también podemos imaginar que la depresión podría surgir del cuerpo.

Como hemos visto, el nervio vago es vital para mantener un estado equilibrado de mente y cuerpo a través de sus reflejos;[10] pero si tu cerebro está estresado, ansioso o deprimido, y se halla íntimamente ligado a tu salud fisiológica a través de los nervios vago y simpático, entonces, ¿qué le hace a tu condición corporal sana un estado cerebral estresado, ansioso o deprimido? Mucho, y no es bueno.

El estrés y la ansiedad recurrentes aumentan la actividad nerviosa simpática, lo cual inunda el cuerpo de catecolaminas, los neurotransmisores epinefrina y norepinefrina que incrementan la presión arterial, el ritmo y el gasto cardiacos y la respiración. Te sientes nervioso y tenso, listo para luchar o huir.

Estas respuestas suprimen la variabilidad de la frecuencia cardiaca (VFC). Como aprendimos en la parte I, una VFC baja significa que el sistema nervioso simpático está sobrecargado; supera la actividad del nervio vago y del sistema nervioso parasimpático. En otras palabras, tienes menos capacidad para descansar y hacer digestión. La VFC tiende a ser entre 20 y 30% más baja en las personas deprimidas que en las no deprimidas, y la presión arterial sistólica es entre 5 y 10 mm Hg más alta en las primeras.[11]

Las respuestas al estrés también activan las glándulas suprarrenales para que liberen glucocorticoides, hormonas que estimulan la *gluconeogénesis*, es decir, la producción de glucosa en el hígado. Esto, a su vez, aumenta los niveles de azúcar en sangre. Los niveles elevados de glucocorticoides, como sucede en los pacientes deprimidos, aceleran la *lipólisis*, la descomposición de las grasas en ácidos grasos, al tiempo que suprimen la digestión, el crecimiento muscular y la reproducción. Los glucocorticoides también inhiben la acción de la insulina, lo cual significa que sus células responden menos a ella. Lo anterior aumenta aún más la glucosa en sangre, a veces incluso hasta niveles peligrosos.

Estas respuestas hormonales y metabólicas son útiles en una situación de lucha o huida a corto plazo, como escapar de un león o de un perro en uno o dos minutos; pero la activación crónica de dichas reacciones es desequilibrada y poco saludable. Y la exposición prolongada a altos niveles de glucocorticoides contribuye al aumento global de las tasas de diabetes tipo 2, obesidad, hipertensión y otras afecciones.

Por si fuera poco, la activación simpática crónica también incrementa la inflamación. Las catecolaminas liberadas por el sistema nervioso simpático se unen a los receptores de los glóbulos blancos del sistema inmunitario, estimulándolos para que produzcan más citocinas que aumentan la inflamación.[12] Las catecolaminas sensibilizan asimismo a los glóbulos blancos y los preparan para responder de manera agresiva la próxima vez que se encuentren con otro estímulo. En este estado, llamado *inmunidad entrenada*, incluso una lesión o una infección menores conducen a una reacción exagerada; causa mucha más inflamación y mucho más daño que una respuesta normal.[13] Cuando esto ocurre, los glóbulos blancos producen potentes citocinas inflamatorias, como el TNF, la IL-1 y la IL-6, las mismas que normalmente inhiben el nervio vago. En resumen, el aumento crónico de la actividad del sistema nervioso simpático tiene el efecto contrario al del nervio vago. En lugar de reducir la inflamación y las citocinas, aumenta lo primero y altera la homeostasis.

Según numerosas observaciones clínicas, el estrés crónico aumenta la inflamación y los riesgos de cardiopatías, diabetes, trastornos autoinmunitarios e incluso cáncer. Experimentos controlados con voluntarios humanos que realizan tareas que inducen estrés muestran un incremento de los niveles de citocinas y de otros marcadores inflamatorios en la sangre y la saliva tras la exposición a situaciones agobiantes.[14] Como los factores de estrés psicológico elevan los niveles de citocinas, el procesamiento cerebral de pensamientos, sensaciones y emociones puede manifestarse como inflamación en el organismo.[15]

Al igual que el estrés en el cerebro puede desencadenar la inflamación en el cuerpo, la inflamación en el cuerpo también puede afectar al cerebro, pues la conexión entre ambos es bidireccional. Una vez más, lo anterior tiene un impacto significativo, y no es bueno; pero este vínculo entre citocinas, inflamación y depresión también podría ser la clave para desentrañar por qué la estimulación del nervio vago puede ayudar a millones de personas.

El nervio vago y el comportamiento de enfermedad

Todavía se debate qué surgió primero: el huevo o la gallina, la inflamación o la depresión. Sin embargo, pruebas recientes de personas deprimidas muestran que la inflamación crónica aparece en la sangre en forma de niveles elevados de marcadores inflamatorios, como la proteína C reactiva (PCR) y las citocinas inflamatorias. Aunque muchas investigaciones apoyan esta conclusión, considera que una revisión de estudios publicados de 5166 pacientes y 5083 controles descubrió niveles significativamente elevados de TNF, IL-1, IL-6, PCR y muchos otros mediadores inflamatorios, lo que llevó al investigador a concluir de manera inequívoca que "la depresión se confirma como un estado proinflamatorio".[16]

Para entender lo que esto significa, recuerda la última vez que estuviste inflamado. Puede haber sido porque tenías gripe, COVID-19, una articulación torcida o un hueso roto, o incluso únicamente un fuerte resfriado. ¿Cómo te sentiste al tener niveles elevados de mediadores inflamatorios en el torrente sanguíneo?

Tal vez te sentías cansado, retraído en términos sociales, malhumorado, incómodo, emocionalmente inestable —*lábil*—, sin interés en nada y frustrado por las actividades cotidianas. Dependiendo de la inflamación que presentaras en el cuerpo y en la sangre debiste experimentar debilidad e inapetencia, incluso frente a tus alimentos favoritos. Lo único que querías era dormir, igual que Nick.

En pocas palabras, tu inflamación te provocó un estado depresivo —ojalá haya sido de corta duración—. ¿Qué fue primero? A veces, la inflamación. Sé que esto es cierto porque en 40 años de estudio de dicha alteración patológica administrando citocinas proinflamatorias a ratones, ratas, conejos, perros, cerdos, babuinos y humanos, he visto lo que sucede. Todos sufren inflamación y un síndrome de depresión.

Las citocinas producen signos y síntomas depresivos en el cerebro porque activan señales sensoriales —de entrada— en el nervio vago y porque también pueden entrar en el cerebro por medio del torrente sanguíneo al atravesar aperturas en la barrera hematoencefálica. En los animales, estas señales entrantes del nervio vago y de las citocinas transportadas por la sangre producen una constelación de signos denominada *síndrome de enfermedad*, caracterizada por retraimiento conductual, anorexia, debilidad, letargo y otros rasgos que se parecen a la depresión en humanos.[17] Aunque no sabemos mucho sobre la experiencia emocional de los animales, porque no pueden decirnos cómo se sienten, sí sabemos lo que sienten los humanos a quienes se les han inyectado citocinas. Desarrollan depresión.

Cuando yo era un joven médico preparándome para ser neurocirujano, colaboré con el doctor Stephen Lowry en la realización de experimentos clínicos mediante la infusión de una endotoxina bacteriana altamente purificada y aprobada por la FDA en voluntarios humanos sanos.[18] En su mayoría eran infantes de marina y marineros con permiso en tierra durante dos semanas en Nueva York y estaban encantados de pasar un día en el hospital con nosotros y nuestras infusiones, a cambio de un estipendio de 100 dólares. En concordancia con un protocolo aprobado por el comité de supervisión ética humana del Hospital de Nueva York, la infusión de endotoxinas que les administramos estimuló sus sistemas inmunitarios para que liberaran grandes cantidades de citocinas, un síndrome que en la era actual posterior al COVID-19 se conoce comúnmente como *tormenta de citocinas*.[19]

Lo que sucedió enseguida fue inolvidable. Pocos minutos después de que las citocinas aparecieran en su torrente sanguíneo, empezaron a manifestar que "no se sentían muy bien", que experimentaban mareos, fatiga, dolores musculares, letargo e inapetencia. Luego se mostraron irritables y depresivos, ya que el aumento de los niveles de citocinas provocó un retraimiento emocional de las actividades que solían darles placer. Más tarde, en el laboratorio, cuando medimos los parámetros séricos de citocinas en su sangre, confirmamos altos niveles de TNF, IL-1 e IL-6, las mismas citocinas que el nervio vago inhibe normalmente.[20]

En la actualidad, aún existen algunos centros de investigación que estudian los efectos fisiológicos y psicológicos de las citocinas al administrar endotoxina a voluntarios humanos, pero una alternativa más común para esta práctica es el tratamiento de afecciones inflamatorias y de algunos cánceres con fármacos biológicos llamados *interferones* e *interleucinas*. Muchos de estos pacientes son remitidos a un psiquiatra y tratados con antidepresivos antes de recibir infusiones de citocinas, porque *sabemos* que éstas provocarán en algunos una depresión grave y clínica.[21]

En nuestra investigación con los marineros, y con los pacientes de cáncer, está bastante claro que las citocinas y los mediadores inflamatorios producen la depresión, y no al revés. El cerebro adopta un estado emocional depresivo como reacción a la aparición de citocinas.

De esta manera, cuando experimentamos estrés crónico y ansiedad, somos propensos a la depresión que puede resultar de la respuesta inflamatoria del organismo a esa condición psicológica y emocional.[22] Y si desarrollamos una afección inflamatoria crónica también corremos el riesgo de desarrollar depresión.[23] Los estudios clínicos apoyan esta teoría bidireccional —cerebro-cuerpo y cuerpo-cerebro— de la depresión porque se observan tasas más altas de la misma en pacientes con inflamación subyacente causada por enfermedades autoinmunes, cáncer, inmovilidad prolongada o infección crónica, en comparación con la población general.[24]

La causalidad de la inflamación y la depresión es un torbellino intelectual, pero tiene más sentido cuando recordamos que el sistema nervioso es mucho más que el cerebro dictando todo desde arriba. De hecho, el sistema nervioso es una enorme red que interactúa entre el cuerpo y la mente. Las neuronas del cerebro y las del cuerpo están conectadas, y los comportamientos resultantes que controlan son emergentes, es decir, no pueden predecirse observando un solo componente, como un nervio o una citocina. Las señales de entrada proceden primero de todas las partes del cuerpo, no del cerebro, pero todas llegan al cerebro, que procesa las señales de salida para ajustar la fisiología y la homeostasis. Y el nervio vago enlaza todas estas redes.

Aunque una inflamación excesiva es suficiente para causar depresión, e inhibir la inflamación puede revertir esa depresión y mejorar la calidad de vida de pacientes como Nick, permíteme repetirlo: no existe una única causa de depresión en todos los pacientes. El tratamiento de la inflamación con la estimulación del nervio vago no funciona para todos, pero debido a que es capaz de suprimir aquella condición, creo que beneficiará a algunas personas cuya inflamación excesiva en su cuerpo impulsa el estado depresivo en su cerebro.

Este razonamiento se extiende a otros factores de riesgo ambientales comunes de la depresión, como el estrés psicosocial, las adversidades en los primeros años de la vida, la obesidad y una dieta basada en alimentos procesados —todos ellos proinflamatorios—, ya que la exposición a citocinas proinflamatorias induce un síndrome de enfermedad con síntomas que se superponen con los de la depresión. Ahora bien, ¿cómo se alinea esta teoría inflamatoria de la depresión y los reflejos del nervio vago con las principales teorías farmacológicas al respecto? Es una pregunta muy buena que ojalá se hicieran más investigadores.[25]

Desde hace más de 50 años, una hipótesis predominante sobre la depresión afirma que ésta es causada por un "desequilibrio químico" en el cerebro, adjudicable a unos niveles bajos de serotonina, o a una actividad deficiente de los receptores cerebrales de esta sustancia.[26] Es una idea tan popular que tal vez hayas escuchado hablar de la serotonina, aunque nunca te hayan diagnosticado depresión. Según esta teoría, se supone que la serotonina, un neurotransmisor del cerebro, desempeña un papel clave en la regulación del estado de ánimo, la digestión, el sueño y otras funciones corporales. Los inhibidores selectivos de la recaptación de serotonina (ISRS) son fármacos diseñados para aumentar los niveles de serotonina en el cerebro, y su eficacia en el tratamiento de la depresión varía según las personas. En promedio, alrededor de la mitad —40-60%— de los pacientes que toman ISRS experimenta una mejora significativa de los síntomas de la depresión. El beneficio depende de la gravedad de esta última, de las diferencias bioquímicas individuales y de la presencia de enfermedades mentales concurrentes. Impulsada por estas pruebas clínicas, el *marketing* de la industria farmacéutica y el respaldo de las principales instituciones académicas y gubernamentales, la teoría de la serotonina obtuvo una aceptación casi universal y provocó un aumento vertiginoso del uso de antidepresivos en las últimas décadas. En Estados Unidos, los antidepresivos desarrollados y comercializados sobre esta base se encuentran entre las tres clases de fármacos más recetados.

Sin embargo, durante este mismo periodo en el que más personas usan ISRS, la incidencia de la depresión ha aumentado, y no disminuido. Y nuevos estudios están cuestionando el dogma del desequilibrio químico de la serotonina como causa de la depresión.

Si un ISRS te ha ayudado a ti o a alguien que conoces, es maravilloso. Los grandes ensayos clínicos aleatorizados de ISRS indican que confieren cierto beneficio clínico en algunos pacientes; pero estos resultados, y su experiencia personal, no prueban la causalidad ni confirman que la disfunción de la serotonina sea la causa de la depresión. Por ejemplo, los ISRS también pueden inhibir la inflamación. Las interrogantes y las respuestas que más me interesan son las que podrían conducir a nuevas terapias que ayuden a más personas, no a menos. Exploremos un poco más esta idea.

Una revisión exhaustiva de la literatura médica mundial examinó las principales áreas de investigación relacionadas con la serotonina en la depresión.[27] La revisión incluyó 17 estudios que abarcaban a miles de pacientes, pero no se encontró ninguna asociación entre los niveles del metabolito de la serotonina 5-HIAA y la depresión, ni entre los de serotonina plasmática en participantes depresivos. Se concluyó que la reducción de serotonina podría ser una consecuencia del uso de antidepresivos más que una causa de depresión. En cuanto a los receptores y transportadores de serotonina, las pruebas eran débiles e inconsistentes, y tampoco era claro el impacto del uso previo de antidepresivos en la medida de estos efectos.

Los estudios genéticos sobre el gen SERT, que codifica un transportador que desplaza la serotonina fuera de la sinapsis, no descubrieron alguna asociación entre dicho gen y la depresión o el estrés.[28] Los autores concluyen que no hay pruebas consistentes que apoyen la hipótesis de que la depresión esté causada por una disminución de la actividad o por las concentraciones de serotonina y, por el contrario, algunos hallazgos sugieren que el uso prolongado de antidepresivos podría reducir los niveles de aquella sustancia neurotransmisora. Lo anterior representa un desafío directo a la hipótesis tradicional de la serotonina en la depresión.

De nuevo, estos hallazgos no significan que 40 a 60% de los pacientes que sí se sienten mejor después de tomar ISRS no esté obteniendo algún beneficio real. Estoy totalmente a favor de los beneficios para los pacientes, en especial con efectos secundarios mínimos, y me paso la vida estudiando cómo aplicar nuevas terapias por ese motivo. Sólo que nadie sabe en realidad cómo estos fármacos a veces propician que las personas con depresión se sientan mejor y en ocasiones las hacen sentir peor. Curiosamente, la administración de ISRS en animales y pacientes con inflamación tras recibir citocinas en el laboratorio puede aliviar la depresión causada por estas citocinas.[29] Esta función antiinflamatoria de los ISRS está poco estudiada y no se comprende del todo, y espero sinceramente que mis colegas se animen a investigarla más a fondo.

Pero sea lo que sea que hagan los ISRS, parece que pueden conferir cierta protección contra los efectos secundarios de las citocinas y otros mediadores inflamatorios que causan depresión. Ésta es la razón por la que los ISRS se utilizan con frecuencia en estudios clínicos de pacientes con cáncer que reciben tratamiento con citocinas, cuando el riesgo de desarrollar depresión inducida por citocinas es alto.[30] Como en tus propias experiencias con la gripe o en otros momentos en los que simplemente no te has sentido tú mismo, la aparición de la depresión puede confundirse con el desarrollo de la enfermedad, porque los síntomas asociados a las infecciones —o a la administración de citocinas— imitan a los de la depresión.

Un reflejo curativo para sentirse mejor

Si el nervio vago suprime la inflamación, y ésta causa depresión, naturalmente podrías preguntarte si el nervio vago también puede estar involucrado en la aparición de los síntomas de la enfermedad, o en su prevención.

La respuesta es sí.

Lo sabemos por una serie de notables experimentos realizados por Linda Watkins a principios de la década de 1990, los cuales arrojaron luz sobre una conexión sorprendente: el vínculo entre el nervio vago y la respuesta de nuestro cuerpo a la enfermedad.[31] Intrigada por la forma en que las infecciones y la inflamación desencadenaban cambios de comportamiento en las ratas, Watkins trató de entender el mecanismo subyacente de la fiebre, la pérdida de apetito y el retraimiento social, cuando los roedores se retiraban a los rincones de la jaula y casi no reaccionaban tras recibir una inyección de un agente inflamatorio: la citocina IL-1.

Watkins se preguntó si estas señales llegaban al cerebro a través del torrente sanguíneo o del nervio vago y diseñó un experimento ingenioso. Un grupo de ratas recibió las mismas inyecciones, pero con los nervios vagos seccionados. El resultado fue sorprendente. Estos animales carecían de los típicos comportamientos de fiebre y enfermedad, lo que apuntaba a una conclusión clara: la IL-1 inyectada, una molécula inflamatoria clave que normalmente se produce durante una infección o una lesión, activó los nervios sensoriales del nervio vago y transmitió información esencial sobre el estado interno del cuerpo al tronco encefálico. Fue esta comunicación, traducida por el tronco encefálico, la que produjo la cascada de respuestas, como fiebre, letargo, pérdida de apetito y síndrome de abstinencia, o no lo hizo cuando la conexión no pudo producirse porque el nervio vago estaba inutilizado. En esencia, el nervio vago, actuando como un relevo, incita al cerebro a orquestar comportamientos de enfermedad en respuesta a la presencia de IL-1. El descubrimiento de Watkins no sólo reveló el papel fundamental del nervio vago en las respuestas a la enfermedad, sino que también abrió las puertas a nuevos enfoques terapéuticos dirigidos a esta vía de comunicación vital del nervio vago.

Recordemos que el nervio vago no es un cable sólido, sino 100 000 cables o fibras individuales —a cada lado—, de las cuales 80% son sensoriales, es decir, la fuente de entrada al cerebro desde el cuerpo. Si la presencia de un agente inflamatorio como la IL-1 secuestra unos cientos de fibras para inducir síntomas parecidos a la depresión, quedan decenas de miles de otras fibras que podrían estar involucradas en otras cosas que van bien o mal.

Como vimos en el capítulo 3 —al hablar sobre comer pizza imaginaria—, el nervio vago suministra controles reflejos elementales al intestino, que es una metrópoli rebosante de su microbioma bacteriano compuesto por más organismos que viven allí que el número de células que conforman todo el cuerpo. El estrés crónico, que también afecta a muchas personas con depresión, debilita la barrera intestinal protectora que normalmente impide que los microbios intestinales activen el sistema inmunitario. Cuando esta barrera se rompe —una condición conocida como *síndrome de intestino permeable*—, las toxinas bacterianas en ese conducto, como el lipopolisacárido (LPS), se deslizan a través de las grietas y se infiltran en la pared intestinal y el torrente sanguíneo, con lo cual liberan citocinas, incluidas IL-1 y TNF.[32] El lipopolisacárido que se filtra desde el intestino puede encontrarse con los glóbulos blancos que vimos antes, estimulados por los niveles crónicamente elevados de catecolaminas, y el resultado es, como puedes adivinar, aún más inflamación.

Todas estas moléculas inflamatorias —LPS, IL-1 y TNF— estimulan las fibras sensoriales del nervio vago. Estas fibras viajan hasta el cerebro e inducen respuestas de enfermedad similares a la depresión. Así comienza una corriente de señales entrantes del nervio vago del intestino al cerebro que llegan al tallo cerebral antes de ser retransmitidas más arriba al centro de control emocional del cerebro, la amígdala. De ese modo se produce un círculo vicioso de depresión intestino-vago-cerebro, en el que el estrés y el dolor de un intestino inflamado agravan la desregulación emocional y perpetúan el ciclo. Aunque todavía se encuentran en sus primeras fases, hay investigaciones clínicas en curso que abordan las cuestiones que relacionan la inflamación gastrointestinal con la depresión a través de los probióticos y las vitaminas A y D. Otros estudios exploran si estas y otras modalidades capaces de sofocar las señales relacionadas con la inflamación del intestino al cerebro también pueden aliviar la depresión.[33]

Quizá la estimulación eléctrica de las fibras correctas del nervio vago, cuando las identifiquemos, tenga un efecto similar de regulación de la inflamación intestinal y, a su vez, alivie la depresión. Varios laboratorios, entre ellos el mío y el de Sangeeta, se encuentran analizando de manera activamente esta idea.[34]

Aunque la inflamación puede ser una causa o contribuir a la depresión en algunos —o muchos— pacientes, hay muchas otras razones para estudiar si el nervio vago contribuye a la depresión a través de otros mecanismos. Dejaré los detalles en las notas finales y hablaré del punto más importante aquí.[35] Si ya leíste la parte I de este libro y aprecias el alcance del nervio vago en el cerebro y en todos los órganos y sistemas vitales del cuerpo, no te sorprenderá que el referido nervio, al transportar neuronas que enlazan innumerables redes neuronales en funcionamiento en el cuerpo y en el cerebro, podría tener muchos efectos diferentes en una enfermedad compleja como la depresión. En otras palabras, si consideramos la depresión como una falla de la homeostasis, es plausible que la disfunción de reflejos específicos del nervio vago pueda contribuir a los desequilibrios fisiológicos y psicológicos de la depresión. Y en la otra cara de la moneda, quizá la estimulación del nervio vago pueda inducir a esos reflejos a restablecer la salud mental y física, así como el bienestar.

El origen de la estimulación del nervio vago como tratamiento de la depresión es una historia de serendipia e investigación científica, y hemos recorrido un largo camino desde la constatación de que su práctica propiciaba que algunos pacientes con epilepsia se sintieran mejor, hasta el punto en que hay dispositivos disponibles para personas con depresión grave. Los ensayos clínicos en curso siguen explorando la eficacia de la estimulación del nervio vago en el tratamiento de esta enfermedad tan común.

Las primeras pruebas se han centrado en pacientes con depresión resistente al tratamiento, quienes no respondieron a las terapias convencionales, y un porcentaje notable de participantes mostró una reducción significativa de los síntomas de ese trastorno. Por ejemplo, un ensayo fundamental informó que cerca de un tercio de los pacientes experimentó al menos una reducción de 50% en la gravedad de su depresión.[36] Estos hallazgos, subrayados por el hecho de que las mejoras con la terapia de estimulación del nervio vago se mantuvieron durante largos periodos, llevaron a la FDA a aprobar su práctica como terapia para la depresión resistente al tratamiento en 2005. Aunque lo anterior marcó un importante hito en la asistencia psiquiátrica, la estimulación del nervio vago es mucho menos habitual como procedimiento para atender la depresión que para hacer lo propio con la epilepsia.

Esto puede cambiar algún día. En la actualidad se está llevando a cabo un ensayo clínico mucho más amplio, cuyo objetivo es inscribir hasta 1000 pacientes que serán monitoreados durante cinco años.[37] En este tiempo, una mitad de ellos recibirá estimulación activa del nervio vago en el primer año, y la otra mitad, después de un año. Los resultados pendientes, si son positivos, podrían dar lugar a una reconsideración más amplia por parte de las compañías aseguradoras en relación con el uso y el reembolso de la terapia de estimulación del nervio vago como alternativa para tratar la depresión grave.

Mientras tanto, desde esa primera aprobación de la FDA, pacientes como Nick Fournie han disfrutado resultados notables con la estimulación del nervio vago para la depresión; han reconstruido sus vidas, recuperado su capacidad laboral y restablecido sus relaciones personales. En algunos casos, esta terapia incluso ha evitado el suicidio, pues ha representado un salvavidas para quienes permanecían al borde de la desesperación. Pero la estimulación del nervio vago no es una solución mágica para la depresión ni para ninguna otra cosa. No es eficaz para todo el mundo y su éxito depende en gran medida de la particular condición de cada persona y de su respuesta a las terapias habituales. Las investigaciones en curso sobre el papel de la inflamación y otros mecanismos de la depresión deberían ayudarnos a comprender mejor la eficacia de la estimulación del nervio vago y a identificar a los pacientes con más probabilidades de beneficiarse de ella.

Como afirma Nick, el efecto puede ser "impresionante". Para mí eso significa que vale la pena seguir estudiándolo y ponerlo a disposición de más personas.

7

Estimulación externa para regular el peso corporal, tratar la diabetes y mucho más

> Todo en exceso se opone a la naturaleza.
>
> **Hipócrates**

A veces, aunque mi propio índice de masa corporal (IMC) se encuentra en el rango normal, he pensado en perder unos kilos. ¿Quién no lo ha hecho, sobre todo cuando nos vemos rodeados de mensajes culturales que idealizan la forma física y la delgadez en un país de excesos alimenticios? Pero pensar en ello no es lo mismo que hacerlo. Así que, aunque odio discrepar con Ralph Waldo Emerson, la frase "te conviertes en lo que piensas" no parece aplicable a la pérdida de peso. Al final, confío en las pautas científicamente comprobadas para perder peso —o regularlo—: seguir una dieta equilibrada, hacer ejercicio de forma habitual y dormir lo suficiente.

Sin embargo, conforme aprendemos más sobre cómo el nervio vago mantiene la homeostasis, la pregunta sigue siendo persistente: ¿por qué es tan difícil? ¿Por qué no podemos perder peso cuando queremos? ¿O cuando lo necesitamos? Quizá sí podamos.

Como sabíamos que el nervio vago llega hasta los sistemas gastrointestinal y endocrino, regulando los reflejos del hambre y la digestión, parecía el momento ideal para que nuestro laboratorio se sumergiera en la ciencia y la fisiología del peso corporal. Era 2018 y, casi de inmediato, descubrimos dos cosas. Primero, los reflejos del nervio vago que equilibran tu peso, defendiendo tu cuerpo contra la pérdida y el aumento del mismo, son demasiado complejos. Y segundo, nadie, en ninguna parte, entiende por completo cómo funcionan todos. Así que, armados de preguntas, pero sin buenas respuestas, empezamos a planear algunos experimentos sencillos y a engordar a algunos ratones. En una de las reuniones semanales del laboratorio realicé una encuesta informal y descubrí que 100% de mis colegas también estaba totalmente a favor de perder unos kilos. Pero querían que fuera indoloro y saludable y no deseaban tener que hacer ejercicio durante dos horas al día. Tampoco pretendían ayunar (ya te dije que son un grupo inteligente).

Por supuesto, me alegré de que prefirieran pasar el rato en el laboratorio en lugar de hacerlo en el gimnasio.

Después hablamos durante casi dos horas sobre las muchas formas en que el nervio vago puede estar implicado en los mecanismos homeostáticos del apetito, la digestión y el peso corporal. Discutimos cómo transmite al cerebro señales que provocan saciedad, regulan los niveles de glucosa y lípidos y disminuyen la inflamación subyacente a la resistencia a la insulina y a la diabetes tipo 2. Al final de la reunión, recogimos las cajas de pizza vacías —no se me escapó la ironía— y regresamos al laboratorio. Entonces, Sangeeta diseñó y puso en marcha los nuevos experimentos para estimular el nervio vago en nuestros ratones obesos mediante un dispositivo no invasivo, con la esperanza de conseguir que perdieran unos gramos, el feliz equivalente roedor a unos kilos en un ser humano. Lo que sucedió a continuación puede indicar el camino hacia una solución no invasiva, sin fármacos, y que todo el mundo puede hacer por sí mismo si desea perder peso en el futuro.

Los estimuladores del nervio vago (ENV) implantados quirúrgicamente tienen importantes ventajas para muchos pacientes, sobre todo porque garantizan que la terapia prevista se complete. La mayoría de la gente no se da cuenta de lo difícil que es el cumplimiento total cuando se pone en manos de los pacientes un fármaco u otra terapia. Estamos ocupados, nos olvidamos y no siempre hacemos lo mejor para nosotros. (Recuerda con sinceridad la última vez que te recetaron un tratamiento con antibióticos: ¿realmente lo completaste y tomaste de manera puntual cada pastilla durante 14 o 21 días?) Para algunas enfermedades es probable que los pacientes y los médicos prefieran un dispositivo implantado como forma fiable de administrar la terapia, porque así nunca se olvida.

Pero para otras afecciones, como la pérdida de peso por elección, la gente puede preferir dispositivos que funcionen a través de la piel, sin necesidad de cirugía. Los investigadores en bioelectrónica han estado buscando formas de acceder al nervio vago sin cirugía, y han encontrado algunas. En este capítulo exploro las posibilidades de estimular el nervio vago de forma no invasiva para tratar la obesidad y la pérdida de peso, la diabetes y otras afecciones, centrándose en los métodos respaldados por pruebas científicas sólidas.

Tratar la obesidad con ultrasonido

Según la Organización Mundial de la Salud hay más de 650 millones de personas obesas en todo el mundo.[1] Desde 2013, cuando la Asociación Médica Americana (AMA) clasificó un IMC mayor que 30 como enfermedad, la prevalencia de la obesidad no ha dejado de aumentar. Un campo en expansión de la investigación sobre esta condición ha revelado que factores fisiológicos y biológicos complejos, y no simplemente la fuerza de voluntad y las elecciones personales, subyacen a dicha epidemia.[2]

Recientemente, la AMA también llamó la atención sobre la devastadora importancia de las complicaciones asociadas, como la diabetes tipo 2, las enfermedades hepáticas, las cardiopatías y el cáncer. Además, hizo un llamado a que se investigue más sobre los complejos factores que influyen en el aumento de peso, con la esperanza de que las opciones de tratamiento vayan más allá de los consejos básicos sobre dieta y ejercicio. Pero a pesar de estos avances la epidemia mundial de obesidad sigue agravándose mientras los expertos debaten sobre sus causas profundas y sus mecanismos, sin llegar a un consenso.

Los últimos avances en terapias contra la obesidad incluyen el uso creciente de nuevos fármacos que provocan pérdida de peso. Millones de personas buscan hoy perder "unos kilos", o más, inyectándose fármacos agonistas del péptido 1 similar al glucagón (GLP-1), aprobados originalmente por la FDA en 2005 como tratamiento de la diabetes tipo 2 para potenciar la secreción de insulina, suprimir la liberación de glucagón y reducir la glucemia en los pacientes;[3] pero los primeros usuarios notaron un beneficio adicional: perdían peso. Este útil efecto secundario disparó las ventas hasta la estratosfera y ahora se prevé que para 2035 el gasto mundial en medicamentos agonistas del GLP-1 alcance la cifra de 100 000 millones de dólares, de los cuales unos 70 000 millones corresponderán a Estados Unidos.[4] Ozempic, por citar uno de estos medicamentos, se ha convertido en una marca muy conocida fuera de los círculos diabéticos.

Después de todo esto, quizá te sorprenda saber que nadie conoce con certeza cómo los agonistas del GLP-1 provocan la pérdida de peso, pero una importante línea de evidencia indica que los agonistas del GLP-1 estimulan el nervio vago.[5] Esta idea nos llevó a Sangeeta y a mí a preguntarnos si podríamos encontrar una forma de recapitular el efecto de los fármacos estimulando el nervio vago de otra manera, sin las inyecciones semanales que conllevan los agonistas del GLP-1 o cirugía. Usaríamos un aparato que se encuentra en casi todos los hospitales y clínicas del mundo, por no hablar de todos los submarinos: una máquina de ultrasonido o ecógrafo.

Establecimos relaciones de colaboración con GE Global Research en Niskayuna, Nueva York, y empezamos a trabajar con aparatos de ultrasonido médico,[6] los cuales son tan comunes que probablemente sepas que funcionan transmitiendo ondas sonoras que rebotan en las estructuras del cuerpo para producir una imagen: de un feto en el útero, por ejemplo; de un cálculo en la vesícula biliar o, con suerte, de la ausencia de un bulto en el tejido mamario denso. Sangeeta, que llevaba años pensando en distintas formas de estimular los nervios con diversos tipos de energía, sabía que también podíamos usar los ultrasonidos para dirigir sus emisiones al interior del cuerpo de manera concentrada hacia un objetivo preciso, lo que se denomina *ultrasonidos focalizados*, con el fin de activar las neuronas. Con los ultrasonidos focalizados, nos preguntamos: ¿podríamos estimular con precisión el nervio vago desde fuera de la piel, proporcionando beneficios terapéuticos sin necesidad de cirugía?

Solemos alimentar a los ratones de laboratorio con un pequeño equivalente nutricional a una ensalada humana saludable, combinando proteínas de harina de pescado o soya, carbohidratos de maíz o trigo, grasas saludables de aceites vegetales, con una pizca añadida de vitaminas y minerales. Sin embargo, los científicos que estudian la obesidad alimentan a sus ratones con algo más parecido a una hamburguesa con queso, papas fritas y malteada de chocolate, una dieta rica en grasas saturadas, azúcares simples y alimentos ultraprocesados. Una "dieta occidental" es como los científicos la denominan para abreviar, porque en términos nutricionales es similar a lo que se consume con mayor regularidad en las naciones de economía avanzada. Una dieta occidental es lo que usamos para engordar a nuestros ratones y duplicar su peso corporal.[7]

A continuación, Sangeeta y yo trabajamos con nuestro equipo para ver si podíamos adelgazar a los ratones gordos aplicándoles una sonda de ultrasonidos focalizados sobre el abdomen con el propósito de estimular el nervio vago en la zona que atraviesa el hígado.[8] Dividimos a los roedores obesos en dos grupos y, cada día, durante cuatro meses, tratamos a uno de ellos aplicando los ultrasonidos focalizados sobre el nervio vago a la altura de la zona hepática.[9] A los otros, el grupo de control, los tratamos manteniendo la sonda sobre el hígado, pero sin encenderla. El protocolo de tratamiento, que duraba en total sólo unos minutos al día, consistía en un periodo de estimulación de un minuto, seguido de un periodo de reposo de 30 segundos, más otra estimulación de un minuto. Tras estudiar a 100 ratones durante 16 semanas, descubrimos que los ultrasonidos focalizados no invasivos provocaban una pérdida de peso significativa; pero los beneficios no se detuvieron ahí, porque este tratamiento con ultrasonidos también redujo la gravedad de los trastornos inflamatorios y metabólicos asociados a la obesidad, incluida la disminución de los niveles de citocinas inflamatorias y lípidos y la reducción de la *adiposidad abdominal*, o grasa del vientre.

En marzo de 2021 publicamos el estudio en *Scientific Reports,* en el cual concluimos que "estos hallazgos sugieren un potencial previamente no reconocido del ultrasonido hepático focalizado como un posible enfoque no invasivo novedoso en el contexto de la obesidad".[10] En otras palabras, una ventana a un futuro en el que los ultrasonidos focalizados a través de un dispositivo seguro y no invasivo podrían tratar esta enfermedad crónica. Riendo a carcajadas, Sangeeta comentó: "Cuando se haga el ensayo clínico, ¡seré la primera en apuntarme!" Pues entonces, apúntame en segundo lugar.

Como era de esperarse, no somos los únicos interesados en probar este nuevo enfoque. Mientras escribo, Altmetric, una empresa que rastrea y analiza la actividad en línea y la atención que reciben millones de artículos académicos y resultados de investigación, ha colocado nuestro artículo entre el 2% superior en su sistema de clasificación calculado —llamado *puntuación de atención*—, lo que indica un nivel excepcional de interés e influencia entre nuestros compañeros y otras fuentes diversas, incluidos los medios de comunicación, las redes sociales, los blogs, los documentos de políticas y los gestores de referencias en línea. Por lo visto, los descubrimientos del artículo no sólo son científicamente significativos, sino que, según la encuesta informal que realicé con mis colegas en la reunión de nuestro laboratorio, son muy relevantes y atractivos para un público más amplio que el académico. Son más pruebas de que mucha gente quiere perder unos kilos, y no es que lo dudara.

¿Qué son los ultrasonidos focalizados? ¿Y cómo provocan la pérdida de peso? La primera pregunta es mucho más fácil de responder que la segunda.

La típica máquina de ultrasonido que habrás visto —o incluso has experimentado— genera ondas sonoras de alta frecuencia, las cuales producen imágenes de las estructuras internas del cuerpo. Un dispositivo manual, denominado *transductor* o sonda, contiene cristales piezoeléctricos, que son materiales de cuarzo o cerámica que vibran cuando se les aplica un campo eléctrico. Como vibran a frecuencias muy altas, producen las ondas ultrasónicas que el transductor emite al interior del organismo. Como éste se compone principalmente de agua, las ondas ultrasónicas viajan con relativa facilidad, pero al encontrarse con diferentes estructuras, como órganos y tejidos, su comportamiento cambia debido a las variaciones de densidad y composición.

Los órganos y otras estructuras corporales reflejan, absorben o dispersan las ondas de ultrasonidos de forma diferente a como lo hace el agua; crean ecos que viajan de vuelta a través del medio acuoso del cuerpo y regresan al transductor de ultrasonidos. Cuando esos ecos chocan con los cristales piezoeléctricos del transductor hacen que éstos vibren de forma diferente, generando señales eléctricas proporcionales a la intensidad y a la frecuencia de los ecos recibidos. La computadora de la máquina de ultrasonido procesa estas señales para crear una imagen, o *sonograma*, como representación de las estructuras internas del cuerpo, una técnica muy usada para visualizar los órganos, evaluar la salud del feto en el embarazo y diagnosticar diversas afecciones.

Por su parte, los ultrasonidos periféricos focalizados (UPF) usan un transductor diferente diseñado con el particular propósito de producir ondas sonoras de mayor intensidad y con un objetivo más estrecho.[11]

Estas ondas emiten energía concentrada en una pequeña zona específica del cuerpo, la suficiente para estimular la actividad nerviosa. En cambio, los transductores de imagen usan niveles de energía más bajos para crear imágenes diagnósticas seguras sin causar daños en los tejidos y sin estimular los nervios. Algunos sistemas periféricos de ultrasonidos focalizados también incorporan funciones de obtención de imágenes en tiempo real, una combinación de ultrasonidos terapéuticos y de obtención de registros visuales en un solo sistema. Desde que la FDA aprobó por primera vez los ultrasonidos focalizados para uso clínico en 2004 han sido una opción para el tratamiento de los fibromas uterinos, el dolor por metástasis de cáncer en los huesos y otras afecciones. Los ensayos clínicos en curso y previstos sitúan a los ultrasonidos focalizados a la vanguardia de la investigación sobre estimulación nerviosa no invasiva para el tratamiento de la enfermedad de Alzheimer, los trastornos por consumo de sustancias, el estrés postraumático y el cáncer.[12]

Al igual que los ENV implantados, los ultrasonidos focalizados pueden emitir breves ráfagas de energía para inducir al nervio vago a disparar sus propios potenciales de acción, pero mediante un mecanismo diferente.[13] La energía mecánica de las ondas sonoras del UPF se convierte en una forma de presión o tensión mecánica en el nervio que es el objetivo. Esta tensión incita al nervio a disparar sus potenciales de acción. Así, los ultrasonidos focalizados pueden estimular el nervio sin dañarlo. La estimulación eléctrica y el UPF tienen el mismo efecto neto en el nervio vago, pues provocan que los potenciales de acción viajen como señales hacia el cerebro y de igual manera hacia el cuerpo, la entrada y la salida de los reflejos.

Ahora que hemos explicado cómo los ultrasonidos focalizados pueden estimular los nervios podemos pasar a la segunda pregunta, más difícil: ¿cómo se logra perder peso al estimular el nervio vago del hígado?

Una de las razones puede ser que los ultrasonidos focalizados activan ahí las fibras del nervio vago que transmiten señales de saciedad al cerebro. Cuando la comida entra en el estómago, el nervio vago envía señales al tronco encefálico, el cual las transmite a los centros cerebrales que estimulan la saciedad e inhiben el hambre.[14] Potenciar estas señales de saciedad del nervio vago induce una sensación de plenitud más rápida y con menos alimento; se engaña al cerebro para que crea que el estómago está más lleno de lo que parece, con lo cual se reduce la ingesta total de calorías y se incentiva la pérdida de peso.

Un segundo factor podría ser el papel del microbioma intestinal en el desarrollo de la obesidad. En un estudio reciente, ratones delgados se volvieron obesos y consumieron más alimentos tras recibir bacterias intestinales de sus contrapartes obesas.[15] Aunque aún no se han descifrado todos estos mecanismos, está claro que las actividades metabólicas de las bacterias del intestino influyen en la disponibilidad de nutrientes de los alimentos que se consumen y en la consiguiente sensación de hambre o saciedad. Introducir el microbioma de ratones obesos altera la flora intestinal de los ratones delgados y, de alguna manera, cambia las señales que viajan del intestino al cerebro a través del nervio vago, la cuales afectan la regulación del apetito, el uso de la energía e incluso la sensibilidad a la insulina. Y aquí está la prueba: cuando los científicos cortaron esas señales del nervio vago antes de la transferencia del microbioma, seccionando el nervio por debajo del abdomen —una intervención que no es mortal porque está por debajo del nivel del corazón y de los pulmones—, los roedores no desarrollaron el aumento del apetito, la alteración del metabolismo y el incremento de peso.[16] En otras palabras, existe un eje microbioma-intestino-cerebro que regula el peso corporal, y el cerebro "conoce" el microbioma intestinal gracias a las señales que viajan por el nervio vago.

Una tercera razón por la que la estimulación del nervio vago haría perder peso a los ratones de nuestro estudio se deriva de la investigación sobre cómo los agonistas del GLP-1 producen tal efecto al emitir esas señales del nervio vago al cerebro. Las moléculas de GLP-1 activan las células, incluidas las neuronas. Esta activación se produce porque el GLP-1 se une a otra molécula receptora específica que reside en la superficie celular de muchas fibras sensoriales del nervio vago, las cuales son *aferentes*, es decir, que transmiten señales de entrada del cuerpo al cerebro. Los investigadores han analizado los efectos del GLP-1 dependientes del nervio vago, interfiriendo de manera experimental los receptores del fármaco y después administrándolo a los ratones. Observaron que el bloqueo originado por dichos receptores en el nervio vago inhibía de manera significativa la capacidad del GLP-1 de producir saciedad o sensación de plenitud, en respuesta a las inyecciones de la misma sustancia.[17] En otros experimentos con ratones los especialistas cortaron el nervio vago por debajo del diafragma y comprobaron de nuevo que la administración de agonistas del GLP-1 no lograba aumentar la saciedad.[18]

Y se han realizado experimentos similares en humanos. En un estudio, los investigadores compararon dos grupos: el primero conformado por 20 personas sometidas a una vagotomía parcial para tratar una úlcera o un cáncer, en la que se secciona la rama del nervio vago que comunica con el estómago (el corte del vago se denomina *vagotomía*). El segundo grupo lo integraban 10 controles sanos. Ambos grupos recibieron infusiones de GLP-1 o solución salina tras consumir comidas estandarizadas, pero el fármaco redujo de manera relevante la ingesta posterior de alimentos en los controles, aunque no en los vagotomizados.[19] El GLP-1 también aceleró el vaciado gástrico en los controles, pero no en el grupo vagotomizado, y aumentó la secreción de insulina en los controles, pero no en los sujetos vagotomizados. Así pues, tanto en ratones como en personas, las inyecciones de GLP-1 están cambiando el funcionamiento del nervio vago y modificando de forma aún desconocida los reflejos que subyacen al peso corporal, la ingesta de alimentos y el metabolismo de la glucosa y los lípidos.

Queda mucho por aprender; pero lo que sí sabemos es que los experimentos de nuestro laboratorio con ultrasonidos periféricos focalizados para estimular el nervio vago en el hígado activaron vías que, como el GLP-1, reducen los niveles de glucosa, aumentan los de insulina y provocan pérdida de peso. GE HealthCare ha anunciado una nueva e importante colaboración con Novo Nordisk para acercar los ultrasonidos focalizados a los ensayos clínicos.[20] Impulsados en parte por el enorme éxito de los tratamientos inyectables contra la diabetes y la obesidad, como Ozempic, Wegovy, Victoza y Saxenda, muchos laboratorios y empresas están estudiando enfoques no invasivos y sin fármacos, como los ultrasonidos focalizados, para controlar el peso corporal y la diabetes tipo 2.

Tratar la inflamación con ultrasonido focalizado

Tras informarte sobre los ratones obesos y el UPF quizá te hayas preguntado: ¿es posible usar los ultrasonidos focalizados para estimular el nervio vago con el fin de suprimir la inflamación? ¡Eso es pensar como un médico-científico! Hace poco, Sangeeta se planteó la misma cuestión y se embarcó en experimentos con voluntarios humanos para tratar el bazo con ultrasonidos focalizados y ver si podía inhibir la inflamación.

El bazo tiene dos funciones principales. La primera es filtrar las células sanguíneas viejas y dañadas de la circulación, lo cual es importante, pero no especialmente relevante para lo que queríamos hacer en nuestro estudio. La segunda consiste en albergar glóbulos blancos, incluidos los linfocitos que producen los anticuerpos necesarios para combatir las infecciones. También residen allí otros glóbulos blancos, como los monocitos y los macrófagos, que son las células que producen citocinas durante una infección o una lesión; pero a veces, como en el caso de Janice, la sobreproducción de citocinas en el bazo origina la peligrosa afección denominada *tormenta de citocinas*. Esta función del bazo es muy importante para estudiar los mecanismos de la inflamación y cómo reducirla.

Nuestros colegas de Minnesota usaron ultrasonidos focalizados dirigidos al bazo de ratones con artritis grave y descubrieron que, en pocos días, el tratamiento diario reducía la inflamación de las articulaciones, clarificaba la evaluación clínica y modulaba la expresión de genes inflamatorios en los glóbulos blancos de los animales.[21] De vuelta a nuestro laboratorio, antes de pasar a un estudio en humanos, Sangeeta empezó analizando ratones.

Usó un dispositivo especializado de UPF, personalizado por ingenieros de General Electric, y lo aplicó a un bazo de ratón —que sólo mide entre 10 y 15 milímetros de largo—. Los ultrasonidos focalizados activaron el nervio esplénico e inhibieron la tormenta de citocinas provocada por la administración de lipopolisacárido —la misma molécula (LPS) que en su día les dimos a los marineros con permiso en tierra para estimular su tormenta de citocinas—.[22] Además, la estimulación con ultrasonidos focalizados del bazo del ratón también activó el mismo grupo específico de células T, o linfocitos T, que con anterioridad descubrimos que se activaban al estimular el nervio vago en el cuello o en el cerebro.[23] Esto significa que el UPF en el bazo estimuló un reflejo antiinflamatorio en ratones que era indistinguible de la estimulación del propio nervio vago.

Con base en estos estudios con ratones, Sangeeta decidió utilizar ultrasonidos focalizados dirigidos a los nervios del bazo para averiguar si esto suprimía la producción de citocinas en las personas.[24] El ensayo en humanos requirió una nueva sonda "casera", un largo proceso de aprobación por parte de la junta de revisión ética y la redacción de un nuevo protocolo de estudio, una importante colaboración entre los ingenieros de General Electric, los radiólogos de Northwell Health y nuestro laboratorio en los Feinstein Institutes. Con un sistema de ultrasonidos modificado y un dispositivo lleno de agua acoplado al transductor, diseñado para concentrar las ondas ultrasónicas en el bazo humano, Sangeeta dirigió el equipo de investigadores que finalmente reclutó a 70 voluntarios humanos sanos y los distribuyó de manera aleatoria en siete grupos. La potencia de los ultrasonidos focalizados se administró dentro de unos límites de exposición seguros y no mostró efectos adversos en los parámetros clínicos, bioquímicos o hematológicos (sanguíneos).[25]

Y ya que hablamos de sangre y de ética, este estudio en humanos —a diferencia del que se llevó a cabo en 1989 sobre inflamación y depresión con marineros con permiso— se diseñó para medir el efecto de los ultrasonidos focalizados en las respuestas inflamatorias de los sujetos sin introducir una endotoxina directamente en sus cuerpos sanos. Por medio de un método de laboratorio llamado *ensayo de cultivo de monocitos en sangre total* —como hicimos en el estudio SetPoint de estimulación del nervio vago para la artritis reumatoide—, nuestros investigadores recolectaron sangre y la cultivaron *fuera* del cuerpo.[26] De ese modo pudieron evaluar las respuestas de los glóbulos blancos en el cultivo para comparar la producción de factor de necrosis tumoral (TNF) en la sangre obtenida antes y después del ultrasonido focalizado en el bazo. Al finalizar el análisis, se observó que el tratamiento con UPF inhibió de manera significativa la producción de citocinas. La supresión de las citocinas al atacar el reflejo inflamatorio en el bazo de los seres humanos abre el camino para realizar más ensayos clínicos con el empleo de esta terapia no invasiva en los trastornos inflamatorios.

Mapeo del nervio vago para un efoque preciso

Nuestro colega Stavros Zanos se enfrenta a la intrincada complejidad del nervio vago en el marco de un exhaustivo proyecto de tres años respaldado por una importante subvención de los Institutos Nacionales de Salud de Estados Unidos.[27] Su objetivo: elaborar un mapa completo del nervio vago humano, una tarea que requiere identificar y trazar cada fibra nerviosa, las 100 000 de cada lado, a lo largo de su sinuoso recorrido por el cuello y por todo el cuerpo, entre el cerebro y todos los órganos y sistemas vitales. Con un mapa así esperamos que tanto las terapias como los ultrasonidos focalizados puedan dirigirse mejor a sus objetivos.

El meticuloso proceso de Stavros comienza con la extracción del nervio vago de un cadáver, una tarea delicada dada su delgadez en ciertos puntos. Tras etiquetar cada rama para indicar los órganos a los que está conectada, el equipo segmenta el nervio en trozos diminutos. Los incrustan en cera y los cortan en finas láminas de unas centésimas de milímetro de grosor. Tiñen estas astillas con sustancias químicas específicas que revelan los secretos internos de las neuronas, más de un siglo después de que Ramón y Cajal, neuroanatomista español del siglo XIX, inició la neurociencia en el camino de la revelación microscópica —y compartió con el mundo lo que veía bajo su microscopio en cientos de elegantes ilustraciones del sistema nervioso hechas a mano—. Hoy visualizamos imágenes de fibras del nervio vago en pantallas de computadoras que proyectan fluorescencia roja, verde y azul; cada color representa un tipo de fibra nerviosa distinta y arroja pistas sobre su función específica. Hemos recorrido un largo camino desde las elegantes ilustraciones a mano del nervio vago de Cajal, que todavía admiro; pero me asombra de igual manera que el proyecto que Stavros lleva a cabo ahora sea el primer mapa completo del nervio vago humano. ¡Ya era hora!

Stavros y su equipo ya habían demostrado las aplicaciones potenciales de un mapa detallado del nervio vago en cerdos cuando crearon un estimulador altamente selectivo con 10 puntos de contacto distintos. Al ser guiado por el mapa, su dispositivo era capaz de controlar de manera selectiva la respiración de los cerdos sin afectar la función de otros órganos.[28] No cabe duda de que incluso Galeno, el antiguo médico-científico griego que cortó el nervio vago para silenciar los chillidos de un cerdo, estaría encantado de ver —¡por fin!— los mapas funcionales del gran nervio que están surgiendo. Creo que cuando se revelen por completo los secretos ocultos en lo más profundo de la neuroanatomía y las vías reflejas del nervio vago ampliarán los límites de su potencial terapéutico.

Pero no dentro de milenios o siglos, sino dentro de unos años, para quienes deseen perder unos kilos o más. Un futuro dispositivo bioelectrónico podría funcionar con algoritmos de inteligencia artificial que emitan ultrasonidos focalizados en el nervio vago con el fin de ayudar a equilibrar el apetito, el peso corporal, la glucosa sérica, los niveles de insulina y los triglicéridos, actuando sobre determinadas fibras del nervio vago. O para tratar enfermedades inflamatorias sin cirugía. Las pruebas abrumadoras sugieren que esto debería funcionar, ya concebible en una pieza portátil de tecnología del tamaño de un pequeño panqué.

¿Invadir o no invadir?

La implantación de un ENV posee notables ventajas, ya que puede funcionar, al igual que el nervio vago, sin que tengas que preocuparte por nada a lo largo del día. Pregúntale a cualquier persona con un marcapasos cardiaco si preferiría una opción de tratamiento menos automática. Los implantes de ENV funcionan según el mismo principio, manteniendo con eficiencia la actividad de los reflejos del nervio vago sin ningún esfuerzo consciente de tu parte.

No tienes que acordarte de encender y apagar el dispositivo para recibir un tratamiento una, dos, tres o cuatro veces al día. La intervención quirúrgica para implantar los dispositivos puede realizarse de forma muy segura y con riesgos mínimos, lo que garantiza el cumplimiento terapéutico en pacientes con enfermedades crónicas graves, pues no requiere que se sometan a ninguna otra intervención. Pregúntale a Kelly Owens, Pero Dragoje o Toney Kincaid.

Sin embargo, en las redes sociales, e incluso en la literatura médica y científica sobre la estimulación del nervio vago, los comentarios exponen las ventajas percibidas de los dispositivos no invasivos que no ameritan cirugía. Con demasiada frecuencia en estos debates se pasa por alto la dificultad, en la vida real, de cumplir con el uso de tales dispositivos para autoadministrarse la terapia. Incluso si cada sesión de terapia no invasiva requiere sólo cinco o 10 minutos de estimulación activa, ¿puedes o quieres interrumpir tu ajetreado día, todos los días, para dejar lo que estás haciendo, configurar el dispositivo y ejecutar tu propia sesión de terapia de ENV? Los datos reales indican que no.

Los estudios demuestran que el cumplimiento de las terapias autoadministradas por parte de los pacientes es abismal. Las estadísticas varían en función de la enfermedad y de la población, pero no es extraño observar tasas de incumplimiento de 50% o más en terapias crónicas, un índice de fracaso que puede contribuir al empeoramiento de la enfermedad, el aumento de los costos médicos y mayores tasas de hospitalización y mortalidad.[29]

Cuando los dispositivos no son invasivos, siempre hay una contrapartida en cuanto al cumplimiento y la eficacia. Así pues, en lugar de subdividir nuestro debate sobre la estimulación del nervio vago en invasiva y no invasiva, abordémoslo desde otra perspectiva, basada en la neurociencia. Empecemos con dos preguntas sencillas, pero reveladoras. En primer lugar, ¿las pruebas neurocientíficas indican que el dispositivo estimula el nervio vago? Y, en segundo lugar, ¿las pruebas clínicas refieren que la intervención no invasiva, que puede o no estimular el nervio vago, ofrece un tratamiento eficaz, como lo demuestran los ensayos clínicos controlados aleatorizados?

Las respuestas a ambas interrogantes pueden ayudarte a tomar una decisión informada acerca de utilizar métodos no invasivos de estimulación nerviosa y cómo hacerlo. Considera el ultrasonido focalizado porque hay pruebas abrumadoras de que estimula de manera directa el nervio vago mediante mecanismos bien comprendidos que han sido validados por abundantes ensayos neurocientíficos experimentales y clínicos. Aunque no es invasivo y resulta prometedor, es un método relativamente nuevo. Las pruebas clínicas de los ultrasonidos focalizados para estimular el nervio vago como terapia contra la obesidad, la diabetes, la artritis y quizás otras afecciones médicas se encuentran aún en sus albores. Por ahora, esta terapia no está ampliamente disponible para uso clínico hasta que concluyan ensayos adicionales.

En cambio, puedes encontrar millones —literalmente millones— de recomendaciones en las redes sociales que te instan a probar algo llamado *estimulador nervioso eléctrico transcutáneo*, o unidad TENS (por sus siglas en inglés), que se aplica sobre la piel de la oreja para estimular el nervio vago de forma no invasiva. Existen docenas de versiones baratas de este dispositivo de venta libre o en línea, disponibles sin receta y algunos de cuyos usos ya han sido aprobados por la FDA. ¿Cuáles son las pruebas científicas y clínicas directas de que estos artilugios realmente estimulan el nervio vago? ¿Qué corroboración existe de que sean eficaces? Y, en caso afirmativo, ¿qué beneficios aportan? Estas son las preguntas que nos hacemos mis colegas y yo. En el siguiente capítulo comparto las respuestas que puedo darte hoy.

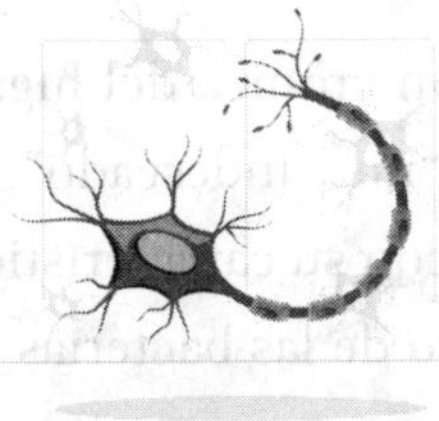

8

La conexión oído-cerebro-cuerpo

Dispositivos de venta libre con muchos beneficios potenciales

"Pensaba que todo mi cuerpo era una oreja.

MAYA ANGELOU[1]"

Durante 40 años, mi querido amigo Ulf Andersson y yo hemos estado concibiendo juntos diversos experimentos, hemos escrito artículos y compartido nuevas ideas, es decir, cuando este brillante y entusiasta sueco no se dedicaba a enseñarles a mis jóvenes hijas cómo engañar al arquero de un equipo de futbol en un tiro penal, o me guiaba en una excursión de 80 kilómetros en patines por el helado archipiélago de Estocolmo. Ahora, con 75 años y jubilado de su actividad como profesor de reumatología pediátrica en el Karolinska Institute, Ulf se siente tan creativo y enérgico sobre sus patines como siempre; pero hace unos 20 años enfermó de gravedad y le diagnosticaron un gran tumor en el páncreas. Por fortuna, era benigno. Por desgracia, obstruía el flujo de líquidos pancreáticos y bilis, de modo que tuvieron que extirparlo.

Ulf fue sometido a una cirugía abdominal mayor, el llamado *procedimiento de Whipple*, para extirpar el tumor, junto con la vesícula biliar, el conducto biliar y partes del páncreas y el intestino delgado. Esto lo dejó con una inflamación crónica del hígado y de la parte restante del páncreas, un resultado "muy indeseado", pero no inesperado, de la operación, como él señala con su característica ironía. La operación de Whipple deja libre el acceso de las bacterias intestinales a los conductos biliares y pancreáticos restantes, que normalmente son estériles. Cuando las bacterias crecen en estas zonas provocan una infección grave. Y donde hay infección grave, hay inflamación grave.

Cada pocos meses, entre dos y cuatro veces al año, mi amigo quedaba incapacitado por cuatro o cinco días de fuerte dolor abdominal, seguidos de semanas de fatiga intensa, reducción de la capacidad cognitiva y, lo que es peor, aparición de una ansiedad generalizada y depresión.

"La cura de lo agudo fue fácil", opinó Ulf, y evitó la hospitalización por las infecciones tratándose con grandes dosis de antibióticos. Menos fáciles resultaron los largos periodos de fatiga que se acumulaban después de cada uno de estos brotes. "Y luego vino algo que nunca había experimentado antes: ansiedad generalizada y depresión, lo cual constituyó en realidad la parte horrible del asunto. El aspecto abdominal resultaba fácil de sobrellevar, pero la ansiedad generalizada era el infierno en la Tierra." Este ciclo miserable persistió durante ocho años, lo que provocó su dependencia a un apoyo psiquiátrico continuo, que incluía ansiolíticos diarios. Las dosis aumentaban cada año.

En una inusual y conmovedora convergencia de doctor y paciente en la misma persona, Ulf el médico-científico se inspiró en la experiencia de Ulf el enfermo para redactar su propio informe clínico, con referencias a la literatura especializada.[2] En su carrera estudió cómo el sistema nervioso regula la inflamación y luego enfermó de una grave afección inflamatoria crónica. Era un experto en lo que lo aquejaba.

"Las lecciones que el paciente aprendió de este largo viaje clínico y científico, que comenzó mucho antes de la presentación de la enfermedad inflamatoria, lo inspiraron a escribir este informe de caso", explica el documento. Recuerda los años anteriores a su mejoría:

> [Las grandes dosis de antibióticos y de medicamentos psiquiátricos] permitieron al paciente trabajar con eficacia en su profesión, pero sentía que le cortaban las alas, ya que siempre estaba cansado y no tenía acceso a todos sus recursos mentales. La interacción familiar se resintió mucho por el cansancio y el consiguiente cambio de estilo de vida. El paciente tiene cuatro hijos, dos de los cuales eran bastante pequeños en aquel entonces, y le fue muy difícil poder actuar como un papá vital y un buen marido. El matrimonio terminó con un divorcio, relacionado con estos problemas de salud.

Entonces, mi colega y amigo, médico y paciente, sufrió un pequeño infarto.

Poco después, en 2017, Ulf empezó a usar un estimulador nervioso eléctrico transcutáneo (TENS); se colocaba un electrodo en el oído externo un par de veces al día, en la zona llamada *concha cymba*. Este nombre procede de las palabras latinas *concha* —"concha"— y *barca* —"cymba"—, en referencia al cartílago en forma de cuenco que rodea la apertura del oído. Éste es el único punto del cuerpo donde una rama del nervio vago llega a la piel. Así que Ulf utilizaba su dispositivo TENS como método de la llamada *estimulación transcutánea del nervio vago auricular* (taENV). Esperaba que mejorara su persistente inflamación abdominal crónica y, tal vez, su depresión.

Ulf estimuló de esa manera su oído izquierdo durante cinco minutos, dos veces al día, con una anchura de pulso de 200 microsegundos y una frecuencia de 20 Hz, variando la amplitud del pulso entre dos y cuatro miliamperios (mA) según lo tolerara. En dos semanas empezó a mejorar. Él atribuye ese avance a la liberación del neurotransmisor acetilcolina provocada por la estimulación eléctrica de su oído en el punto justo, donde cree que está estimulando la rama auricular de su nervio vago. La acetilcolina, el primer neurotransmisor de descanso y digestión que se descubrió, impide la liberación de las moléculas inflamatorias TNF y HMGB1, la última de las cuales, según Ulf, provocaba su inflamación crónica.

Ahora, después de siete años de uso regular del TENS, el paciente se encuentra en excelente forma física y mental:

> Este tratamiento ha sido un éxito y ha mejorado la calidad de vida del paciente respecto de la que tenía hace 20 años, antes de caer enfermo... Camina a buen ritmo por el bosque durante al menos una hora cada día... No ha necesitado psicofármacos en los últimos cinco años.
>
> El paciente ha visitado regularmente a su cardiólogo después de su infarto en 2013 y los resultados de estos exámenes anuales con [el reloj inteligente] ECG en reposo y durante el ejercicio están libres de hallazgos patológicos.

Y cuando el hielo está grueso y no lo cubre la nieve, Ulf patina durante kilómetros por el archipiélago helado.

Auriculoterapia

¿Alguna vez te has metido un hisopo en el oído, o tal vez lo has introducido en el de tu hijo y eso les han provocado tos? Se trata de una acción involuntaria conocida como *reflejo auricular de la tos*, que se produce porque el oído está conectado al cerebro a través de una rama sensorial del nervio vago. Normalmente, el reflejo de la tos se genera como un mecanismo para limpiar las vías respiratorias de irritantes. Pero en este caso la estimulación del canal auditivo se interpreta de manera errónea como un irritante en la garganta. También llamado *reflejo del nervio de Arnold* —en honor a Friedrich Arnold, el anatomista y fisiólogo alemán que lo identificó—, este reflejo puede variar en sensibilidad entre individuos y no se experimenta universalmente, pero es una prueba directa de que la estimulación de los nervios del oído puede enviar señales al nervio vago y al cerebro.

El oído externo es la única parte del cuerpo donde el nervio vago extiende una rama sensorial periférica hasta la piel y el cartílago. Este nervio aferente es conocido como *rama auricular del nervio vago* (RANV, o *nervio de Arnold* para abreviar— y viaja desde la *concha cymba* hasta el *nucleus tractus solitarius* (NTS) del tronco encefálico, el destino de otras fibras sensoriales del nervio vago que viajan desde los órganos del cuerpo.[3] Debido a que el NTS es una especie de enrutador que procesa las señales entrantes y dirige los reflejos salientes, las emisiones del oído externo pueden viajar para conectarse a otras redes de nervios vagos sensoriales del cerebro.

Lo que los *influencers* de las redes sociales, los gurús de la salud y los investigadores clínicos de mi laboratorio y de otros lugares suelen llamar *estimulación transcutánea del nervio vago auricular* (taENV) tiene su origen en la práctica de la acupuntura, parte de la medicina tradicional china. La acupuntura del oído se menciona por primera vez en textos chinos escritos por autores anónimos entre los años 770 y 221 a.C., cuando propusieron aplicar un instrumento caliente para quemar o cauterizar la piel en determinados puntos del oído externo con el fin de curar afecciones en otras partes del cuerpo.[4] Con el paso del tiempo, cuando mejoraron los instrumentos y el equipo, los acupunturistas cambiaron los peligrosos dispositivos de cauterización caliente por pequeñas agujas que se introducían en la piel, las cuales también podían electrificarse.

A pesar de la idea popular de que los antiguos lo tenían todo planeado, la *acupuntura auricular —auricular* es una palabra tomada del latín que significa "del oído"— se generalizó hace relativamente poco, con ayuda de los detallados mapas de acupuntura elaborados en la década de 1950 por el médico francés Paul Nogier. El doctor Nogier inauguró el nuevo campo de la *auriculomedicina* tras observar a dos pacientes con cicatrices en las orejas y antecedentes de ciática y dolor de espalda.[5] Ambos fueron tratados por un curandero de Córcega cuyo método, al igual que la antigua recomendación china, consistía en quemar una pequeña zona del oído externo con una sonda cauterizadora caliente para aliviar el dolor en otras partes del cuerpo.

Nogier buscó una explicación. Primero fabricó su propia versión de una sonda de presión extrayendo el cartucho de tinta de una pluma. Con su nueva herramienta examinó de manera sistemática a los pacientes y correlacionó el dolor de determinadas partes del cuerpo con los puntos del oído que identificó como más sensibles a la presión del extremo de su pluma. Luego de varios años, Nogier creyó haber conseguido relacionar los puntos del oído con las disfunciones corporales correspondientes y presentó sus mapas en el congreso inaugural de la Sociedad Mediterránea de Acupuntura, celebrado en 1956 en Marsella. Propuso una nueva teoría de la medicina auricular. Las noticias de sus logros pronto llegaron a China, donde, en 1958, un estudio en el que se usó su mapa auricular en 2000 pacientes concluyó que las enfermedades de determinadas partes del cuerpo están correlacionadas con los puntos que él marcó en la oreja. La posterior publicación de sus referidas representaciones gráficas en una revista médica china muy citada lo consolidó como líder mundial de la acupuntura auricular.[6]

La taENV se basa en la idea de que podemos *hackear* el oído de forma segura y económica para estimular las redes del nervio vago. En 2001, uno de los primeros ensayos clínicos demostró los principios básicos de la estimulación eléctrica del oído para modular las señales del nervio vago.[7] En él se estudió a 18 pacientes a quienes se les insertaron agujas de acupuntura en la piel a una profundidad indolora de sólo 0.1 a 0.3 milímetros en la *concha cymba*. Ráfagas pulsantes de corriente eléctrica atravesaron las agujas durante 15 minutos diarios durante 10 días, lo cual redujo la frecuencia cardiaca y la presión arterial de los pacientes. Los investigadores concluyeron que habían estimulado eléctricamente el nervio vago. Este estudio despertó la imaginación de innumerables especialistas y generó una nueva industria de investigación clínica y tecnología médica basada en la taENV. Por ejemplo, recientemente, la Facultad de Medicina de Harvard estudió a 20 sujetos hipertensos tratados con la taENV recurriendo a una serie de condiciones específicas de estimulación eléctrica. Los expertos observaron descensos significativos de la frecuencia cardiaca y de la presión arterial tras cinco sesiones de 30 minutos de estimulación eléctrica en el oído.[8]

Hay muchos estudios clínicos y de laboratorio en este sentido que generan un enorme interés,[9] pero también plantean preguntas importantes, algunas de las cuales podemos responder y otras no.

¿Cuáles son los dispositivos de estimulación eléctrica y cómo funcionan? ¿Cuáles son las pruebas de que las señales eléctricas del oído activan respuestas en el cerebro y en el cuerpo? ¿Existe algún beneficio clínico demostrado al hacer esto?

Vayamos por partes.

TENS

Las *unidades de estimulación nerviosa eléctrica transcutánea* (TENS, por sus siglas en inglés) son herramientas portátiles para el tratamiento del dolor que funcionan con pilas. Los orígenes de las TENS, al igual que los de la acupuntura, se remontan al menos 2000 años atrás. Un médico de la antigua Roma, Scribonius Largus, recomendaba a sus pacientes de gota que se pararan sobre peces torpedo para sentir alivio del dolor gracias a sus descargas eléctricas naturales; lo que nos ofrece, si no una solución analgésica totalmente práctica, sí una imagen bastante atractiva.[10]

Más recientemente, en 1965, un psicólogo canadiense y un neurocientífico británico propusieron una nueva hipótesis concerniente a la percepción del dolor que explicaría la terapia que Largus pregonaba hace tiempo. Según la "teoría de la puerta de control" de Ronald Melzack y Patrick Wall, el dolor está modulado por una "puerta" en la médula espinal.[11] Dependiendo si la puerta está cerrada o abierta, bloquea o permite que las señales de dolor viajen hasta el cerebro. La idea terapéutica derivada de esta teoría es que las entradas no dolorosas a la médula espinal, como la electricidad, pueden cerrar la compuerta, evitando de esa manera la sensación de dolor. Esta postura alentó el desarrollo de las unidades TENS, que administran pequeños impulsos eléctricos al hígado a través de electrodos colocados en la piel, cerrando la compuerta.

La mayoría de las unidades TENS son dispositivos compactos alimentados por baterías de nueve voltios que generan ráfagas ajustables de electricidad. Al igual que con los dispositivos estimuladores del nervio vago (ENV) implantables, y como lo detalló Ulf Andersson sobre su autotratamiento, los parámetros variables incluyen la intensidad de la corriente (amplitud), la anchura del pulso y la frecuencia. Los electrodos, por lo regular parches adhesivos, se colocan sobre la piel. Un electrodo actúa como tierra, mientras que el otro emite los pulsos terapéuticos.

En 1976 la FDA clasificó las unidades TENS como dispositivos médicos de clase III, sujetos al control normativo más estricto. Sin embargo, la generalización de su uso seguro provocó que se reclasificaran como dispositivos de clase II y ahora pueden comprarse sin receta por un costo de 25 a 100 dólares. Las unidades TENS se utilizan en casa y en clínicas para diversas afecciones, aunque su eficacia varía. La FDA aconseja consultar al personal médico antes de adquirirlas y emplearlas, sobre todo en el caso de personas con dolencias subyacentes o con dispositivos implantados.

La aplicación de una unidad TENS en el oído es un método de taENV. Dependiendo de la ubicación de los electrodos y de la neuroanatomía particular del sujeto receptor, el uso de un dispositivo TENS en el oído puede administrar impulsos eléctricos a la rama auricular del nervio vago. Algunas empresas comercializan una gran variedad de electrodos de mano y de pinza que se adaptan al oído. (En la mesa de su cocina Ulf inventó un aparato de diadema para sujetar su unidad TENS.) Por lo regular, la técnica implica una o más sesiones diarias de estimulación intermitente, cada una de las cuales dura entre cinco minutos y una hora o más, para un tiempo total de estimulación diaria que oscila entre cinco minutos y cinco horas. Ulf mantiene sus resultados con dos sesiones diarias de cinco minutos.

Los efectos de los distintos tipos de taENV se han estudiado en cientos de ensayos clínicos, con interesantes resultados que demuestran mejoras significativas en epilepsia, depresión, ansiedad, dolor, abstinencia de opiáceos, artritis, enfermedad inflamatoria intestinal, diabetes, cefalea y mucho más.[12] Los investigadores han propuesto muchas hipótesis para explicar estos beneficios y han deducido que los impulsos eléctricos estimulan de manera selectiva las terminaciones del nervio vago en el oído; pero en realidad estos hallazgos plantean tantas nuevas preguntas como respuestas.

Para empezar, es importante distinguir entre los distintos tipos de estimulación del nervio vago. O, más concretamente, debemos entender qué fibras del nervio vago estamos estimulando de las 200 000 o más que hay disponibles. Y aunque los blogs, las publicaciones en las redes sociales y los sitios web de autoayuda recomiendan "estimular el nervio vago" por medio de "la activación de su rama auricular", las palabras importan. No debemos pasar por alto ni infravalorar la diferencia entre colocar quirúrgicamente un electrodo directo en el tronco del nervio vago en el lado izquierdo del cuello, donde se encuentran 100 000 fibras nerviosas, o dirigir ultrasonidos focalizados al nervio vago en el hígado o en el bazo, y optar por la estimulación de una pequeña de sus ramas, que sólo está compuesta por unos cientos de fibras sensoriales que comienzan en el oído.

Además, la inervación de los oídos varía de un individuo a otro, por lo que no podemos estar seguros si tu unidad TENS está estimulando de manera específica tu RANV o uno de los otros nervios de tu oído.[13] Dentro y alrededor de éste, y de la *concha cymba*, hay pequeñas ramas del nervio trigémino (nervio craneal V), el nervio facial (nervio craneal VII), el plexo cervical y los nervios occipitales menores, así como del nervio vago (nervio craneal X). Cuando se aplica el electrodo de una unidad TENS en el oído, la corriente eléctrica puede viajar a través de un campo de estimulación en la piel y activar varios de estos nervios. Por lo tanto, aunque podemos afirmar con certeza que el uso de un dispositivo TENS en el oído es una "estimulación nerviosa eléctrica a través de la piel", y Ulf puede confirmar que después de empezar a utilizar ese artefacto en el oído recuperó la salud y la vida, no sabemos si estos efectos se deben a la estimulación del nervio vago, a la estimulación del RANV o a alguna otra estimulación de los nervios del oído.

En cualquier caso, todas las neuronas del oído, del cuerpo y del cerebro están interconectadas de un modo u otro a través de vastas redes neuronales superpuestas. Cuando enviamos señales al tronco encefálico por medio de los nervios sensoriales del oído es posible que las neuronas cerebrales que las reciben activen, a su vez, señales reflejas que regresan al cuerpo pasando por el nervio vago o por otros nervios. Por lo tanto, nos encontramos con el escenario demasiado real de que el cerebro está bombeando señales a través de tantos nervios diferentes que nadie puede explicar con certeza qué está ocurriendo. Decir que una respuesta corporal específica a una descarga eléctrica a través de un electrodo en el oído es lo mismo que la "estimulación del nervio vago" producida cuando implantamos un electrodo directo en esa parte neuroanatómica del cuello es, en el mejor de los casos, una descripción imprecisa. En el peor de los casos, es completamente incorrecta.

Yusuf Ozgur Cakmak, de la Universidad de Otago en Dunedin, Nueva Zelanda, recomienda que tal vez deberíamos referirnos a esta terapia como *estimulación eléctrica auricular*, o EEA, ya que describe con mayor precisión lo que creemos que está sucediendo.[14] La más amplia *estimulación nerviosa eléctrica transcutánea,* o TENS, también es correcta. En cualquier caso, si consultas información sobre los beneficios de la taENV, ahora comprenderás mejor los límites de la ciencia actual y la tomarás con cautela; pero aunque los científicos no entiendan cómo el cerebro procesa las descargas eléctricas en el oído para producir a su vez respuestas específicas en el cuerpo, eso no significa que tú no puedas beneficiarte de ellas.

Nuevas fronteras en la investigación de TENS y sus beneficios demostrados

Un día, en el laboratorio, Sangeeta y yo discutíamos este mismo problema de los mecanismos y los efectos de la estimulación del oído. Buscamos en Google "antiguo mapa chino de acupuntura del oído" (sin saber que era una idea mucho más joven de un médico nacido en Francia). En la *concha cymba*, cerca de la apertura del meato auditivo externo —el conducto del oído—, había un punto claramente marcado como BAZO. El bazo, ese misterioso, sangriento y blando órgano del sistema inmunitario, que participa en la tormenta de citocinas. ¿Y si la estimulación de este punto con una unidad TENS pudiera suprimir nuestras respuestas de citocinas?

Decidimos donar nuestra propia sangre a esta causa.

Gracias a nuestros estudios con ENV implantados y a los ultrasonidos focalizados en personas sabíamos que la estimulación de los nervios vago y esplénico suprime la producción de citocinas. Y por nuestros estudios en ratones también sabíamos que la estimulación del nervio vago durante sólo cinco minutos producía un efecto duradero que inhibía la producción de citocinas hasta 12 horas después. Así que pensamos que tal vez una sesión con un TENS de cinco minutos en nuestros oídos suprimiría la liberación de citocinas durante varias horas. ¿Quizá por eso el TENS en el oído confiere ciertos beneficios en algunos ensayos clínicos de afecciones inflamatorias?

Cinco personas nos reunimos alrededor de la mesa de conferencias de mi estudio. Cada quien donó unos tubos de sangre y, a continuación, utilizamos la unidad TENS en nuestro oído izquierdo durante cinco minutos. Al principio, percibí un zumbido como el de un mosquito al posarse en la piel, pero no me molestó. Luego de unos minutos, sentí "mariposas en el estómago", una sensación que me tranquilizó. Cuando eso sucedió, pensé que quizá las descargas eléctricas de verdad estaban golpeando mi nervio vago, que llega hasta el estómago y a otros órganos abdominales, pero quién sabe. Otros describieron la sensación como si estuvieran recibiendo un masaje facial, lo cual también es interesante. La rama auricular del nervio vago tiene muchas interconexiones con el trigémino y otros nervios que inervan la garganta, el cuello y la cara.

Dos horas después, donamos sangre de nuevo, que Sangeeta analizó para determinar la producción de citocinas. Los resultados fueron asombrosos: cuatro de los cinco sufrimos una disminución de 50 a 75% de las mismas. Fue uno de esos días ideales. Santo cielo.

Medimos la generación de citocinas con los mismos métodos que empleamos para comprobar el efecto de la estimulación del nervio vago en los ensayos clínicos de implantes de ENV. Aunque esto no demostró que el nervio vago fuera el responsable, la verdad estábamos intrigados. Un buen dicho propio de la ciencia y de la medicina aconseja que cuando se oyen cascos en Nueva York, hay que pensar en caballos, no en cebras. Así que aunque no teníamos una medida directa de la unidad TENS estimulando nuestros nervios vagos parecía una explicación razonable para empezar.

Sin embargo, nuestro colega de laboratorio John no experimentó una reducción significativa de los niveles de citocinas con la unidad TENS en el oído. Interesante. Mientras reflexionábamos sobre esto, nos dimos cuenta de que después de estimular el oído de John, él se levantó de un salto y salió corriendo de la habitación diciendo: "¡Tengo que hacer pipí!" John normalmente es modesto y reservado, por lo que este comportamiento resultaba extraño. Nos preguntamos si existía alguna conexión entre su urgencia por ir al baño y sus respuestas normales a las citocinas, a pesar de haber recibido la misma estimulación con TENS que el resto de nosotros.

Entonces Sangeeta, dirigiéndose al mapa de acupuntura del oído en la pantalla de la computadora, exclamó: "¡Mira, Kevin, tienes que ver esto!"

En el mapa, justo al lado de BAZO, había otro punto con el título VEJIGA.

¿La TENS estimuló la vejiga de John en lugar de su bazo? Cuatro días más tarde repetimos el experimento, esta vez con más cuidado de colocar la sonda de la unidad TENS en el punto del bazo, según el mapa de Nogier, y evitar el correspondiente de la vejiga.[15] A continuación se presentaron dos cosas: una que sí sucedió y otra que no. Lo que sí ocurrió fue que esta vez la estimulación del oído de John disminuyó su producción de citocinas. Lo que no pasó es que saliera corriendo al baño.

¿Acaso habíamos demostrado que la estimulación del oído con una unidad TENS estimula el reflejo inflamatorio del nervio vago? Todavía no, pero ciertamente era intrigante. Sobre todo si se consideran los cientos de resultados clínicos que han demostrado que las señales eléctricas del oído afectan el nervio vago, el cerebro y el organismo.

Neurocientíficos e investigadores clínicos han utilizado la resonancia magnética funcional (RMf) para estudiar si la estimulación eléctrica del oído externo afecta la actividad de las redes cerebrales. Estos resultados revelan cierta superposición en las regiones del cerebro que se activan con ambos métodos. En un estudio controlado en el que se usaron electrodos para estimular la *concha cymba*, las imágenes de RMf mostraron una mayor actividad en las regiones cerebrales asociadas a los centros de entrada y salida del nervio vago, incluidos el NTS, el rafe dorsal, el *locus coeruleus* y el núcleo *accumbens*.[16] En otro estudio sobre la relación entre la estimulación del oído y las respuestas cerebrales, los investigadores recurrieron a un método de prueba electroencefalográfica denominado *potenciales evocados de campo lejano del tronco cerebral*, un tipo de señal eléctrica registrada a partir de electrodos colocados en el cuero cabelludo.[17] El análisis realizado en voluntarios que reciben estimulación auditiva sugiere que la taENV activa los núcleos del nervio vago en el tronco cerebral.[18]

Los voluntarios sanos que recibieron taENV mostraron pupilas dilatadas y actividad en el EEG, lo que sugiere que el TENS puede mejorar nuestra capacidad de atención.[19] Esta mejora se ha atribuido a cambios en el neurotransmisor cerebral ácido gamma-aminobutírico (GABA), un neurotransmisor inhibidor que interviene en la regulación de la ansiedad y en otras funciones cerebrales durante la estimulación del nervio vago.[20] Un estudio más en sujetos sanos descubrió que la estimulación auricular aumenta el flujo sanguíneo cerebral para mejorar los niveles de oxígeno en el córtex prefrontal.[21] Además, una serie de ensayos clínicos con TENS auricular en pacientes con epilepsia reveló que reducía la frecuencia, la intensidad y la duración de las crisis, y en algunas personas con esa afección incluso la necesidad de fármacos antiepilépticos, de forma similar a la implantación quirúrgica del ENV.[22]

Hay muchísimos estudios como para mencionarlos todos aquí. Esta gran cantidad de datos —aunque no demuestran una relación causa-efecto— apunta a un posible papel de los reflejos del nervio vago en el cerebro que se activan con los electrodos del TENS, aplicados en el punto correcto del oído. Por desgracia, estos métodos no se han estandarizado al grado de que sepamos dónde está ese "punto correcto".

Esto es lo que puedo decir con certeza al respecto: en conjunto, parece que cientos de estudios clínicos y de laboratorio disponibles brindan pruebas de que la estimulación del oído con una unidad TENS puede provocar cambios en los sistemas cardiovascular e inmunitario de los seres humanos. Muchos de estos cambios son similares a los efectos de la estimulación directa del nervio vago en personas y en animales. Sin embargo, aún no tenemos pruebas directas en humanos.

Las respuestas fisiológicas del organismo a cualquier intervención, incluso a la estimulación del oído, son el resultado de complejas interacciones entre muchos sistemas, incluidos el parasimpático, el simpático, el endocrino y el vascular. No tenemos una buena manera de medir directamente la actividad del nervio vago con una sonda electrofisiológica o con cualquier otro método, por lo que no es posible determinar una relación directa entre las ráfagas eléctricas en el oído y los potenciales de acción en el nervio vago.

Por ahora, parece que hemos llegado al límite de lo que es posible saber sobre los mecanismos de estimulación del oído. Sin embargo, a pesar de no conocer cómo funciona, hay muchos resultados interesantes de los ensayos clínicos. Y múltiples hallazgos importantes indican que la taENV puede tener beneficios clínicos. Veamos algunos.

Inflamación

Mis colegas y yo hemos seguido estudiando el uso del TENS auricular en el tratamiento de otras afecciones y hemos observado la inhibición de la producción de citocinas en voluntarios sanos y en pacientes con artritis reumatoide, artritis lúpica y otras afecciones.[23] En una serie de ensayos clínicos revisados por pares también hemos informado que el TENS auricular puede mejorar los síntomas de la enfermedad de Crohn pediátrica, el síndrome nefrótico pediátrico, así como la artritis reumatoide y la artritis lúpica en adultos.[24] Aunque las pruebas de las respuestas clínicas son convincentes, estos ensayos son experimentos, y no la respuesta definitiva. El número de pacientes estudiados hasta la fecha es relativamente pequeño. Antes de poder hacer recomendaciones generales es necesario realizar ensayos clínicos aleatorizados y controlados con simulacros más amplios.

Abstinencia de opiáceos

La FDA ha aprobado la venta comercial y el uso de dispositivos auriculares para el tratamiento del síndrome de abstinencia de opiáceos. Se pueden adquirir con receta médica para que los pacientes con esa condición reduzcan la duración y la gravedad del dolor articular, la sudoración, el insomnio y otros síntomas de la abstinencia.[25] Estos dispositivos son similares al TENS y estimulan eléctricamente varias ramas nerviosas del oído, incluidos los nervios trigémino, facial, glosofaríngeo, vago y occipital; además, tienen pocos efectos secundarios.

Dolor de cabeza

La FDA también ha aprobado un dispositivo que se sujeta contra la piel del cuello para administrar descargas eléctricas cerca del nervio vago, como tratamiento que se prescribe para algunos tipos de cefaleas en racimos y migrañas en pacientes adultos.[26] Como este dispositivo similar al TENS estimula los nervios superficiales del cuello, también puede provocar la contracción del músculo platisma, lo que explica el efecto secundario de curvatura de los labios.

Salud cardiovascular

Varios estudios clínicos, aunque no todos, han demostrado que es posible utilizar el TENS auditivo para reducir el ritmo del corazón y la presión arterial y aumentar la variabilidad de la frecuencia cardiaca (VFC). Por ejemplo, en un ensayo realizado en 2022 con voluntarios sanos se probó de manera sistemática la estimulación auricular y se observó una mejora significativa del "tono vagal", que fue evidenciada por aumentos en el rango de alta frecuencia del espectro de la VFC, caracterizada por su dependencia de la actividad del nervio vago —y estas mejoras fueron mayores en los voluntarios que entraron al estudio con un nivel basal más bajo de tono vagal—.[27]

Tras su infarto y la posterior intervención diaria con la unidad TENS, Ulf usó el reloj inteligente Vagus ECG Smartwatch, desarrollado por Vagus Health en Cambridge, Reino Unido, para monitorear su ritmo cardiaco, la VFC y la sincronización de esta última con la respiración controlada (arritmia sinusal respiratoria, o ASR, y sincronización ASR, es decir, la medida ASR Sync).

Su reloj inteligente le permitió comparar los datos de antes, durante y después de sus sesiones con la TENS. Después de recopilar y trazar estos datos de forma regular en un periodo de seis meses, Ulf afirma que los resultados indicaron con claridad "una mejor sincronización de las actividades cardiacas y respiratorias". Para interpretar y confirmar estos hallazgos necesitamos los resultados de ensayos clínicos aleatorizados más amplios.

Ansiedad y depresión

Como la implantación quirúrgica de ENV está aprobada por la FDA para tratar la ansiedad y la depresión, muchos centros de investigación analizan si la TENS auricular también podría ser eficaz para esta condición. En un estudio efectuado de manera colaborativa entre la Facultad de Medicina de Harvard, en Estados Unidos, y la Academia China de Ciencias Médicas, en aquel país asiático, la doctora Peijing Rong y sus colegas trataron a 91 pacientes con taENV durante 12 semanas.[28] Observaron una mayor mejoría clínica, la cual se evaluó mediante la Escala de Calificación de la Depresión de Hamilton estandarizada, en comparación con los pacientes de control que recibieron una terapia simulada. Una revisión de 12 estudios clínicos que incluyeron a 838 participantes también reveló que la taENV mejora de manera significativa las puntuaciones de la referida escala y aportó pruebas de que las tasas de respuesta clínica a la intervención auricular eran comparables a los efectos clínicos de los antidepresivos farmacológicos.[29]

Oficialmente, Ulf está jubilado como profesor del Karolinska Institute, pero su investigación continúa y ahora se centra en distintas aplicaciones para la unidad taENV de tipo auricular que construyó, literalmente, en la mesa de su cocina. Tiene electrodos de aluminio —por lo que no necesita el molesto gel que se emplea para colocarlos— y está diseñado para permanecer cómodamente en su sitio con la presión adecuada: "Ni muy poca ni demasiada", señala Ulf.

El año pasado se dedicó a completar el papeleo para superar los obstáculos reglamentarios de un estudio que está planeando con 128 pacientes con artritis reumatoide de siete distintos hospitales de Suecia. La mitad de los participantes recibirá un tratamiento placebo, y la otra mitad, estimulación eléctrica en la *concha cymba* todos los días durante tres meses. Ulf me comentó que los hospitales están impacientes por empezar.

También está planeando un estudio más pequeño que le interesa mucho a su pediatra, sobre 15 niños con distrofia muscular de Duchenne. Estos infantes nacieron sanos, pero debido a un trastorno genético sus músculos esqueléticos se debilitan hasta el punto de que, a la edad de seis o siete años, necesitan una silla de ruedas. También desarrollan una inflamación grave, la cual casi siempre se trata con altas dosis de corticosteroides. Los corticoides tienen efectos secundarios especialmente graves en niños en edad de crecimiento, como la osteoporosis, que puede provocar fracturas dolorosas de columna y de otros huesos.

En el ensayo previsto, las familias aprenderán a utilizar en sus hijos la unidad TENS de Ulf. Luego lo harán en casa durante una semana y se tomarán muestras de sangre antes y después para ver si el tratamiento reduce los niveles séricos de citocinas. Es optimista. "Si vemos que funciona, por supuesto que ampliaremos el tratamiento. Si el resultado es positivo podría representar una oportunidad para reducir la necesidad de corticosteroides, y eso sería una muy buena acción", afirma.

"Siempre sentí mucho miedo de que llegara el día en que me obligaran a jubilarme", confiesa Ulf. En Suecia no tuvo elección, a los 65 años. (Ahora tiene 69.) Diez años después, comenta: "Mi cabeza está mejor ahora que cuando tenía 55". Como detalla en el informe de su caso, lo atribuye en gran medida al uso de su dispositivo de estimulación auricular dos veces al día. "Siempre he buscado que la ciencia sea divertida, pero que el sentido de la ciencia sea beneficiar a los enfermos. Con el dispositivo de taENV, quizá por fin suceda, antes de… [hace una pausa para encontrar el modismo que busca] estirar la pata".

Se necesitan muchos más estudios para determinar los parámetros de estimulación más beneficiosos o eficaces para las unidades TENS, como la intensidad, la anchura de pulso, la forma de onda y la frecuencia. Hasta ahora, la mayoría de los ensayos clínicos ha utilizado sólo unas pocas variables seleccionadas en estos parámetros, dejando abiertas preguntas sobre cuál de los innumerables ajustes posibles es el mejor.[30] En la actualidad no sabemos cómo recomendar un ajuste óptimo o personalizado para un paciente individual, ni cómo adaptar la sesión de estimulación a una condición clínica específica.[31] Y como la localización de los nervios puede variar en cierta medida de persona a persona, no sabemos cómo colocar los electrodos en el oído para dar en el "punto correcto" en una persona determinada.[32]

También sabemos muy poco sobre la duración de los efectos de la taENV, y muy poco sobre la frecuencia óptima de uso. ¿Es mejor hacerlo una, dos o tres veces al día, y durante cuánto tiempo? ¿Y cuánto dura el beneficio posterior a la estimulación, si es que se da? Un estudio con pacientes que padecen insomnio observó mejoras en el sueño que duraron hasta tres meses después de un periodo de dos semanas de tratamiento con taENV dos veces al día.[33]

Sangeeta y yo también informamos que la taENV inhibe la producción de algunas citocinas —pero no de todas— hasta 24 horas después de una sesión de cinco minutos de esta terapia en voluntarios sanos.[34] Y en pacientes con artritis reumatoide comprobamos que la taENV alivia el dolor y la inflamación durante varios días después del tratamiento. Entonces, aunque hay indicios de que la taENV puede tener efectos duraderos más allá del periodo de tratamiento, esperamos con interés estudios de seguimiento más exhaustivos y a largo plazo.

Está claro que aún nos queda mucho por aprender sobre los efectos clínicos y los mecanismos neurológicos subyacentes de los métodos de estimulación nerviosa eléctrica transcutánea, pero la seguridad, el bajo costo y la posibilidad de usarlos despiertan un gran interés como parte de la tendencia creciente de los dispositivos portátiles y los cuidados autoadministrados en casa. Conforme aumenta y se intensifica el interés popular, espero con impaciencia el momento en que la ciencia y los estudios clínicos se pongan a la altura de su demanda. Más investigaciones aclararán los hechos, reducirán la confusión y optimizarán los beneficios potenciales de colocar una unidad TENS —¿o incluso un hisopo?— en el oído.

Me alegro de que mi amigo Ulf esté trabajando en eso, junto con muchos otros. Y me alegro aún más de que él esté mejor.

III

GRANDES EXPECTATIVAS

Herramientas cotidianas prometedoras[1]

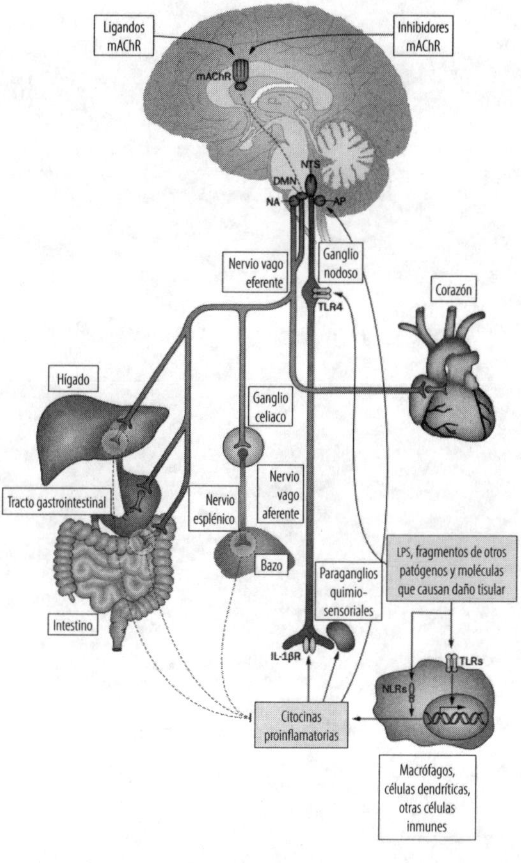

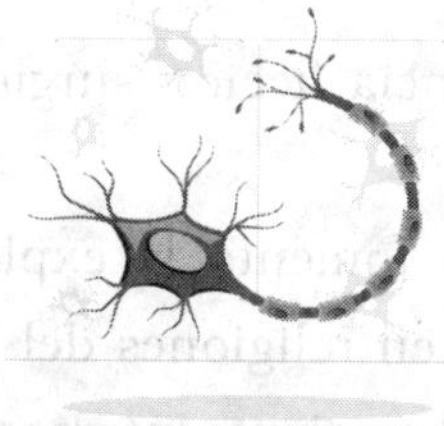

9

Meditación y respiración

"

Larga vida y prosperidad.

Spock[1]

"

Yo era niño, y era el amanecer de la Era de Acuario. O eso se suponía. Mis años de crecimiento abarcaron las décadas de los años sesenta y setenta, ese periodo de transformación en Estados Unidos marcado por una revolución cultural de agitación social y política: el movimiento por los derechos civiles, las protestas contra la guerra de Vietnam y la liberación sexual. Esta turbulencia también impulsó la imaginación de nuevos futuros que surgieron del caos y el cambio.

Por donde mirara, en las aulas, en las noticias, en las películas y en la televisión, me inundaban brillantes promesas de exploración espacial, de la incipiente industria informática y de otros avances sin comparación en los descubrimientos científicos y tecnológicos. Me encantaban *Star Trek* y *Dr. Kildare*, programas sobre oportunidades aparentemente predestinadas a explorar lo desconocido del cosmos, por un lado, y, por el otro, el universo microscópico dentro de nuestras propias células. En consonancia con este fervor, de hecho, los Institutos Nacionales de Salud de Estados Unidos se expandieron en esta época y las empresas de investigación de las industrias farmacéutica y médica crecieron de manera exponencial. Conceptos que antes estaban relegados a la ciencia ficción surgieron como posibilidades tangibles.

Aquel periodo también fomentó la exploración espiritual, y los occidentales se inspiraron en religiones del Lejano Oriente, como el budismo y el hinduismo. El creciente interés por la meditación y la respiración hizo que libros-guías espirituales como *Zen Mind, Beginner's Mind*, de Shunryu Suzuki, se convirtieran en *bestsellers* occidentales. Y junto con este despertar de la salud espiritual y mental surgió un renovado interés por el bienestar físico. Correr, hacer ejercicio aeróbico y el yoga se generalizaron, lo que reflejó un cambio cultural más amplio hacia la conciencia de la salud. Celebridades de la televisión y de la pantalla grande, como Jack LaLanne en los años sesenta, Arnold Schwarzenegger en los setenta y Jane Fonda en los ochenta, motivaron a millones de personas a seguir nuevas rutinas de ejercicio. Tom Hanks encarnó este espíritu en el personaje de Forrest Gump, cuando empezó a correr a través de Estados Unidos y lo siguió haciendo durante 1170 días (y 16 horas).

Estas promesas de finales del siglo XX de una vida mejor y más saludable a través de la meditación, el ejercicio y otros cambios en el estilo de vida, llevaron a los primeros escépticos y creyentes por igual a plantearse preguntas legítimas. ¿Estas prácticas son eficaces para mejorar la salud y el bienestar? ¿Los resultados justifican la inversión de tiempo y dinero que requieren? ¿Y cuáles son las pruebas científicas de los mecanismos por los que estas actividades mejoran el funcionamiento del cerebro y el cuerpo?

En la actualidad, el trabajo de mi laboratorio, que usa nuevas tecnologías para explorar y modificar el sistema nervioso, converge en estas mismas cuestiones. Cada vez hay más pruebas que demuestran el papel del nervio vago en los resultados positivos asociados a la meditación y la respiración, así como a la exposición al frío y el ejercicio, de los cuales hablaré en este capítulo y en el siguiente. Consideremos estas actividades de una en una para ver cómo se pueden estimular los reflejos protectores y curativos del nervio vago en casa y en la vida cotidiana.

Meditación

Un día de otoño de 2006, en el Menla Center de Phoenicia, Nueva York, tuve el honor de compartir escenario con Elizabeth Blackburn, Premio Nobel de la Universidad de California en San Francisco, y Tenzin Gyatso, el decimocuarto dalái lama, ante una audiencia de 300 monjes y científicos. Menla es un santuario dedicado a las terapias tibetanas de sanación, bienestar y espiritualidad, que funciona bajo los auspicios de Tibet House de Estados Unidos, una de las varias organizaciones sin ánimo de lucro de todo el mundo creadas a petición del dalái lama para salvaguardar y celebrar la cultura tibetana. Enclavada en un valle glaciar rodeado de tupidos bosques y las montañas Catskill, Menla es un escenario idílico para una reunión de tres días llamada "Longevity and Optimal Health: Integrating Eastern and Western Perspectives" ("Longevidad y salud óptima: integración de perspectivas orientales y occidentales").

El acto, una colaboración entre el Programa de Medicina Integral de la Universidad de Columbia y la Tibet House, pretendía tender un puente entre los científicos y los budistas más destacados en torno de la ciencia de la salud y el envejecimiento, así como las antiguas prácticas indotibetanas de meditación, el yoga y la dieta. El dalái lama, autor de varios *bestsellers* sobre la interacción entre la salud mental y la física, defiende el bienestar emocional y el poder de la meditación para fomentar una mente serena y centrada.[2] Yo estaba ansioso por presentar mis descubrimientos sobre el reflejo inflamatorio y el papel potencial del nervio vago en los beneficios de la meditación para la salud.

Elizabeth y yo nos alternamos para informarle al dalái lama acerca de las conclusiones científicas de las sesiones del día anterior. Abordamos una amplia gama de temas, desde la neurociencia de la meditación hasta el descubrimiento de los telómeros por parte de Elizabeth, que le valió el Premio Nobel de Fisiología o Medicina en 2009.[3]

Nuestro anfitrión, Su Santidad, siente una gran fascinación por la ciencia y la tecnología. Ha sido aprendiz durante toda su vida y se ha mostrado dispuesto a adaptar o modificar las enseñanzas budistas según sea necesario, si las pruebas científicas revelan que las creencias son incorrectas. Cuando me preguntó por el nervio vago durante nuestra conversación en el escenario, me di cuenta de que era una muestra de su mentalidad abierta y curiosa. Es una persona espiritual firmemente arraigada en la realidad.

Expliqué cómo el reflejo del nervio vago inhibe la inflamación. Desde el otro lado del escenario, el dalái lama pareció asomarse a mis pensamientos y preguntó, con una mirada amable y francamente cómplice:

—Sobre este nervio vago, ¿hay uno o dos?

—Hay dos —le respondí—, uno a cada lado del cuello. Bajan por el pecho hasta el abdomen, donde tocan todos los órganos principales del cuerpo.

—¿Están delante o detrás? —quiso saber él.

Cuando le expliqué que se localizaban en la parte frontal, sonrió y asintió como afirmando: "Eso es lo que pensaba, ¡gracias!"

Más tarde, mientras platicaba junto al escenario con un pequeño grupo que se reunió tras la partida del dalái lama del lugar, un monje vestido con túnica naranja me preguntó si sabía por qué Su Santidad había seguido esa línea de preguntas. Continuó explicando una antigua práctica meditativa tibetano-budista en la que el meditador imagina una nube de luz o energía azul alrededor de la parte superior de la cabeza, que luego canaliza como dos haces luminosos que descienden por la parte delantera del cuello, uno a cada lado, y continúan hacia el pecho y el abdomen.

—Impresionante —dije sonriendo.

El monje me devolvió la sonrisa y expresó en voz baja, asintiendo:
—Sí, impresionante. Muy impresionante.

Desde poner atención a cada respiración o repetir una palabra o mantra hasta sentarte con las piernas cruzadas mientras se canaliza luz azul a ambos lados de tu cuello, o caminar sobre la arena a la orilla del mar, la meditación abarca una serie de prácticas y técnicas diseñadas para fomentar la paz interior, la compasión y la capacidad de reconocer las experiencias fugaces de las sensaciones, los pensamientos y las emociones. La meditación se practica ampliamente para promover la claridad mental, la estabilidad emocional y la adaptabilidad al cambio.

Hay diversos métodos de meditación de muchas tradiciones diferentes, que se detallan mejor en otros libros sobre el tema. Yo no soy un experto en meditación, pero medito. Me acomodo en una postura física relajada y mantengo la atención en mi respiración o en una intención concreta, como el deseo del bienestar de los demás. Después, simplemente tomo nota de las emociones, los pensamientos y las sensaciones que surgen en el momento presente; practico un estado de conciencia no reactiva de su aparición y su desaparición. Cientos de estudios clínicos que usan imágenes cerebrales con resonancia magnética funcional y tomografía por emisión de positrones han intentado determinar lo que estas prácticas meditativas hacen en el cerebro, el sistema nervioso y el nervio vago. Al leer estas investigaciones no puedo evitar preguntarme: ¿qué pasa en mi cerebro cuando medito? Los resultados obtenidos hasta ahora, aunque son interesantes, dejan muchas preguntas sin respuesta.

Por ejemplo, una revisión sistemática de 78 de estos estudios de neuroimagen funcional, que incluían un total de 527 participantes, reveló patrones consistentes de activación y desactivación cerebral en sujetos que realizaban diversas prácticas de meditación; cada uno mostraba un patrón diferente de actividad cerebral en los escáneres RMf y PET.[4] Regiones cerebrales específicas, como la ínsula, las cortezas prefrontal y motora suplementaria, el córtex cingulado anterior y el córtex frontopolar, se activaron de forma consistente con diversas técnicas de meditación. Sin embargo, los patrones de actividad cerebral observados en las distintas prácticas meditativas eran muy diferentes. Después de revisar todos estos datos, los autores concluyeron que el jurado aún no ha deliberado y que

> es imperativo que las investigaciones de neuroimagen de la meditación comiencen a relacionar de manera rigurosa los hallazgos con los resultados conductuales y autoinformados, para comprender cómo —y en qué medida— estos cambios en la actividad cerebral están vinculados con el cambio cognitivo-afectivo real y los beneficios en los practicantes.

En otras palabras, se necesita investigar más para comprender cómo funciona la meditación en el cerebro y su efecto en el bienestar psicológico y físico.

Cientos de otros estudios clínicos han explorado cómo influye la meditación en la salud cardiovascular. Como lo explico en el capítulo 2, el tono vagal, una medida de la actividad del sistema nervioso parasimpático, se calcula a partir de los cambios en el tiempo entre los latidos individuales del corazón, que varían a través de la inhalación y la exhalación. El tono vagal aumenta cuando se incrementa la actividad parasimpática, que promueve la relajación y usa la acetilcolina para desacelerar el ritmo cardiaco. En algunos estudios, las prácticas de meditación aumentan el tono vagal del meditador, con efectos medibles, que incluyen una frecuencia cardiaca en reposo más lenta y una disminución de la presión arterial. Con base en estos resultados, algunos investigadores han sugerido que la meditación actúa como un "estimulador del nervio vago".

Pero otros estudios no han llegado a esta misma conclusión. Una revisión de 19 ensayos clínicos aleatorizados que incluyeron a más de 1000 sujetos concluyó que la meditación no aumentaba el tono vagal.[5]

Según estos autores, "en la actualidad no hay pruebas suficientes que indiquen que las intervenciones basadas en la atención plena [MBI, por sus siglas en inglés] produzcan mejoras en la VFC [variabilidad de la frecuencia cardiaca] mediada vagalmente respecto de las condiciones de control".

Debido a las implicaciones para la salud pública, la Asociación Americana del Corazón patrocinó un estudio con el fin de definir recomendaciones sobre las potenciales ventajas de la meditación para la protección contra las enfermedades cardiovasculares, como complemento seguro, barato y ampliamente accesible de las terapias médicas tradicionales.[6] La revisión que hizo de 69 estudios clínicos evidenció su preocupación por la limitada calidad de muchas investigaciones ya que los participantes no fueron aleatorizados de forma adecuada, el tamaño de población de estudio era insuficiente o tenían un seguimiento deficiente.

Los autores concluyeron con cautela que las pruebas sugieren un posible beneficio cardiovascular, aunque reconocieron que la calidad general y, en algunos casos, la cantidad de datos, son modestas. Sin embargo, debido a los bajos costos y a los escasos riesgos de la meditación, el estudio destacaba que cualquier persona interesada podría considerarla, "entendiendo que los beneficios de dicha práctica todavía deben determinarse mejor". En otras palabras, no hace daño; puede ayudar, pero no sabemos con certeza si vale la pena dedicarle tiempo, en términos cardiovasculares.

Las pruebas son más prometedoras respecto al potencial de la meditación para reducir la inflamación, ya sea a través de prácticas tradicionales o de MBI. Un estudio que revisó 48 ensayos controlados aleatorios que abarcaban un total de 4683 participantes descubrió que, en comparación con los grupos de control, los individuos que practicaban MBI disminuyeron los niveles de proteína C reactiva e interleucina-6, que son proteínas séricas que concuerdan con la cantidad de inflamación en el cuerpo.[7] Esta investigación también obtuvo pruebas de cambios positivos en la longitud de los telómeros, las moléculas que mi compañera de escenario en Menla, Elizabeth Blackburn, descubrió que evitan que tus cromosomas se deterioren y que están relacionadas con el riesgo de inflamación, enfermedades cardiovasculares y otras condiciones. El análisis concluyó que la meditación puede activar el reflejo inflamatorio, reducir la inflamación y proteger los telómeros. Aunque estos hallazgos son alentadores, no son una prueba definitiva de una relación causal entre la meditación y la activación del nervio vago.

Estimular el nervio vago directamente con un electrodo en efecto inhibe la inflamación, y se ha demostrado que la meditación reduce los marcadores inflamatorios y la expresión de genes inflamatorios, pero esta correlación no prueba la causalidad. No sabemos si la meditación estimula las fibras del nervio vago, que son las responsables de la reducción de la inflamación. Nadie puede asegurar que la práctica meditativa provoque que el cerebro active el reflejo inflamatorio o que influya en la inflamación a través de alguna(s) otra(s) vía(s). No tenemos la capacidad de demostrar esta idea en modelos animales porque no podemos enseñarles a meditar a los ratones o las ratas. En meditadores humanos, no tenemos la capacidad de medir directamente la actividad eléctrica del reflejo inflamatorio del nervio vago que suprime la producción de citocinas y la inflamación. A falta de pruebas experimentales directas en animales y en personas, no podemos demostrar una relación causa-efecto entre la meditación y el reflejo inflamatorio.

Este razonamiento también se aplica al potencial papel del nervio vago en los beneficios psicológicos de la meditación.[8] Me parece interesante que los estudios de imagen funcional hayan demostrado que muchas de las regiones cerebrales moduladas durante la meditación también están moduladas en pacientes con estimuladores del nervio vago implantados. Y que la estimulación directa del nervio vago mediante un dispositivo implantado mejora la concentración, la cognición y la sensación de bienestar en muchos pacientes —si no es que en todos—, beneficios que muchas personas afirman que obtienen de la meditación.

Ciertamente es plausible una relación mecánica de causa y efecto entre la meditación y el nervio vago, pero por el momento carecemos de pruebas directas. La última palabra científica requiere más estudios.

Me intrigaba la ciencia que sugiere que la meditación influye en el cerebro y quería saber qué se siente. Así que, hace casi 10 años, después de ver una fascinante charla TED del profesor de meditación y autor Andy Puddicombe, descargué un aplicación y empecé a meditar a diario.[9] Desde entonces, lo hago casi siempre, ya sea guiado por un programa informático móvil o por mi cuenta. Hay muchas aplicaciones de meditación entre las cuales elegir, pero mis favoritas son Headspace (de Puddicombe) y Waking Up (de Sam Harris, filósofo, neurocientífico y autor de varios *bestsellers*).

Mientras la comunidad científica sigue explorando los mecanismos de la meditación —y quizá responda a mis preguntas sobre lo que sucede dentro de mi cerebro—, yo he experimentado sus beneficios de manera personal. La mayoría de los días, a primera hora de la mañana, practico una meditación de "atención focalizada" con los ojos cerrados, mientras pongo atención a mi respiración. Durante unos 10 minutos tomo nota de los pensamientos, las sensaciones y las emociones que van y vienen como changos en los árboles saltando de rama en rama. Algunos días practico una meditación de "bondad amorosa": visualizo a las personas que quiero y les deseo que sean felices y que estén libres de estrés y sufrimiento. Y otros días medito a "vista de pájaro": primero imagino que estoy en el techo y luego asciendo más y más por encima de la superficie terrestre, como si emprendiera el vuelo, hasta que abandono el sistema solar y miro hacia su interior. Las preocupaciones y las ansiedades cotidianas empiezan a parecer muy diferentes desde el espacio exterior.

Las personas se sienten atraídas por la meditación por diferentes motivos, desde disminuir del estrés hasta mejorar su salud mental, pasando por la mejora de la concentración, la elevación del rendimiento deportivo y el viaje espiritual para fomentar el crecimiento interior. En mi caso, empecé a meditar para experimentar conmigo mismo.

He aprendido mucho con esto último, principalmente porque mis ideas preconcebidas sobre la meditación —que estaban muy sesgadas por las interpretaciones que encontré a lo largo de los años en la prensa, en los medios populares y en internet— eran erróneas. No he tenido una experiencia religiosa ni busco tenerla. No he encontrado el nirvana. No espero "recibir la conciencia total", como le prometían a Carl Spackler, el personaje que interpreta Bill Murray en *Caddyshack*.[10] Y no espero "vaciar mi mente", un error común de la meditación "exitosa"; pero cada vez que lo hago, simplemente me fascina observar lo que ocurre en ella durante 10 minutos seguidos. Soy testigo de cómo aparecen y desaparecen sensaciones, emociones y pensamientos, de uno en uno, cada uno en su propio presente, y practico no reaccionar ante ellos. Me intriga infinitamente observar los pensamientos y los sentimientos que al parecer surgen de la nada. Me pregunto quién o qué está "poniendo atención". Y disfruto tan sólo estando presente en el momento, sin retroceder para recordar algún acontecimiento anterior ni saltar hacia delante, hacia algún futuro temido o deseado. Después de efectuar todos estos "experimentos" conmigo mismo, me sigo planteando la misma pregunta: ¿cómo decide mi cerebro a qué ponerle atención?

He aprendido que no puedo decidir lo que aparecerá en el ojo de mi mente. Me asemejo más a un viajero de metro que observa quién sube y quién baja en cada parada, o a un espectador que se topa con la escena de un crimen, a la espera de ver qué sucederá a continuación. Cuando intento asomarme al otro lado de la cortina para ver quién o qué está decidiendo, todo lo que encuentro es espacio abierto. Con cada vez más curiosidad, de pronto suena la alarma que avisa que terminaron los 10 minutos y retorno al modo de toma de decisiones, de nuevo a cargo de la planeación de mis próximos movimientos para las siguientes 24 horas.

Aunque no entiendo del todo la naturaleza de la conciencia y de la atención, me consuela saber que es uno de los tres mayores misterios sin resolver de toda la ciencia, lo que significa que nadie lo entiende. (Los otros dos misterios son el origen del universo y el origen de la vida.) Me parece bien vivir con la pregunta abierta.

Como se trata de mis propias experiencias y no de los resultados de grandes ensayos clínicos aleatorizados, no haré recomendaciones específicas sobre la práctica de la meditación; pero la he convertido en un hábito, como lavarme los dientes, y tan sólo lo hago por varias razones. En primer lugar, creo que los resultados de mi laboratorio de los últimos 20 años muestran que reducir la inflamación y, por lo tanto, el daño que puede causar, es bueno para mis vasos sanguíneos y mis órganos, incluidos mi corazón y mi cerebro. En segundo lugar, los estudios clínicos que he leído, algunos de los cuales mencioné antes, sugieren que la meditación puede, en muchas personas —si no es que en todas—, reducir la inflamación, la frecuencia cardiaca y la presión arterial. En tercer lugar, los estudios clínicos también sugieren que la meditación es capaz de modular la actividad de los centros cerebrales y aumentar la sensación de bienestar y felicidad en muchas personas.

Por último, me gusta ser feliz, y la meditación parece ser una buena forma de practicar la permanencia en el momento presente, menos reactiva a los acontecimientos o a los resultados que no puedo controlar.

Respiración

Tal vez estés familiarizado con la *respiración diafragmática* gracias a los libros de autoayuda, sitios de internet, *podcasts* y otros recursos. A menudo se promociona como una forma de activar el nervio vago y mejorar el tono vagal. Hay algo de ciencia detrás de ello.

La respiración diafragmática, o profunda, es el acto consciente y deliberado de aspirar aire mediante el diafragma, un músculo grande situado en la base de los pulmones. Al respirar hondamente desde el vientre, el diafragma se contrae y se mueve hacia abajo, creando más espacio en el pecho para que se expandan los pulmones. Esta expansión pulmonar activa señales que ascienden por el nervio vago sensorial —entrada—. Cuando éstas llegan al cerebro, activan un flujo de respuestas parasimpáticas que retornan al cuerpo a través de otras fibras motoras vagales —salida— para producir una respuesta conductual coordinada que incluye un ritmo cardiaco más lento, una presión arterial más baja y una sensación general de calma y mayor bienestar.

Este método de integración cuerpo-mente se ha estudiado ampliamente como una intervención no farmacológica para lograr que las personas se sientan mejor al reducir la ansiedad, la depresión y el estrés. La investigación clínica sugiere que puede ser un tratamiento útil en algunos pacientes con trastorno de estrés postraumático, fobias y otras alteraciones emocionales relacionadas con el estrés. Incluso puede mejorar la calidad de vida de personas sanas. Un estudio de la Facultad de Medicina de Harvard, en Boston, y de la Universidad Normal de Pekín, en China, demostró que los voluntarios sanos que se sometieron a un programa de entrenamiento de ocho semanas de respiración diafragmática presentaron mejoras en la cognición, la perspectiva emocional y el tono vagal, así como disminución en la frecuencia respiratoria y en las puntuaciones de afecto negativo, y aumento en las puntuaciones de atención sostenida.[11] En resumen, la respiración diafragmática puede fomentar tu capacidad de relajarte y ser más feliz, un hallazgo respaldado por numerosos estudios en diversos lugares.[12]

El método de respiración de Wim Hof

El deportista extremo Wim Hof, o el "Hombre de hielo", como se le conoce por las marcas mundiales que ha roto en entornos muy gélidos, es famoso por sus técnicas de respiración revolucionarias. Wim ostenta los récords de tiempo de sumersión en un baño lleno de hielo —casi dos horas—, de ascensión a una altura de 7400 metros en el monte Everest, llevando sólo pantalones cortos y zapatos, y de natación bajo el hielo a 57 metros. (Logró esta última hazaña al día siguiente de un entrenamiento de natación en el que se le congelaron las córneas, situación que lo cegó temporalmente hasta que se descongelaron.) Tuve la suerte de conocer a Wim, e incluso de estudiarlo, cuando visitó nuestro laboratorio hace muchos años durante una visita a Estados Unidos desde su Holanda natal.

La exposición al frío es uno de los pilares del método de Wim Hof; exploraremos la relación entre el frío y el nervio vago en el próximo capítulo; pero también desarrolló un método de respiración único cuando era adolescente, durante una búsqueda casi espiritual. Así habla de esos primeros años:

> Como muchos, tal vez, me encontraba en una búsqueda del alma y visité múltiples países [en los cuales conocí] tradiciones, idiomas, disciplinas esotéricas... karate y kung fu y yoga [...] también los derviches, los sufíes, el budismo, todo tipo de tradiciones y disciplinas, pero no podía llenarme realmente en lo profundo.[13]

De joven, Wim leyó cientos de libros antes de concluir: "La respuesta no está en la cabeza". ¿Dónde se halla entonces? Él afirma: "La respuesta se encuentra en el cuerpo y en el cerebro juntos".[14]

Hoy, a sus 60 y tantos años, Wim proclama con audacia en su página web la premisa de su método: "ERES MÁS FUERTE DE LO QUE CREES".[15] Le gusta usar "toda la capacidad de [su] fisiología",[16] y le agrada hacer declaraciones. Wim relata que hace décadas le dijo a todo el mundo que "se podía influir en el sistema nervioso autónomo y en los sistemas inmunitarios adyacentes", y que se burlaron de su afirmación en su momento, pero él estaba convencido de eso. Hace tiempo cree que "el sistema nervioso autónomo dejará de serlo", es decir, que la gente podría aprender a influir en su funcionamiento a voluntad.[17] Así que se propuso obtener pruebas científicas.

Wim llegó a Nueva York procedente de Ámsterdam en una gira por Estados Unidos para despertar el interés por los métodos que usa y que, según él, son la clave "para ser feliz, fuerte y estar sano". Intrigado por nuestras investigaciones sobre el nervio vago y la inflamación, exclamó con un marcado y fuerte acento holandés cuando nos conocimos:

—¡Quiero que me estudien para la ciencia y el mundo!

Sangeeta, sorprendida y sin estar preparada para esta petición, le preguntó:

—¿Cuándo?

—¡Ahora mismo! —gritó Wim, con una sonrisa que dificultaba que no te cayera bien.

En 48 horas, que es el "momento adecuado" para cumplir las normas de la investigación científica, recibimos un permiso de emergencia de nuestro Comité de Revisión Institucional —que supervisa la investigación con seres humanos—, el cual nos permitía llevar a cabo un experimento clínico para comprobar si Wim podía regular a voluntad su propio sistema inmunitario empleando sus técnicas de respiración, entonces desconocidas en su mayor parte, como él afirmaba. En la actualidad, millones de personas practican a diario el método Wim Hof, tal como lo enseñan en todo el planeta cientos de personas a quienes él ha formado; pero cuando lo estudiamos por primera vez, en 2007, relativamente poca gente lo conocía a él o a sus prácticas.

La respiración de Wim Hof es similar a una antigua práctica llamada meditación *Tummo* o respiración del "fuego interior", que combina ejercicios respiratorios y visualización para generar calor interno. (Tummo es una diosa tibetana del calor y la pasión.) Se ha observado que los yoguis que viven en las duras condiciones del Himalaya aumentan su temperatura interna hasta el punto de secar sábanas mojadas envueltas sobre sus cuerpos desnudos en el frío aire de la montaña. En contraste con la práctica meditativa relajante de sentarse en silencio y seguir la propia respiración, la técnica Tummo enseña patrones de respiración que ejercitan los músculos respiratorios, lo que genera calor corporal, combinados con otras prácticas meditativas cognitivas enfocadas en visualizar el calor que surge de la columna vertebral.

El método de respiración de Wim consiste en un ciclo de 30 inhalaciones profundas seguidas de 30 exhalaciones relajadas y no forzadas. (Esto es importante: respirar así puede provocar aturdimiento, mareos o incluso desmayos. Si lo intentas, asegúrate de estar en una posición segura, sentado o tumbado, lejos del agua y sin usar ningún equipo que pueda hacerte daño a ti o a los demás en caso de que pierdas el conocimiento). Al final de la última exhalación, los sujetos contienen la respiración durante un tiempo determinado por la tolerancia individual —"hasta que sientas la necesidad de volver a respirar"—. A continuación, se realiza una inhalación profunda, o "respiración de recuperación", como la denomina Wim, que se mantiene durante 10 o 15 segundos y luego se suelta, antes de comenzar otra ronda de 30 respiraciones.[18]

En el centro de investigación clínica de los Feinstein Institutes, Wim se tumbó en la camilla y donó sagre en varios tubos de laboratorio para nuestro estudio. Después, Sangeeta y yo lo dejamos con su respiración y sus pensamientos, apagamos las luces, cerramos la puerta y nos fuimos a tomar un café. Dos horas más tarde, regresamos y le extrajimos más sangre al "Hombre de hielo" antes de estrecharle la mano, despedirnos de él y desearle lo mejor hasta que lo viéramos de nuevo en su viaje de regreso la semana siguiente.

Cuando llegaron los resultados del análisis sanguíneo, Sangeeta expresó, una vez más: "Kevin, tienes que ver esto".

—¿Qué hiciste la semana pasada después de que cerramos la puerta y te dejamos solo? —le pregunté a Wim una semana después.

—¡Tan sólo respiré como un maldito! —ladró y sonrió.

Como sea que respirara, redujo casi 75% la producción de citocinas en su sangre. Parecía que inhibió a voluntad la actividad inflamatoria de su sistema inmunitario de una forma que nosotros, y nadie más, habíamos visto antes.

Entonces preguntó:

—¿Publicarás mi resultado?

Le respondí que no podía hacerlo porque se trataba de un caso aislado; que requeríamos muchas más pruebas para publicarlo. Insistió de nuevo con otra cuestión: qué hacía falta para dar a conocer este descubrimiento.

Le comenté que sería necesario repetir un estudio similar en 20 o 30 personas divididas en dos grupos, a uno de los cuales debería entrenársele con su método respiratorio para constatar si la inflamación presente se suprime, en comparación con el otro grupo de control que no recibe el referido entrenamiento. Luego, a este último habría que enseñarle la técnica y comprobar si su respuesta inflamatoria se inhibe. Me ofrecí a llevar a cabo este experimento por él, y añadí que, con el objetivo de efectuarlo de manera correcta, se requeriría alrededor de un millón de dólares para cubrir los costos del diseño del estudio, la evaluación estadística y los análisis de sangre.

Y me respondió:

—Espero que lo hagas, porque, si tienes razón, tu trabajo podría ayudar a mucha gente en este mundo.

Unos años más tarde, me alegró leer un artículo en la revista *Proceedings of the National Academy of Sciences*, dos años antes de que en ella publicáramos los resultados de nuestro ensayo clínico sobre el uso de la estimulación del nervio vago para suprimir la inflamación y tratar la artritis reumatoide. El artículo resumía los resultados de un estudio sobre el método Wim Hof realizado en el laboratorio de Peter Pickkers, en el Centro Médico de la Universidad Radboud de Nimega, Países Bajos.[19] Estudiaron a dos grupos de personas, como yo lo recomendé, uno de ellos instruido con las técnicas respiratorias de Wim. Y funcionó.

En el ensayo de Pickkers, inocularon endotoxina bacteriana en las venas de los sujetos, empleando métodos similares a los experimentos que realizamos con marineros sanos durante su permiso para estar en tierra en Nueva York. Como se esperaba, los sujetos de control que no habían sido entrenados manifestaron síntomas similares a los de la gripe debido a los altos niveles del factor de necrosis tumoral (TNF) y otras citocinas desencadenadas por la endotoxina; pero los del grupo de intervención respiratoria se encontraban significativamente mejor, con síntomas menos graves y niveles más bajos de TNF y otras citocinas. El estudio también descubrió que la respiración de Wim Hof reducía los niveles de ácido en la sangre —lo que se denomina *alcalosis respiratoria*— y los niveles de oxígeno —*hipoxia*—, y elevaba de manera relevante los niveles de epinefrina. Estos últimos eran varias veces superiores a los que se producen durante una respuesta típica de lucha o huida. Además, los niveles de IL-10, una citocina que inhibe la inflamación, también aumentaron en comparación con los controles. El autor principal del estudio, haciendo eco de la afirmación inicial de Wim Hof, concluyó que "a través de la práctica de técnicas aprendidas en un programa de entrenamiento de corta duración, el sistema nervioso simpático y el sistema inmunológico pueden, en efecto, ser influenciados de manera voluntaria".[20]

Si bien esta idea de que el aumento de la respuesta de lucha o huida suprime la inflamación al principio puede parecer contraintuitiva, dadas las pruebas de que el sistema nervioso simpático estimula la inflamación —como sucede en personas deprimidas con respuestas de lucha o huida activadas crónicamente, vistas en el capítulo 7—, el enigma se explica al comprender que lo importante es la duración y la cantidad de la estimulación simpática. La epinefrina y la norepinefrina liberadas por el sistema nervioso simpático interactúan con una variedad de receptores neurotransmisores específicos en la superficie de las células inmunitarias para controlar la producción de citocinas y otras moléculas inflamatorias. Algunos de estos receptores, denominados *alfa* y *beta*, inhiben la producción de citocinas, pero otros hacen lo contrario porque propician que se generen. Con niveles crónicamente elevados —pero bajos en términos relativos— de neurotransmisores simpáticos, la inflamación y las citocinas aumentan, y esto es lo que sucede en la ansiedad, en la depresión y en otras afecciones crónicas. Sin embargo, en una liberación repentina e intensa de neurotransmisores, como ocurre durante el ejercicio intenso, en la respiración de Wim Hof o en una respuesta masiva de lucha o huida a un salto de 24 metros de altura desde el puente de Mostar, se observa el efecto contrario: se suprime la inflamación.

Esto se debe a que los aumentos agudos y extremos de neurotransmisores simpáticos inhiben la producción de citocinas y de otras moléculas inflamatorias por parte del sistema inmunitario. El fenómeno se observó con claridad por primera vez en experimentos en los que participantes voluntarios recibieron infusiones intravenosas de altas dosis de epinefrina —un neurotransmisor— y cortisol —una hormona del estrés—, para simular una respuesta importante de lucha o huida. Después, recibieron endotoxina y los investigadores esperaron a que los sujetos desarrollaran los síntomas gripales esperados, causados por la acumulación de citocinas en la sangre. Fue sorprendente ver que las infusiones simuladas de lucha o huida inhibieron de forma significativa la liberación de citocinas e impidieron que se produjera la enfermedad pseudogripal observada en las personas inoculadas sólo con endotoxina.[21] Los investigadores siguieron estudiando los mecanismos subyacentes de estas respuestas por medio de un ensayo de citocinas en sangre total, como el que Sangeeta y yo usamos para demostrar los efectos de la estimulación del nervio vago en la inhibición de las citocinas en seres humanos sanos.

Cuando introdujeron norepinefrina en la sangre en un tubo de ensayo seguido de la adición de endotoxina, los glóbulos blancos produjeron una cantidad significativamente menor de TNF y de otras citocinas. El estudio concluyó que la mayor liberación del referido fármaco proporciona un mecanismo de retroalimentación negativa que genera ese efecto inhibidor.[22] Lo anterior significa que unos niveles hormonales de lucha o huida muy elevados, como los que mostraron las respiraciones de Wim Hof, suprimen la inflamación. Insisto en que es contraintuitivo, por la asociación común de estrés e inflamación, pero una dosis alta y repentina de norepinefrina o de lucha o huida a gran escala desactiva la inflamación; es la elevación prolongada de bajo grado de norepinefrina, como en el estrés crónico, la que estimula la inflamación. Sin embargo, este hallazgo no niega el papel del nervio vago en la supresión de la inflamación durante el estrés grave.

Recuerda las ovejas en una caminadora en Nueva Zelanda,[23] vistas en el capítulo 2, cuando los investigadores estudiaron las reacciones del nervio vago al momento de poner a correr a esos animales sobre aquel aparato. Los resultados echaron por tierra el dogma de que los sistemas simpático y parasimpático se excluyen mutuamente; por ejemplo, que las respuestas de lucha o huida durante el ejercicio silencian las respuestas de descanso y digestión. En cambio, el estudio neozelandés reveló que el nervio vago sí se activaba durante el ejercicio y que esta activación contribuía a optimizar las respuestas fisiológicas de las ovejas al aumentar el rendimiento del corazón y los pulmones.

Hay una buena razón por la que el papel del nervio vago durante la lucha o huida no se haya apreciado mejor hasta ahora. Lo anterior obedece a que en los seres humanos es relativamente fácil medir los niveles de epinefrina, norepinefrina y cortisol como prueba de la magnitud de la respuesta de lucha o huida, pero no se puede decir lo mismo de la medición de la acetilcolina, la *vagusstoff*, que es el principal neurotransmisor del sistema nervioso parasimpático. El problema radica en que la acetilcolina se degrada con rapidez en el torrente sanguíneo, lo cual significa que no es posible medir sus niveles ni correlacionarlos con la actividad del nervio vago. Además, como vimos en el caso de las ovejas que trotaban, cuando el ritmo cardiaco se acelera por el aumento de epinefrina y norepinefrina durante una respuesta de lucha o huida, es casi imposible detectar la influencia del nervio vago, a menos que se midan parámetros específicos, como el flujo sanguíneo de las arterias coronarias, lo que se logra al implantar monitores invasivos en el corazón. Obviamente, aunque este tipo de experimentos es factible en ovejas, suponen un reto ético en voluntarios humanos sanos.

Respiración lenta y cíclica

Si bien la respiración de Wim Hof activa las respuestas al estrés para suprimir la inflamación aguda, otras investigaciones han demostrado que la respiración lenta y profunda, que estimula el nervio vago, también puede reducirla.[24] Entonces, ¿la respiración activa la lucha o la huida, lo que disminuye la inflamación, y también activa el descanso y la digestión, lo cual reduce ese efecto? Sí y sí, ambas cosas son ciertas.

Como ha demostrado el estudio de Harvard-Pekín y otros, las inhalaciones profundas y diafragmáticas seguidas de exhalaciones prolongadas y lentas disminuyen la frecuencia cardiaca y aumentan el tono vagal, una especie de estimulador interno del nervio vago, sin necesidad de ningún dispositivo.[25] Y en la Universidad de Stanford los investigadores estudiaron tres ejercicios de respiración diarios de cinco minutos, comparados con una duración equivalente de meditación de atención plena durante un mes. Compararon el suspiro cíclico, con énfasis en exhalaciones prolongadas; la respiración cuadrada, con la misma duración de inhalación, retención de la respiración y exhalación, y la hiperventilación cíclica con retención, caracterizada por inhalaciones más largas y exhalaciones más cortas, algo similar a la respiración de Wim Hof. Cada una de estas prácticas redujo la frecuencia respiratoria de los participantes y mejoró su estado de ánimo general y su sensación de bienestar significativamente más que los sujetos que practicaron la meditación sin respiración.[26]

El grupo que practicó el suspiro cíclico obtuvo la mejora más relevante en las puntuaciones de afecto positivo. Los mecanismos precisos siguen siendo inciertos, pero los autores especulan que las vías del nervio vago que viajan al cerebro, al conducir señales a los centros cerebrales que controlan las emociones, pueden ser la razón de que las sesiones diarias de cinco minutos de suspiros cíclicos ayuden a aliviar el estrés. Aunque el argumento de causa-efecto sigue abierto, el suspiro cíclico con exhalaciones prolongadas puede disminuir de manera transitoria la frecuencia cardiaca y aumentar su variabilidad, así como reducir la producción de citocinas inflamatorias, que ya analizamos en el capítulo 6 como posible causa o factor que contribuye a la ansiedad y la depresión.

Muchas otras docenas de estudios clínicos han abordado los efectos de la respiración lenta y profunda sobre la inflamación. En uno de ellos, 36 pacientes con hipertensión fueron entrenados mediante una aplicación de teléfono celular que los guiaba en la respiración lenta a un ritmo de seis ciclos por minuto, cinco veces al día durante tres meses. Este protocolo produjo un descenso significativo de la presión arterial y de los niveles de TNF (aunque el entrenamiento no produjo un aumento duradero o medible del tono vagal evaluado con la VFC).[27]

La respiración lenta y profunda incluso puede inhibir los niveles de citocinas durante la inflamación causada por el COVID-19. Un reciente ensayo clínico controlado y aleatorizado analizó a 46 pacientes hospitalizados por una enfermedad respiratoria grave derivada de una infección por coronavirus 2 (SARS-CoV-2). Fueron asignados de manera aleatoria a los grupos de control y de intervención, y este último recibió instrucciones mediante una aplicación de teléfono celular para realizar sesiones de 20 minutos de seis respiraciones por minuto, tres veces al día. Al cabo de dos semanas, los pacientes del grupo de intervención que realizaban respiraciones a ritmo lento redujeron una citocina sérica (IL-6) en comparación con los controles, lo que llevó a los autores a concluir que es necesario y está justificado realizar estudios más amplios para replicar estos resultados, porque "la respiración a ritmo lento podría ser un enfoque terapéutico coadyuvante fácil de aplicar, de bajo costo, seguro y factible, para reducir la IL-6 circulante en la neumonía moderada por COVID-19".[28] A mi parecer, 60 minutos de ejercicios respiratorios son una faena, pero el confinamiento en una cama de hospital sería un poderoso motivo para dedicarle tiempo a su práctica.

¿Qué más hay que saber sobre los efectos de la respiración en la actividad de los sistemas nerviosos simpático y parasimpático y acerca de estos vínculos con la inflamación y el bienestar emocional? Mucho. Y sólo estamos empezando a desentrañar los misterios del gran nervio y sus reflejos, porque es complicado.

De las 100 000 fibras del nervio vago que hay a cada lado del cuello, quizás sean necesarios unos cientos para controlar la respiración, y unos miles o menos para hacer lo propio con la inflamación.[29] Sin embargo, no sabemos si se trata de las mismas fibras o de fibras diferentes, ni cómo contribuyen a otros reflejos y centros cerebrales protectores, homeostáticos y curativos. La sobrecogedora complejidad de las señales neuronales que viajan por estas otras más de 195 000 fibras del nervio vago representa un gran reto por desentrañar.

Hagamos un experimento mental para ilustrar esta complejidad. Quizá si desaceleramos la respiración a seis respiraciones por minuto estemos activando de manera específica tal vez 2 000 fibras vagales —una suposición razonada, que los científicos llaman *hipótesis*—, y probablemente cada una de esas fibras —otra hipótesis— dirija señales a sinapsis en ciertos centros cerebrales que activan otras 35 fibras, 12 de las cuales envían señales a otra parte del cerebro, y 23 mandan proyecciones hacia el bazo para inhibir la producción de citocinas... y así sucesivamente con cada siguiente paso que requiere una investigación más profunda. Desde el cerebro pueden surgir mensajes que viajan a través de miles de otras fibras del nervio vago, y otras redes nerviosas, que conectan con el corazón, los pulmones, el páncreas y el sistema inmunitario; pero eso no es todo, porque las señales que viajan en otros nervios van en sentido contrario, hacia arriba, a las regiones del cerebro que influyen en la emoción y en un estado de atención positiva. Todas estas hipótesis pueden demostrarse, pero como aún no se han realizado experimentos, lo que sé de cierto es que aún queda mucho trabajo por hacer antes de tener certeza científica sobre todas estas conexiones y sus funciones en la inflamación y el bienestar emocional.

Mientras tanto, como con la meditación, espero respuestas que pueden llegar o no en mi vida. Y de nuevo, porque creo en los datos de mi laboratorio y confío en los resultados de los estudios clínicos que he revisado, y porque no hay ningún inconveniente, incorporo el trabajo respiratorio a mi rutina. La mayoría de los días hago varios minutos de respiración cíclica: empiezo con una gran inhalación, seguida de otra breve inhalación por la nariz, como un gran olfateo. Continúo con una exhalación larga y lenta a través de los labios fruncidos, lo cual produce una fase de inhalación de unos tres segundos y una fase de exhalación de siete segundos; es decir, respiro a un ritmo de seis respiraciones por minuto. Mis cuatro hijas ya son mayores, pero si tienes hijos más pequeños y careces de tiempo para estar a solas con ellos, pueden hacer este tipo de ejercicio respiratorio contigo. En algunas escuelas se enseña la técnica de respiración, según datos que indican que es factible aplicarla y que es bien aceptada por los alumnos.[30]

Un par de veces al mes, normalmente al final de una sesión de entrenamiento, practico la respiración Wim Hof. Nunca lo hago en una alberca o cerca del agua, ni mientras manejo, y nadie debería hacerlo, porque hay riesgo de desmayo. Me tumbo sobre la seguridad de mi tapete de ejercicio y hago 30 inhalaciones profundas para llenar los pulmones. Cada inhalación va seguida de una exhalación bastante rápida, vaciando los pulmones por la boca o por la nariz en lo que llamaré una ráfaga relajada, y dejando que el diafragma dentro del vientre se expanda y se contraiga de forma natural con cada ciclo respiratorio (Wim recomienda portar ropa holgada). Después de la trigésima exhalación, con los pulmones vacíos, contengo la respiración el mayor tiempo posible. Por lo regular, después de las primeras 30 respiraciones, puedo aguantar la respiración unos 90 segundos. Cuando siento que la necesidad de absorber aire me domina, inhalo y de nuevo aguanto sin respirar durante 10 segundos más. Después de exhalar, comienzo otra ronda de 30 respiraciones y repito el proceso. Con la práctica, después de varias rondas, he descubierto que es posible contener la respiración durante tres o incluso cuatro minutos. Según Wim, "es una sensación maravillosa".[31]

No estoy seguro de coincidir completamente con esa idea, pero después de tres rondas, en esos días en los que soy capaz de contener la respiración durante tres minutos o incluso más sin sentir pánico o incomodidad, me siento como si estuviera viendo a otra persona hacerlo, y esa es una sensación interesante. Y después, cuando estoy "totalmente cargado", como dice Wim, me doy cuenta de que puedo hacer más lagartijas que lo habitual, lo cual también me produce felicidad.

"No aprovechamos al máximo nuestra fisiología", lamenta Wim. Y complementa:

> Ahora hemos descubierto que tenemos diferentes capas, y nunca [...] utilizamos [toda la capacidad de nuestro organismo]. Y ésta es la forma de usarla, de aprovecharla y explotarla. En el cerebro primitivo, en los sistemas endocrino e inmunitario, tal como la naturaleza lo ha concebido. Todo el mundo es capaz de hacerlo.[32]

El entusiasmo de Wim es real y hay algo de ciencia detrás de él; pero aún nos queda mucho por aprender sobre estos métodos. De modo que, para estar seguro, así como deberías hacer antes de emprender cualquier nuevo régimen de ejercicio extenuante o sobreesfuerzo, consulta primero con tu médico.

Yo soy un estudio de caso único, por lo que los mismos resultados pueden no aplicarse a ti; pero disfruto cómo me hacen sentir la meditación y la respiración y sospecho que estas prácticas limitan los efectos del daño inflamatorio en mi cuerpo y en mis vasos sanguíneos. A falta de pruebas irrefutables, he adoptado la estrategia de la apuesta de Pascal respecto de la meditación y la respiración: en caso de que sean buenas para mí, y como no me molesta practicarlas casi a diario, entonces quizá sea bendecido con una mejor salud en el futuro; pero si no las adopto como hábito y me veo afectado por una enfermedad que podría haber evitado, me arrepentiré de no haberlo hecho.

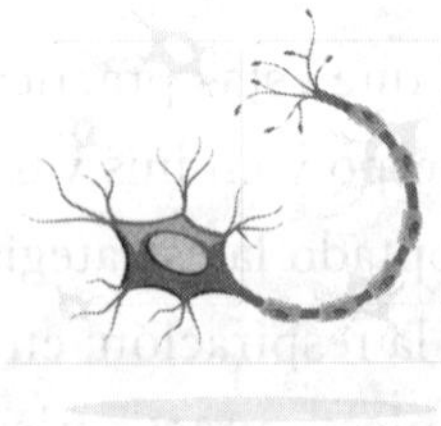

10

Frío y ejercicio

> “
>
> El frío es un maestro. No tiene piedad.
> No te relajas cuando te sumerges en él. No piensas en tu hipoteca
> ni en los aparatos de ortodoncia de tus hijos ni en tu divorcio;
> simplemente sobrevives. Reactivas la parte
> más profunda de tu cerebro.
>
> **Wim Hof**[1]
>
> ”

Un día de primavera inusualmente cálido en Old Lyme, Connecticut, cuando éramos adolescentes, mi hermano Tim y yo terminamos nuestras tareas y decidimos ir a nadar. Después de trabajar varias horas al sol, lavando ventanas y cortando el césped en la casa familiar de la playa, consideramos que era necesario un chapuzón rápido para refrescarnos. Mi papá enarcó las cejas con asombro e incredulidad y se limitó a asentir, a sabiendas de que la temperatura del agua era glacial; pero no protestó mientras nos poníamos los trajes de baño y nos dirigíamos a la orilla. Tim llegó primero y ya estaba de pie entre las olas.

—¿Cómo está el agua? —grité, corriendo hacia él por la arena.

—¡Calientita! Genial —mintió.

Ejecuté un clavado y volé junto a él. Pero entonces, en el aire, me di cuenta de que Tim se echó a correr hacia la casa.

Lo que sucedió a continuación se desarrolló en cámara lenta, como en un accidente de auto cuando cada segundo es un fotograma congelado. Mis pensamientos, mis emociones y yo estábamos suspendidos en el aire sobre las olas a 5 °C.

Mi cabeza golpeó primero el agua, y enseguida, al instante, un dolor me recorrió cada milímetro cuadrado de mi cuerpo. Después de luchar por salir a la superficie y quedarme de pie hasta la cintura, sentí que toda mi humanidad exhalaba a la vez; emitía un sonido lastimero luego de que mis pulmones expulsaran la última molécula de aire que contenían. No sabía que fuera posible exhalar tan rápido, involuntariamente o por completo. Intentaba inhalar, pero no podía. El mentiroso Tim, que sólo se introdujo en el agua hasta los tobillos, estaba a medio camino, llorando de risa.

Durante lo que me pareció una eternidad, no pude darle vida a mis pulmones. Cuando por fin conseguí respirar, me lancé tras mi hermano con la intención de derribarlo y vengarme de él. Incluso ahora sonrío cada vez que lo recuerdo.

Esa primera sumersión en frío sucedió décadas antes de que yo adoptara este hábito en mi rutina diaria, y mucho antes de que una avalancha de publicaciones en las redes sociales con la etiqueta #coldplunge acumulara miles de millones de visitas, en parte debido a la creciente popularidad de Wim Hof, el "Hombre de hielo", a quien conociste en el capítulo anterior, y de muchos otros que también ensalzan los beneficios que provee para la salud el exponerse al frío. Estrellas de Hollywood, presentadores de *podcasts*, atletas profesionales, personas influyentes en las redes sociales, profesionales del bienestar y *coaches* de vida lo promueven de manera constante entre cientos de millones de seguidores en medios de comunicación, en libros y en otras publicaciones.

Se supone que esta práctica, denominada *sumersión en frío*, *sumersión en agua fría* o *terapia de frío*, reduce la inflamación, alivia el dolor de las articulaciones y los músculos, mejora la oxigenación, potencia la eliminación de residuos metabólicos en los tejidos, favorece la reparación muscular, estimula el metabolismo del tejido adiposo pardo

—grasa parda— para quemar calorías y generar calor, aumenta el metabolismo para ayudar a perder peso, reduce la resistencia a la insulina, normaliza los niveles de lípidos y glucosa, aumenta la resistencia mental, reduce el estrés, mejora el estado de ánimo, aumenta el estado de alerta, la euforia y la relajación y rejuvenece la piel... La lista es bastante larga y no termina aquí, pero lo haré debido a la limitación de páginas.

Lo más importante es que la mayoría de estos beneficios se basa en resultados de estudios que son más anecdóticos que científicos. Las afirmaciones más populares siguen sin sustentarse en datos rigurosos procedentes de estudios clínicos aleatorizados y bien controlados. En ausencia de estas pruebas, junto con los peligros muy reales de la exposición al frío en personas con enfermedades cardiovasculares y pulmonares preexistentes, los profesionales médicos no suelen incluir esta práctica como parte estándar de los regímenes de bienestar basados en pruebas. Así pues, nos enfrentamos a una desconexión significativa entre el enorme número de anécdotas que afirman los beneficios del frío y la ausencia de recomendaciones médicas más amplias en ese sentido. La evidencia formal que se reúna al respecto con mayor calidad podría cerrar esta brecha.

Para evaluar la eficacia de cualquier tratamiento o intervención necesitamos llevar a cabo ensayos controlados aleatorios (ECA) diseñados con el fin de minimizar el sesgo y las variables de confusión mediante la asignación aleatoria de los participantes a diferentes grupos. Por lo regular, un grupo —el de intervención— recibe el tratamiento estudiado, mientras que al otro grupo —el de control— se le suministra un placebo o un tratamiento estándar. Por ejemplo, en el estudio de Ulf Andersson sobre la estimulación transcutánea del nervio vago auricular (taENV, por sus siglas en inglés), ambos grupos utilizarán un dispositivo en el oído, pero sólo el que se le implante a uno de ellos administrará la estimulación eléctrica. El otro grupo no lo sabe, pero su "tratamiento" será un placebo. Al comparar los resultados entre los dos grupos, los investigadores pueden determinar si el tratamiento tiene un efecto estadísticamente significativo. Para que suceda esto, debe haber suficientes sujetos en cada grupo con el propósito de permitir un análisis significativo.

Los ECA a gran escala son el estándar modelo, pero los ensayos clínicos más pequeños, efectuados con un reducido número de personas, también pueden constituir un valioso aporte en el desarrollo de nuevas ideas en el proceso de investigación, puesto que de ellos surgen las primeras observaciones e hipótesis. No obstante, muchas veces son vistos con escepticismo y se interpretan como "preliminares" debido al tamaño de las muestras, la variabilidad de las características de los participantes y los posibles sesgos.

Si tú y yo (n = 2) nos sumergimos en frío una vez al día durante tres semanas, no podemos estar seguros si los cambios que experimentamos se deben a esa acción en sí o a otros factores que nos hacen similares o diferentes. Por esa razón los resultados de ensayos clínicos más pequeños de terapias de exposición al frío, aunque incluyan comparaciones entre grupos de intervención y no intervención, se consideran preliminares y se denominan *pruebas anecdóticas*. Un ensayo clínico de uno o dos sujetos se parece más a un cuento de hadas con final feliz que a una prueba científica de que el frío te hace más sano y fuerte. Las experiencias propias no son suficientes para predecir con certeza cómo afectará el frío a otra persona. Cuanto más se observe que una intervención o práctica ocasiona efectos reproducibles en un gran número de personas diversas en un ensayo controlado aleatorizado, más confianza podremos tener en que la misma práctica será eficaz cuando otras personas la realicen.

Después de que los primeros ECA de gran tamaño y bien diseñados sobre la terapia de frío superen la prueba con suficiente fuerza estadística —la capacidad de un estudio para detectar un efecto real, si es que existe—, el siguiente paso en la toma de decisiones médicas exige ECA adicionales e independientes para replicar los resultados y confirmar la solidez de los descubrimientos. Hasta que esto suceda, lo que puede tomar varios años, los médicos seguirán siendo reacios a generalizar las recomendaciones sobre el uso de la terapia de frío a poblaciones más amplias.

Le creo a Wim Hof cuando afirma que la exposición al frío lo volvió más sano y feliz, pero sigue siendo una pregunta abierta si eso significa que te sucederá lo mismo a ti y a todos los demás. Quienes en la actualidad defienden las prácticas con frío pueden poner el grito en el cielo, pero este enfoque conservador de la toma de decisiones médicas se basa en el juramento de Hipócrates de no hacer daño en primer lugar. Y así debe ser. La replicación de grandes ECA es el mejor método que tenemos para equilibrar los beneficios de las intervenciones con frío frente a los riesgos potenciales y para predecir con exactitud los resultados en la población en general.

Como científico, me intriga y me inspira estudiar más a fondo los resultados de ensayos clínicos más pequeños de terapias de frío que sí aportan pruebas preliminares de sus beneficios. Y animo a mis colegas a pensar en poner en marcha ECA más amplios con el fin de acumular pruebas de los riesgos y las bondades inherentes a las referidas inmersiones gélidas. Existe una gran demanda de más datos de ECA al respecto, como lo demuestra el sitio de internet clinicaltrials.gov, donde se enumeran cientos de ensayos que estudian los baños de hielo y otras formas de exposición al frío. Junto con las comunidades médica y científica, espero los resultados de estos estudios en los próximos años. Así que con estas advertencias y descargos de responsabilidad en su lugar, veamos más de cerca algunos de los resultados de los experimentos de laboratorio y ensayos clínicos más pequeños que me parecen muy interesantes. Y permíteme explicarte por qué yo me baño con agua fría.

Sumersiones en frío

Galeno, el primer médico-científico y uno de los pioneros exploradores del gran nervio, fue también uno de los primeros en preguntarse por los efectos de la exposición al frío en la fisiología del cuerpo. Trataba a los enfermos de malaria sumergiéndolos en agua helada, una práctica anterior a los esfuerzos de innumerables médicos-científicos que aún hoy siguen estudiando los usos de esta terapia.[2]

Más recientemente hemos sabido que el frío estimula unas neuronas sensoriales especializadas de la piel llamadas *nociceptores*, cuya superficie celular contiene unas proteínas denominadas *canales de potencial receptor transitorio*. Los nociceptores funcionan como el termómetro del termostato de tu casa, porque cuando perciben frío en el ambiente envían señales a tu cerebro pidiendo calor. En caso de frío intenso, envían señales de dolor, lo cual explica el malestar extremo que sentí al sumergirme por primera vez en agua fría —la de aquella playa—, previo engaño de Tim. Al igual que otras entradas sensoriales, estos nociceptores forman los arcos sensoriales de los reflejos protectores y curativos que protegen el cuerpo de lesiones en ambientes fríos.

La llegada de las señales de frío a tu tronco encefálico desencadena señales reflejas de salida. El frío intenso culmina en respuestas extremas de lucha o huida. Si te caes por el hielo y de repente te sumerges en agua helada, estas respuestas simpáticas te dan la oleada de energía que necesitarás para salir, impulsadas por los altos niveles de epinefrina y norepinefrina que se liberan en tu torrente sanguíneo. Estas hormonas del estrés también elevan la presión arterial para bombear más oxígeno a los músculos y producen vasoconstricción, un estrechamiento de las arterias que reduce el flujo sanguíneo a la piel para ayudarte a mantener el calor al desviar la sangre hacia los órganos internos. Esto ayuda a calentar el interior de tu cuerpo pues aminora la pérdida de calor a través de la piel.

También es de esperar que esta respuesta simpática aumente el ritmo cardiaco, y al principio así es. Sin embargo, después de permanecer varios minutos en el frío, ocurre lo contrario: tu ritmo cardiaco disminuirá. En un estudio realizado a principios de la década de los años 2000, unos 10 voluntarios sanos de Finlandia, sólo vestidos con pantalones cortos, calcetines y tenis, pasaron dos horas al día durante 10 días en una habitación refrigerada a 10 °C, mientras los investigadores medían su sistema nervioso autónomo.[3] Al final de las dos horas de enfriamiento, cuando la temperatura de su piel descendió a 31 °C, los sujetos mostraban signos de intensificación de la respuesta de lucha o huida, evidenciados por el aumento de la presión sanguínea y los niveles de norepinefrina, que era lo que esperaban los científicos; pero lo que no previeron era que el frío también activó el sistema nervioso parasimpático de los participantes, que se manifestó en la disminución de las palpitaciones del corazón y en el aumento de la variabilidad de la frecuencia cardiaca (VFC). Descubrieron que el frío estimulaba los nervios vagos de aquellos sujetos, parte de la respuesta protectora conocida como *reflejo de inmersión*.

En 2008, los científicos observaron por primera vez en humanos una respuesta combinada de los sistemas nerviosos simpático y parasimpático durante el enfriamiento de todo el cuerpo. (Este hallazgo fue previo a estudios posteriores sobre los nervios vagos de ovejas que corrían en una caminadora en Nueva Zelanda, que también revelaron la cooperación simpática y parasimpática.) El investigador principal calificó de interesante "la observación de que tanto la actividad simpática como la parasimpática aumentan durante el enfriamiento de todo el cuerpo, ya que no se había documentado antes".[4] Los datos indicaban que, con el tiempo, conforme el cuerpo se habitúa al frío, la actividad simpática disminuye y la parasimpática aumenta. Al aumentar el tono vagal, disminuye la frecuencia cardiaca.

Durante el frío extremo, una armonía de matices entre los sistemas nerviosos simpático y parasimpático optimiza el suministro de sangre caliente y oxígeno a los órganos. Una vez más, los efectos de lucha o huida del sistema simpático son más fáciles de observar y medir porque el pulso se acelera. Y si estás experimentando esto en un laboratorio donde es posible donar tu sangre, la epinefrina y la norepinefrina pueden medirse con facilidad con pruebas clínicas específicas. Dejan rastros duraderos, mientras que la acetilcolina —el principal neurotransmisor del nervio vago parasimpático— se disipa pronto y deja poca evidencia de su participación en la respuesta del organismo al frío. Las influencias cardiacas del nervio vago, que tienden a desacelerar el corazón, también son imposibles de observar en esta situación, pues se enmascaran con la taquicardia de la sobrecarga simpática; pero ahora sabemos que en frío extremo el nervio vago también trabaja duro, en armonía con el sistema nervioso simpático.

Asimismo, el nervio vago se activa con la respiración, y esta última es otro sistema fisiológico influido por la exposición al frío, algo que aprendí aquel día como adolescente desprevenido en la playa. Al salir a la superficie del estrecho de Long Island experimenté un episodio de hiperventilación masiva en el que el aire de mis pulmones fue expulsado de forma involuntaria, repentina y dolorosa. A continuación, durante otro minuto o más, me sentí incapaz de inhalar, un estado denominado *hipoventilación*. Aunque es posible que el choque inicial del agua helada provoque hiperventilación involuntaria, las técnicas de respiración deliberada pueden ayudar a regular la respuesta del cuerpo cuando se somente a condiciones gélidas.

No todo el mundo experimenta estas mismas respuestas respiratorias al frío extremo. Algunas personas expuestas a esas condiciones no desarrollan hiperventilación de forma espontánea, pero los estudios de voluntarios que hiperventilan de manera deliberada revelan que incrementan la generación de calor en los músculos implicados en el acto de respirar, los intercostales y los pectorales.[5] El calor producido por la hiperventilación voluntaria puede ayudar a mantener la temperatura corporal interna y proporciona a los tejidos más oxígeno, el combustible fundamental que necesitan las células para desempeñar su trabajo y, precisamente, originar calor.

Sabemos que realizar ejercicios de respiración profunda, como la diafragmática, mejora la VFC al activar el músculo del diafragma y estimular el nervio vago. Un método de respiración acompasada para aumentar la VFC sin hiperventilación consiste en inhalar despacio por la nariz durante tres segundos, seguido de una exhalación lenta de siete segundos a través de los labios fruncidos. Esta respiración deliberada reduce la frecuencia cardiaca y aumenta la VFC a través del reflejo del nervio vago que se denomina *arritmia sinusal respiratoria*, ya que durante la inhalación la frecuencia cardiaca tiende a aumentar un poco y al exhalar disminuye por al aumento de las señales del nervio vago que desaceleran el corazón. Muchos practicantes de sumersión en frío recurren a este método de respiración 3/7 para "estimular el nervio vago", lo que les ayuda a acostumbrarse a permanecer periodos prolongados a bajas temperaturas.

Wim Hof cuenta que "la magia empezó" cuando cambió su respiración durante la exposición al frío.[6] No dudo de su palabra, pero necesitamos más estudios para entender cómo te afectará a ti, y a todos nosotros.

El frío y la inflamación

Te tuerces el tobillo al correr con unos estúpidos zapatos para abordar el metro, así que te pones una bolsa de chícharos congelados cuando llegas a tu casa. Tu hijo recibe un golpe fuerte y rápido en la espinilla durante su entrenamiento de béisbol, y tú guardas en el congelador unas compresas frías de Pokémon para una ocasión como ésta. Las terapias de frío para lesiones tisulares locales mediante bolsas de hielo y otros métodos de enfriamiento son un elemento básico de la fisioterapia y de los cuidados caseros para reducir el dolor, la hinchazón y la inflamación. Funcionan porque las respuestas al estrés de lucha o huida activadas por el frío estimulan la constricción de los vasos sanguíneos, lo cual reduce la hinchazón en lesiones agudas o afecciones inflamatorias.

Un estudio francés contó con 32 pacientes con artritis que se ofrecieron como voluntarios para que se les extrajera líquido de la rodilla con el fin de analizarlo. Los investigadores informaron que enfriar la rodilla hinchada no sólo reducía la gravedad del dolor articular, sino que también disminuía de manera significativa la cantidad de citocinas proinflamatorias y otras moléculas en el líquido de aquella articulación.[7] Los beneficios para el tejido local continúan una vez finalizado el enfriamiento porque el recalentamiento deliberado o espontáneo de la zona enfriada hace que los vasos sanguíneos se dilaten, es decir, que sus diámetros se ensanchen, lo que aumenta el flujo de sangre al área afectada. Esta mejora de la circulación ayuda a promover la curación del tejido al aumentar la disponibilidad de glóbulos blancos, células madre y otros factores que contribuyen a la recuperación y al restablecimiento de la función normal. Los chícharos congelados son una forma razonablemente segura y de baja tecnología para obtener cierto alivio del dolor y de la inflamación de este tipo de lesiones y afecciones.

Puede resultar tentador seguir la lógica de que si un poco es bueno, entonces más es mejor, pero la ciencia preguntaría: ¿un poco de qué? Y pondría a prueba la hipótesis para averiguar si, y cuánto más, en realidad es mejor. Si la aplicación de un poco de frío en la rodilla detiene la inflamación en esa zona, ¿la aplicación de grandes cantidades de frío en todo el cuerpo detendrá la inflamación en todas partes? Como últimamente miles de millones de impresiones en internet afirman que sí, quiero considerar si las pruebas demuestran la hipótesis de que la exposición al frío en todo el cuerpo reduce la inflamación y las moléculas inflamatorias, y si la estimulación del nervio vago activada por esa condición gélida puede reducir la inflamación en el cuerpo.

La activación del sistema nervioso simpático —como ocurre durante el estrés por frío, la hiperventilación e incluso el ejercicio vigoroso— puede inhibir o estimular la inflamación, según el momento de la respuesta y de su magnitud. Súmale a este complejo panorama la coactivación del nervio vago que inhibe la inflamación. Entonces, ¿qué sucede con el frío? ¿Predomina el efecto simpático o el parasimpático?

Y el resultado de esta cooperación de los sistemas autonómicos, ¿estimula o inhibe moléculas inflamatorias como las citocinas?

Los estudios sobre diversos tipos de exposición al frío, que van desde la sumersión completa en agua helada hasta permanecer de pie en una habitación refrigerada, informan sobre una amplia gama de respuestas de citocinas del sistema inmunitario. Consideremos un estudio publicado de forma algo paradójica en la revista *International Journal of Hyperthermia*.[8] En él participaron 12 voluntarios que aceptaron sumergirse en agua gélida (14 °C) durante 10 minutos. A los pocos segundos de entrar en ella, su frecuencia cardiaca aumentó hasta 30 pulsaciones por minuto (ppm), una respuesta que coincidió con un incremento masivo de los niveles de las hormonas del estrés epinefrina y norepinefrina en el torrente sanguíneo, junto con elevaciones menores de cortisol. Los registros eléctricos de los músculos pectorales mayores de los participantes indicaron un fuerte aumento de sus contracciones, lo cual significa que estaban realizando un trabajo significativamente mayor para apoyar la respiración y la hiperventilación (los mismos músculos que expulsaron todo el aire de mis pulmones cuando me sumergí por primera vez en frío, en aquella playa). A pesar de estas importantes respuestas fisiológicas al frío, cuando los investigadores midieron las citocinas en la sangre, sólo encontraron cambios menores, algunos de los cuales aumentaban un poco y otros disminuían en la misma proporción.

En otro estudio de Praga, 10 personas se ofrecieron como voluntarias para sumergirse hasta el cuello durante una hora en agua a 14 °C *tres veces a la semana, durante seis semanas*, un diseño experimental que se ajusta bastante a muchos de los protocolos promovidos en las redes sociales para quienes practican el enfriamiento en casa. Este experimento descubrió —una vez más— que el aumento de la actividad muscular por el mayor esfuerzo de la respiración, combinado con respuestas significativas de lucha o huida con aumentos de varios cientos por ciento en las hormonas del estrés, produjo sólo cambios mínimos o menores en los niveles de citocinas, incluido el factor de necrosis tumoral (TNF), que tendió a aumentar, no a disminuir, ligeramente. Los autores concluyeron que la sumersión en agua fría es un estrés menor —lo que parece subestimar enormemente el estrés que sentí—. Afirmaron que "las sumersiones repetidas en agua fría, que aumentaron la tasa metabólica debido a los escalofríos *y* a las concentraciones sanguíneas elevadas de catecolaminas, activaron el sistema inmunitario en una medida leve".[9] El significado biológico de los cambios que observaron, dijeron, "aún está por dilucidarse".

Por desgracia, los cambios reportados en los niveles de citocinas en ambos estudios son bastante pequeños y entran en el rango normal de los observados en sujetos sanos. Se trata de un escenario muy diferente al del experimento que Sangeeta y yo realizamos cuando estudiábamos los efectos de la estimulación del nervio vago sobre la inflamación en voluntarios sometidos a cirugía, para implantarles un dispositivo como tratamiento de la epilepsia.[10] Recordarás que en nuestras investigaciones recolectamos tubos de sangre que contenía glóbulos blancos antes y después de encender el estimulador del nervio vago (ENV). A continuación, activamos estos últimos al añadirles endotoxina bacteriana, esperamos varias horas a que fabricaran nuevas citocinas y, finalmente, medimos las citocinas recién producidas en los tubos. El diseño de nuestro estudio nos permitió determinar si los leucocitos producían más o menos citocinas tras recibir señales del nervio vago estimulado. Como observamos niveles de citocinas significativamente más bajos después de encender el ENV, concluimos que la estimulación del nervio vago inhibe la producción de esas diminutas proteínas en humanos.[11]

Pero aún no disponemos de resultados comparables de sujetos expuestos a frío extremo. La simple medición de los niveles de fondo de citocinas antes y después de la exposición al frío no puede responder a las preguntas sobre si se suprimen las funciones de los glóbulos blancos. Para llenar esta brecha hemos recurrido al estudio de los leucocitos en sangre total, ya que con este método es posible medir la capacidad de estas células para producir nuevas citocinas.

Otro estudio que ha adoptado este enfoque aporta información sobre las actividades productoras de citocinas de los glóbulos blancos en seres humanos sometidos al frío. En él, nueve hombres vestidos con ropa ligera fueron expuestos al viento, la lluvia y el frío (5 °C; 20 km/h). Al igual que en el ensayo que realizamos en mi laboratorio, los investigadores estimularon la sangre total con lipopolisacáridos y midieron la producción de citocinas producidas por los glóbulos blancos mediante citometría de flujo, una potente técnica analítica que permite cuantificar el número de citocinas producidas en cada glóbulo blanco individual. Este pequeño estudio descubrió que la exposición al frío extremo —y al viento y la lluvia— disminuía de manera significativa la capacidad de los glóbulos blancos para producir TNF y otras citocinas.[12] Dicho deterioro podría deberse a que el frío estimulaba el reflejo inflamatorio del nervio vago de los sujetos, lo que a su vez inhibía la producción de citocinas en sus glóbulos blancos, como observó mi laboratorio en el estudio de pacientes con artritis tratados con un ENV.[13]

He aquí el resumen de lo que podemos confiar en saber hasta ahora: en primer lugar, el frío en todo el cuerpo es un factor de estrés importante, que puede ser peligroso para algunas personas con afecciones cardiovasculares preexistentes. Por lo tanto, antes de exponerte a un frío extremo consulta a tu médico.

En segundo lugar, la respuesta inicial al frío extremo activa la respuesta de lucha o huida del sistema nervioso simpático y coactiva el nervio vago. Los escalofríos y el esfuerzo vigoroso de la hiperventilación generan trabajo muscular, que puede estimular la inflamación. El aumento de las hormonas del estrés también puede estimular e inhibir la producción de citocinas inflamatorias, como vimos en las personas entrenadas con la respiración de Wim Hof en el capítulo anterior.

En tercer lugar, si la exposición al frío persiste, tu nervio vago se estimulará; desacelerará de manera gradual tu corazón. Esta estimulación del nervio vago también podría inhibir de forma significativa la producción de citocinas inflamatorias; aunque este último punto sigue siendo una conjetura. Es una hipótesis interesante que requiere un estudio más profundo a partir de ensayos aleatorios controlados, que ciertamente espero que alguien en algún lugar persiga con cuidado.

Hasta entonces, a pesar de lo que ves en las redes sociales, los efectos de la exposición al frío sobre el sistema inmunitario y el papel del nervio vago siguen sin estar claros. Tampoco disponemos de datos suficientes sobre los beneficios o los perjuicios a largo plazo de la exposición repetida al frío. Así que ten cuidado con lo que crees de lo que ves en línea y pregúntale a tus médicos lo que piensan.

Mientras tanto, al igual que con la meditación y la respiración, me baño con agua fría a la espera de las pruebas de otros estudios. ¿Por qué?

Porque encuentro cierta confianza en las conclusiones consistentes de los estudios clínicos de que la activación voluntaria de una respuesta de lucha o huida por la exposición al frío inhibe la inflamación. E inhibir la inflamación es una buena forma de reducir los riesgos de enfermedades cardiovasculares, neurodegeneración —incluido el Alzheimer—, obesidad, diabetes y cáncer.

Así que tres o cuatro días a la semana termino mi baño habitual con el agua completamente fría durante dos o tres minutos. Una vez más, no puedo hacer recomendaciones sobre lo que tú o cualquier otra persona debería hacer con base en mi experiencia, pero he observado algunas cosas interesantes sobre esta práctica.

En primer lugar, es muy incómodo. Siempre. Tras cientos de episodios a lo largo de varios años, sigo sintiendo un dolor punzante por el agua fría (unos 11 °C); pero extrañamente, conforme el agua fría va cayendo, al cabo de unos 30 segundos, noto menos reacciones emocionales negativas ante ella. Parece como si pudiera ser testigo de las señales de dolor que surgen de los nociceptores de mi piel y llegan a mi cerebro, pero al mismo tiempo no reacciono con indignación, rabia o pánico. Es como si observara a otra persona soportar el frío. Esta mentalidad, en la que las emociones no tienen su dominio habitual sobre mi conciencia y el dolor no es "desagradable"; es liberadora.

Segundo, cuando termina, sonrío, siempre. Y, como ya he dicho, me gusta ser feliz. No estoy seguro por qué pasa esto. Tal vez la estimulación del nervio vago envía señales a mi cerebro que contribuyen a una actitud positiva, o quizás ayuda a disminuir la carga corporal total de citocinas inflamatorias, al reducir sus consecuencias negativas en mi cerebro afectivo. O puede ser que el resplandor de la lucha o huida combinado con la estimulación del nervio vago mediada por el frío me hace sentir bien. O es probable que sea el alivio de sobrevivir al frío. La ciencia no lo ha decidido, pero seguiré con esta práctica que me hace sonreír.

Por último, he observado otra cosa que me parece interesante: me siento más cómodo al aire libre cuando el clima invernal de Nueva Inglaterra se torna gélido. Desde que empecé a bañarme con agua fría, ese estado del tiempo no me molesta tanto. Tal vez mi hábito regular al respecto ha enriquecido mi tejido adiposo pardo, las células grasas únicas ricas en hierro que generan calor. El tejido adiposo pardo se activa con el frío; convierte la glucosa y la grasa en calor, lo que podría explicar cómo esa temperatura inferior reduce el azúcar en sangre y aumenta la sensibilidad a la insulina. Es posible que la exposición prolongada a condiciones gélidas aumente el tejido adiposo pardo, lo que puede incrementar el gasto energético de todo el organismo. Un factor importante que controla la actividad de este tejido es la norepinefrina, producida durante las respuestas de lucha o huida ante el frío, el ejercicio o la aparición de un león en la sala de casa.

Una posible ventaja: la norepinefrina es un importante activador del tejido adiposo pardo que aumenta el gasto energético de todo el cuerpo. Y esto puede ayudar a perder peso. Aunque sigue habiendo dudas sobre la causa y el efecto, las personas con peso normal tienden a tener niveles más altos de actividad del tejido adiposo pardo que los sujetos obesos. Los científicos continúan estudiando si esto último explica el bajo peso o si la aparición de la obesidad suprime dicha actividad, en un intento de establecer una relación causal. Quizá los baños fríos estén aumentando mi tejido adiposo pardo, o quizá no.

En cualquier caso, mañana será otro día de baño frío.

Ejercitando tu nervio vago

El ejercicio es bueno para ti. Todos lo sabemos. Robert Butler, director fundador del Instituto Nacional del Envejecimiento (NIA, por sus siglas en inglés), quizá lo dijo mejor cuando afirmó: "Si el ejercicio pudiera empaquetarse en una píldora, sería el medicamento más recetado y beneficioso del país".[14]

El ejercicio tiene beneficios de gran alcance que son muy promocionados porque contribuyen al bienestar mental y emocional y reducen el riesgo de enfermedades cardiovasculares, obesidad y diabetes, Alzheimer y otras afecciones neurodegenerativas, así como cáncer. Si consideramos que la inflamación desempeña un papel causal o coadyuvante en todos estos padecimientos, responsables de dos tercios de las muertes anuales en todo el mundo, y que el ejercicio estimula el nervio vago, parece que vale la pena estudiar esta relación tripartita (ejercicio, nervio vago e inflamación).

Nos inundan con consejos para que nos levantemos del sofá, del escritorio, y salgamos a hacer ejercicio. Muchos pensamos que no lo hacemos con suficiente frecuencia. Lo que la mayoría de la gente no sabe es que, a pesar de todo lo que se habla sobre los beneficios del ejercicio, los mecanismos exactos que subyacen a sus efectos positivos no están del todo claros. Si buscas motivación, puedes encontrar innumerables recursos disponibles de expertos en salud, fisicoculturistas, entrenadores, atletas, aplicaciones especializadas y personas influyentes en los medios de comunicación sobre cómo y cuándo hacer ejercicio. En este libro sobre el gran nervio, que desacelera el ritmo cardiaco y reduce la inflamación, quiero profundizar en algunas de las pruebas que relacionan el ejercicio con el aumento de la actividad del nervio vago y la disminución de las respuestas inflamatorias, y abordar si esto puede explicar algunos de los beneficios de ejercitarse.

El ejercicio aeróbico regular de intensidad moderada, como caminar a paso ligero, entrenar en elíptica, el ciclismo, el remo o la jardinería, que aumentan la frecuencia cardiaca y la respiración mientras permiten una actividad sostenida y mantener una conversación, se ha relacionado con frecuencias cardiacas en reposo más lentas y con una mayor variabilidad de VFC en comparación con los adictos al sofá. Numerosos estudios, entre ellos uno muy influyente de la Universidad de Washington en Seattle, han establecido esta relación. Estudiaron a 24 hombres de 24 a 82 años de edad. Tras seis meses de andar en bicicleta, caminar y correr bajo supervisión, la frecuencia cardiaca de los sujetos disminuyó significativamente y su VFC aumentó también de forma significativa. Los investigadores concluyeron que "el entrenamiento físico aumenta el tono parasimpático en reposo en hombres sanos tanto mayores como jóvenes, lo que puede contribuir a la reducción de la mortalidad en quienes practican ejercicio regular".[15] Esa conclusión, publicada en 1998, el mismo año en que mis colegas y yo descubrimos que el reflejo inflamatorio del nervio vago inhibe la inflamación, es suficiente para motivarme a hacer más ejercicio. Quiero estar en el grupo del ritmo cardiaco lento con esos sujetos de estudio de 60 a 82 años.

Numerosas investigaciones de gran envergadura confirman los beneficios del ejercicio, como una que se llevó a cabo con 122 000 personas a lo largo de ocho años en la que se observó una reducción de la mortalidad por todas las causas, proporcional al aumento de la capacidad cardiorrespiratoria.[16] Los investigadores a cargo también descubrieron que el aumento del riesgo de mortalidad por no estar en forma, evaluado en una prueba estandarizada de ejercicio en caminadora, era comparable a los conocidos riesgos de fumar o de padecer otras enfermedades, como diabetes y arteriopatía coronaria. Los beneficios del ejercicio se extendían a los últimos años de la vida, ya que incluso las personas de 70 años en óptima forma física sobrevivían a sus homólogos con peores condiciones. Sin embargo, si bien es cierto que el ejercicio aeróbico regular mejora el estado cardiovascular, disminuye la frecuencia cardiaca en reposo y mejora el tono vagal medido por la VFC, demostrar que es beneficioso porque reduce la inflamación no es tan sencillo. Hay muchas razones para ello, empezando por cómo medimos las citocinas y otras moléculas inflamatorias, como ya he comentado. El problema es que no existen análisis de sangre de referencia para evaluar la inflamación de todo el cuerpo.

Para entender lo que esto significa, considera el ejemplo de la hemoglobina A1c, un análisis de sangre que quizá te hiciste durante tu último examen físico anual. La hemoglobina A1c —popularizada por Tony Cerami, mi colaborador en los anticuerpos monoclonales anti-TNF hace 40 años— es una molécula que se acumula poco a poco en tu torrente sanguíneo en proporción a la cantidad de glucosa que también pasó por tu sangre en las semanas anteriores.[17] Los niveles de hemoglobina A1c aumentan cuando la cantidad total de glucosa en tu organismo es elevada. Esto es fundamental para diagnosticar la diabetes, ya que los niveles de glucosa suben y bajan con rapidez, por lo que es posible tener una cantidad baja de la misma en sangre al momento del análisis y, al mismo tiempo, un rango muy alto de hemoglobina A1c. Como el nivel de hemoglobina A1c refleja todos los picos altos y bajos de los días y las semanas anteriores, es el patrón de referencia para medir el riesgo de diabetes.

Pero no existe una prueba de inflamación similar a la de la hemoglobina A1c que podamos usar para ver la carga total de inflamación que ha experimentado tu cuerpo en los días y las semanas anteriores. Aunque sí es posible medir las citocinas en tu torrente sanguíneo, al igual que la glucosa, estas moléculas inflamatorias aparecen y desaparecen con rapidez, a veces se hallan muy altas y otras ocasiones muy bajas. Ya que las subidas y bajadas de citocinas se producen cuando no hay inflamación y también cuando hay mucha, el valor predictivo de una única medición de las mismas es muy bajo o inexistente.

Por esa razón, en nuestro laboratorio Sangeeta y yo estimulamos la sangre total con endotoxina bacteriana para que los glóbulos blancos activen la producción de citocinas. Así podemos evaluar no los niveles variables de fondo de citocinas en la sangre sino la cantidad que los glóbulos blancos son capaces de generar antes y después de la estimulación del nervio vago. Esta distinción es importante porque después de que los glóbulos blancos reciban señales de un nervio vago estimulado, producen muchas menos citocinas, y tal deterioro persiste durante varias horas o incluso días. Se trata de un método más estable para analizar la influencia del nervio vago en la producción de citocinas; sin embargo, por desgracia, sólo unos pocos estudios más pequeños los han usado para comprender los efectos del ejercicio sobre ese aspecto propiciante, y existe un desacuerdo significativo entre los resultados.

En un estudio realizado con 65 personas de 80 años, los investigadores de la Universidad de Purdue compararon un grupo físicamente activo con un grupo físicamente inactivo, usando citometría de flujo para observar la cantidad de citocinas en los glóbulos blancos individuales. Tras 12 semanas de ejercicio, observaron que los monocitos productores de citocinas disminuyeron de forma significativa. También descubrieron que la sangre total estimulada con endotoxina generaba menos TNF, muy parecido a lo que observó mi laboratorio durante la estimulación del nervio vago.[18]

Colaboré en otro estudio con Richard Sloan y otros colegas de la Universidad de Columbia, en Nueva York, que inscribieron a 61 adultos previamente sedentarios en grupos de intensidad moderada y alta, definidos por ejercitarse a 55-60% o a 75-80% de su frecuencia cardiaca máxima, en ese orden, durante un periodo de 12 semanas, y luego midieron la producción de TNF en sangre total estimulada por endotoxina.[19] Aunque el programa de entrenamiento aeróbico aumentó la buena condición física de ambos grupos, determinada por la prueba de VO2 máximo, los glóbulos blancos del grupo de alta intensidad produjeron menos TNF, mientras que su contraparte de intensidad moderada generó cantidades normales (más altas). Estos resultados sugieren que la intensidad y la duración del régimen de ejercicio pueden determinar si la actividad física suprime o no la producción de citocinas por los glóbulos blancos.

Una abrumadora cantidad de pruebas clínicas indican que el ejercicio vigoroso y constante mejora la VFC y la actividad del nervio vago, y es beneficioso para el organismo; pero el ejercicio regular también se asocia con mejoras en la salud cerebral y emocional, como demuestran los estudios que relacionan la actividad de ejercitarse con la mejora de la función cognitiva, la reducción del riesgo de ansiedad, depresión y deterioro cognitivo inherente a la edad, así como el aumento de la longevidad.

No está claro por qué sucede esto. Hay muchas explicaciones posibles, algunas de las cuales incluyen el papel del nervio vago. Podría ser que el ejercicio aumente las señales sensoriales de este último que activan las regiones cerebrales asociadas al aumento de las emociones positivas y una sensación de mayor bienestar y felicidad. Otra posibilidad es que las señales del nervio vago que salen del cerebro y regresan al cuerpo disminuyan la inflamación e inhiban la producción de citocinas que causan depresión, ansiedad, fatiga y emociones negativas. Dado que el ejercicio puede suprimir estos factores inflamatorios causantes de la depresión, es lógico pensar que praticarlo podría mejorar la perspectiva y aumentar la sensación de bienestar. O tal vez las señales que viajan del cuerpo al cerebro a través del nervio vago sensorial inhiben de algún modo la inflamación cerebral, lo que también podría mejorar la perspectiva emocional. Entre otras explicaciones plausibles, el ejercicio podría aumentar la cantidad de endorfinas cerebrales, los narcóticos naturales del cuerpo que alivian el dolor e inducen sensaciones de placer o euforia; pero no hay consenso sobre estos mecanismos.

Es necesario seguir trabajando para entender por qué el ejercicio es beneficioso, y si el nervio vago interviene en ello, y de qué manera. Mientras tanto, yo intento hacer ejercicio cinco días a la semana durante 30 o 45 minutos; combino ejercicio aeróbico, estiramientos y yoga con entrenamiento de resistencia y pesas. El entrenamiento de fuerza preserva la masa muscular, mejora la función metabólica y previene lesiones. El ejercicio aeróbico, como caminar, andar en bicicleta o nadar, mejora la salud cardiovascular y la resistencia.

Algunas de las personas que parecen ser más confiables al tratar este tema, como Peter Attia, médico formado en la Facultad de Medicina de la Universidad de Stanford y en la Universidad Johns Hopkins, y autor de *bestsellers* sobre longevidad, también nos aconseja escuchar nuestro cuerpo, ajustando la intensidad del ejercicio según lo necesitemos y realizando actividades que sean agradables y sostenibles a largo plazo.[20] Quien dijo por primera vez que la rutina ideal de ejercicios es la que realmente haces, no pudo expresarlo mejor.

Ya sea a través de la meditación, la respiración, la exposición al frío, el ejercicio, o todo lo anterior, tu nervio vago te agradecerá que le pongas atención. Te deseo lo mejor en tu viaje físico y mental hacia una vida saludable. Que tú y tu gran nervio caminen hacia una menor inflamación y una mayor homeostasis y felicidad.

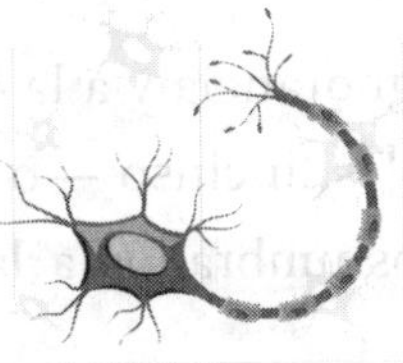

11

Tu gran nervio

Cómo hablar con tu médico (las preguntas más frecuentes)

> "En un momento dado me sentí tan horriblemente aislada que llamé al médico y me dijo: "No estamos en la Edad Media. Hay muchas opciones. ¿Por qué no vienes y las repasamos todas?" Eso fue lo que hice. Escuché y elegí lo que era mejor para mí.
>
> **Cyndi Lauper,**
> *defensora de personas con psoriasis,*
> *una enfermedad autoinmune*[1]"

El nervio vago es maravilloso porque llega a muchos sistemas vitales y saludables del cuerpo y los mantiene a todos en equilibrio, idealmente. Su complejidad y su gama de actividades son demasiado extensas para que un libro las cubra de forma exhaustiva, al menos uno que no sea demasiado grande y pesado. Y como en todos los campos científicos, la investigación sobre el nervio vago es un trabajo en proceso. El nervio vago sigue albergando misterios que, una vez resueltos, abrirán nuevas posibilidades para un futuro más saludable. Esto es lo que más nos entusiasma a mis colegas y a mí en el laboratorio, y significa que este libro es un anticipo de posibilidades.

Al mismo tiempo, la medicina bioelectrónica es una frontera demasiado nueva como para que, si buscas un tratamiento para ti o un ser querido, te enfrentes a la ignorancia y a la duda sobre terapias probadas y aplicaciones razonables, incluso —o especialmente— entre los profesionales médicos, acostumbrados a las formas en que siempre han hecho las cosas.

¿Existe una terapia del nervio vago para lo que te molesta? ¿Un tratamiento del nervio vago para tu diagnóstico? Por supuesto, no puedo responder a eso sin conocerte; pero en este capítulo te guiaré a través de algunas de las preguntas correctas que debes hacerte a ti mismo y a tus médicos de modo que puedas navegar por las opciones y tomar las decisiones mejor informadas posibles para tu salud y tu felicidad óptimas. No se trata tanto de preguntas frecuentes como de cuestiones que espero que más gente se sienta capacitada para plantear, junto con respuestas que puedes usar como referencia para ti mismo o para alguien que te importe a la hora de mantener este tipo de conversaciones. Espero que sean preguntas frecuentes.

¿Qué es la estimulación del nervio vago?

La estimulación del nervio vago (ENV) es un tratamiento médico aprobado por la FDA que se administra mediante un dispositivo médico implantado bajo la piel, normalmente por un neurocirujano. El dispositivo de ENV envía impulsos eléctricos al nervio vago, que va desde el cerebro hasta el pecho y el abdomen, pasando por el cuello. Dado que el nervio vago se encuentra bajo varios centímetros de piel y músculo, es necesario realizar una intervención quirúrgica para conectar el electrodo estimulador del dispositivo directo a esa parte neuroanatómica.

¿Cómo funciona?

La tecnología de ENV es un dispositivo informático alimentado por pilas y programado para enviar pequeños impulsos regulares de corriente eléctrica al nervio vago. Está diseñado para estimular sus actividades neuronales naturales y transmitir señales al cerebro y al resto del cuerpo.

¿La ENV es una opción de tratamiento adecuada para mi enfermedad?

En estos momentos, la FDA ha aprobado la venta y la comercialización de estimuladores implantables del nervio vago para tratar a pacientes con epilepsia o depresión, o que se estén recuperando de un derrame cerebral y necesiten terapia de rehabilitación de la mano y el brazo.

En la actualidad, investigadores de todo el mundo estudian docenas de otras afecciones para su posible uso con estimuladores del nervio vago en ensayos clínicos autorizados por la FDA, pero aún no han recibido la aprobación para su uso general en Estados Unidos. La lista de estas afecciones es larga, pero incluye la artritis reumatoide, la enfermedad de Crohn, el *tinnitus*, la fibromialgia, el trastorno de ansiedad generalizada, el síndrome del intestino irritable y otras. Tal vez reúnas los requisitos para anotarte como voluntario en un ensayo clínico de ENV para tu enfermedad específica, como lo hicieron Kelly Owens, Toney Kincaid, Pero Dragoje y Nick Fournie. Puedes encontrar una lista completa de estos ensayos clínicos en el sitio web clinicaltrials.gov.

Para obtener una lista completa de las posibles aplicaciones de la ENV y su estado de ensayo y aprobación, consulta el apéndice de la página 267.

¿La ENV es para todos?

Aunque la ENV es prometedora para muchas afecciones, no es de aplicación universal. En algunas personas, las enfermedades preexistentes pueden influir en la idoneidad del tratamiento con ENV. Es posible que las personas con asma grave u otras dificultades respiratorias, como la apnea del sueño, tengan que explorar opciones de tratamiento alternativas debido al posible empeoramiento de sus afecciones con la ENV. Ciertos problemas cardiacos, como ritmos anormales o frecuencia cardiaca baja, también podrían verse afectados de manera negativa por la ENV, por lo que es necesaria una evaluación exhaustiva por parte de un cardiólogo. La ENV tampoco está recomendada para personas con un solo nervio vago, es decir, con una mitad de la estructura emparejada en un solo lado del cuerpo.

¿Qué eficacia ha tenido la ENV en el tratamiento de pacientes con una afección como la mía?

La respuesta a esta pregunta depende de tu estado clínico específico y de las experiencias de otros pacientes que han sido tratados con ENV para tu problema de salud. En algunas afecciones ha habido miles de pacientes, pero en otras el número de pacientes tratados con ENV es menor, lo que hace más difícil predecir lo que el tratamiento podría hacer por ti.

El padecimiento que más se ha tratado es la epilepsia, ya que cientos de miles de pacientes epilépticos han recibido ENV en los últimos 40 años. Alrededor de 50% o más de los mismos presenta una reducción del número de crisis, lo que supone un beneficio clínico importante, a pesar de que antes no obtuvieran resultados positivos relevantes con el uso de fármacos. Menos pacientes con depresión han sido tratados con ENV, por lo que la experiencia es menor, pero los resultados de los ensayos clínicos que se han publicado indican que alrededor de un tercio de los pacientes experimenta una mejoría en esa alteración, así como en la ansiedad y en el estado de ánimo. En el caso de la artritis reumatoide, sólo se han tratado varios centenares de pacientes en todo el mundo con un estimulador del nervio vago implantado, pero hasta la fecha los índices de respuesta para la mejora clínica sugieren un resultado positivo de 50% o superior. Se están estudiando otras afecciones para tratarlas con ENV; consulta con tu médico los datos estadísticos relacionados con tu problema de salud en particular.

Pero esta ciencia aún es muy nueva y puede ser que tu doctor no la conozca, razón por la cual he escrito este libro. He intentado proporcionarte suficiente información de modo que, conforme vaya surgiendo más —y novedosa— al respecto, puedas entender mejor lo que aparezca en sitios de internet médicos fiables en el futuro. Y tal vez el apéndice te resulte útil para encontrar ensayos clínicos para tu enfermedad específica.

¿Cuál es el procedimiento para implantar el dispositivo ENV*?*

La intervención puede realizarse con anestesia general o local, dependiendo de tu estado de salud. Por lo general, estos procedimientos no requieren que pases la noche en el hospital y se realizan en centros de cirugía ambulatoria.

Los dispositivos de la primera generación requieren dos incisiones: una bajo la clavícula, donde se forma un bolsillo bajo la piel para recibir el generador de impulsos, un aparato similar a un marcapasos de cinco centímetros de diámetro que aloja la batería y la computadora. Una segunda incisión en el cuello permite acceder al nervio vago, adyacente a la arteria carótida. Se introduce un cable entre las dos incisiones y uno de sus extremos se conecta al generador de impulsos. El otro extremo se conecta al nervio vago. Con el paso de los años y la mejora de la tecnología los dispositivos de estimulación del nervio vago son cada vez más pequeños. Dispositivos como el que tengo en mi escritorio, del tamaño de una cápsula de Tylenol, requieren una sola incisión y pueden implantarse directamente en el nervio vago, y prescinden —por innecesario— de un generador de impulsos independiente y de una segunda incisión.

¿Cuáles son los efectos secundarios?

Con las técnicas quirúrgicas modernas, la implantación de un dispositivo de ENV es un procedimiento relativamente sencillo y en gran medida sin complicaciones. En particular, menos de 5% de los pacientes experimenta efectos secundarios postoperatorios, incluidos algunos que pueden producirse con cualquier intervención quirúrgica, como infecciones de la herida o dolor. Otras complicaciones poco frecuentes son debilidad de las cuerdas vocales, dolor de cuello, dificultad respiratoria inducida por el esfuerzo —llamada *disnea*—, dolor de cabeza y otras que debes consultar con tu neurocirujano. La retirada o la inactivación del dispositivo de ENV es extremadamente rara, pero puede ser necesaria en el improbable caso de mal funcionamiento del *hardware*, infección, fracturas de electrodos o fallas del artefacto. Por otra parte, como lo descubrieron muchos de los pacientes con epilepsia, los efectos secundarios también pueden incluir mejoras en tu estado de ánimo y tu perspectiva.

¿Cómo y cuándo se inicia la terapia con ENV?

Una vez que te hayas recuperado de la intervención quirúrgica, por lo general una o dos semanas después, el médico activará la estimulación del nervio vago mediante una tableta informática o una varita magnética informatizada, especialmente diseñada para programar la computadora del dispositivo de ENV. En tu primera consulta se probarán las funciones del aparato y se iniciará la terapia, con base en los ajustes específicos de tu enfermedad. Esto se hace regulando la frecuencia de los pulsos (normalmente 20-40 Hz), la duración de cada uno (100-330 microsegundos) y la intensidad de la corriente (0.4-3.0 miliamperios). En los días o las semanas siguientes, dependiendo de tu diagnóstico particular, visitarás de nuevo a tu médico para que evalúe tu estado. En estas citas es posible que se modifique la intensidad de la corriente o que se realicen otros ajustes, proceso que se repetirá después según sea necesario.

¿Cuánto suelen tardar en verse los resultados de la terapia con ENV?

Los beneficios clínicos de la estimulación del nervio vago tienden a aumentar con el tiempo. Algunos pacientes presentan mejoras significativas en las primeras semanas, mientras que muchos han notado resultados aún mejores a partir de los seis meses o más de iniciada la terapia.

¿La ENV es un tratamiento permanente? ¿O puede retirarse el dispositivo en el futuro?

Es un tratamiento permanente, pero el dispositivo puede apagarse o retirarse si la respuesta clínica es insuficiente y si tú quieres que te lo quiten. Algunos aparatos pueden necesitar un cambio de pilas, ya que la duración de las mismas es de 10 a 12 años en los dispositivos más antiguos. Es poco probable que los de última generación requieran esa sustitución, pues por ser tan diminutos consumen muy poca energía y porque la tecnología de las baterías ha mejorado mucho.

¿Podré sentir el funcionamiento del dispositivo de ENV y qué sensación produce?

Eso depende del tipo de dispositivo que tengas y de la cantidad de corriente eléctrica que necesite tu tratamiento. Durante la ENV para la epilepsia y la depresión, los dispositivos suelen suministrar entre 1 y 2.5 miliamperios de corriente, que son capaces de activar los músculos cercanos del cuello y la laringe. La sensación puede ser de vibración u hormigueo.

Los dispositivos de la primera generación suelen estar programados para suministrar corriente durante 30 a 90 segundos seguidos de una pausa de cinco minutos, las 24 horas del día. Si estás hablando cuando se activa la corriente —durante el lapso de 30 a 90 segundos—, tal vez tu voz vibre o "cambie" un poco; pero conforme avanzan las investigaciones sobre la ENV para tratar la inflamación se comprueba que la cantidad de corriente necesaria para bloquear la liberación de citocinas es mucho menor. Por lo tanto, el riesgo de estos efectos secundarios en los músculos y en la voz se limita a esos pocos periodos de cinco minutos o menos en el transcurso de un día. Cuando estas estimulaciones se producen por la noche, algunos pacientes duermen y no las sienten.

¿Puede usarse la terapia con ENV junto con mis medicamentos actuales u otros tratamientos?

Sí. En la mayoría de los casos, los medicamentos habituales se siguen tomando durante varios días mientras se enciende el dispositivo de ENV y el médico ajusta la intensidad de los impulsos eléctricos. Cuando los síntomas empiecen a mejorar es posible disminuir la dosis o la cantidad de los fármacos, pero debes hacerlo bajo supervisión médica, ya que muchas medicinas requieren una reducción gradual antes de dejar de tomarlas.

¿Cómo influye la terapia con ENV en las actividades cotidianas o en la calidad de vida?

La mayoría de los pacientes señala que la ENV apenas afecta sus actividades cotidianas. Puede haber ciertas limitaciones, como evitar los imanes de alta intensidad. Si el tratamiento con ENV te aporta algún beneficio para contrarrestar tu enfermedad, el principal efecto será la mejora de tu calidad de vida. Algunos pacientes que no obtienen ninguna mejora clínica significativa para su afección deciden conservar el dispositivo porque recibir una ENV les mejora el estado de ánimo y su perspectiva de futuro.

¿Cuál es el costo de la terapia con ENV?, ¿lo cubre el seguro?

El costo actual del dispositivo de ENV en sí puede oscilar entre 30 000 y 50 000 dólares, y el de la cirugía para implantarlo entre 15 000 y 30 000 dólares. Estas cifras varían en función de la ubicación geográfica, por lo que el monto total aproximado de ambos rubros podría calcularse entre 45 000 y 80 000 dólares. Sin embargo, lo anterior sólo es una estimación general y sus precios dependerán de tu seguro y de tus proveedores de asistencia médica.

Y, por supuesto, debes sopesar estos costos únicos frente a las alternativas.

¿Puede ajustarse o desactivarse la terapia con ENV sin cirugía?

Sí, lo puede hacer tu médico usando una varita o una pastilla especialmente diseñadas para ese fin.

¿Cómo interactúa la ENV con regiones cerebrales específicas relacionadas con diferentes objetivos de tratamiento (epilepsia, depresión, etcétera)?

Aunque se conocen los beneficios de la ENV en el tratamiento de algunas enfermedades, desconocemos qué los producen de manera precisa. Algunos de los mecanismos propuestos para la epilepsia incluyen la actuación sobre el *circuito de convulsiones* en estructuras como el hipocampo, la amígdala y el tálamo, ya que la ENV envía señales a estas regiones, modula su actividad y evita potencialmente que se inicien o propaguen los ataques. También es posible que la ENV influya en los niveles de neurotransmisores como el ácido gamma-aminobutírico (GABA) y el glutamato, que desempeñan un papel esencial en la regulación de la excitabilidad cerebral, ya que el aumento del GABA y la disminución del glutamato pueden ayudar a estabilizar la actividad neuronal y reducir la susceptibilidad a los ataques.

Algunos de los mecanismos propuestos para la depresión incluyen el empleo de la ENV que actúa en las estructuras límbicas del cerebro, entre ellas el córtex cingulado y la amígdala, lo cual reduce potencialmente su hiperactividad y alivia los síntomas depresivos. La ENV también puede propiciar la producción del factor neurotrófico derivado del cerebro (BDNF, por sus siglas en inglés), una proteína esencial para el crecimiento y la supervivencia neuronales, y el aumento de los niveles de BDNF puede mejorar la neuroplasticidad y la capacidad de recuperación de las regiones cerebrales afectadas por la depresión, de modo que contribuyen potencialmente a la mejora del estado de ánimo. Como la ENV también bloquea la producción de moléculas inflamatorias que se sabe causan depresión en animales y humanos, es muy probable que el beneficio observado con su uso en el tratamiento de ese trastorno sea atribuible a que inhibe la producción de citocinas y otras moléculas subyacentes a la aparición del estado depresivo.

¿La ENV puede ayudar a reducir el dolor crónico?

Se trata de un área de investigación activa porque la inflamación puede aumentar la sensibilidad de las neuronas, llamadas *nociceptores*, que transmiten señales de dolor al cerebro. Dado que la ENV puede bloquear la inflamación, es posible usarla para reducir el dolor. Además, la ENV también puede modular las vías del dolor en el tronco encefálico y la médula espinal.

¿La ENV puede ayudar con la artritis reumatoide?

Se trata de un área de investigación activa y los primeros resultados de ensayos clínicos que se han publicado en la literatura científica y médica indican que la ENV puede bloquear la inflamación y los principales signos y síntomas de la artritis reumatoide en algunos pacientes. Mientras escribo, un gran ensayo clínico aleatorizado multicéntrico de Estados Unidos está a punto de completarse gracias a una designación de "gran avance" por parte de la FDA. Es posible que cuando tú leas esto, la ENV sea una opción de tratamiento para algunos pacientes con artritis reumatoide. Estos estudios son tan prometedores para tantas personas que está previsto realizar más investigaciones sobre el uso de la ENV para reducir la inflamación en otras formas de artritis y en otras enfermedades autoinmunes e inflamatorias.

¿La ENV puede ayudar en la enfermedad inflamatoria intestinal (EII)?

Esta es otra área de investigación activa. Los primeros resultados clínicos de ensayos relativamente pequeños publicados en la literatura científica y médica indican que la ENV puede bloquear la inflamación los principales signos y síntomas de la EII en algunos pacientes. Una vez más, como estas investigaciones son muy prometedoras para muchas personas, trata de permanecer atento a nuevos estudios sobre el uso de la ENV para influir en el eje intestino-cerebro y reducir la inflamación.

¿Los métodos no invasivos, como enfoques auriculares o transcutáneos, o ultrasonidos focalizados, podrían ofrecer beneficios similares a los implantes y con menos riesgos?

Se trata de otro campo de investigación activa. El problema de estos enfoques es que, por lo general, los dispositivos disponibles administran corriente eléctrica a la piel del cuello o el oído, con la esperanza de activar las fibras del nervio vago; pero no hay pruebas directas de que los impulsos eléctricos realmente atraviesen la piel y otras capas de grasa y músculo para llegar a esa parte neuroanatómica. Es posible que la estimulación eléctrica de estos dispositivos active las neuronas sensoriales de la piel y de otros tejidos y músculos superficiales, cuyas señales se transmiten al cerebro, y que este último, a su vez, retransmita las señales salientes a través del nervio vago; sin embargo, se trata de una especulación y no se ha confirmado de manera directa mediante experimentos o mediciones clínicas específicas al respecto. Entonces, aunque estos dispositivos transcutáneos son algo más sencillos y ciertamente menos costosos que los que se implantan con procedimento quirúrgico, en este momento la única forma de saber con seguridad que se estimula el nervio vago es usando un dispositivo implantado.

Se ha demostrado en ensayos clínicos que los ultrasonidos focalizados estimulan directamente el nervio vago en el hígado y en el bazo mediante sondas manuales no invasivas, pero a diferencia de los electrodos auriculares y transcutáneos y las unidades TENS (*estimulación nerviosa eléctrica transcutánea*), estos dispositivos aún no están disponibles, salvo como prototipos de investigación en pruebas clínicas adicionales en curso y previstos.

Conforme avance el conocimiento del microbioma, ¿la ENV podrá modular el eje intestino-cerebro para mejorar la digestión y la salud mental?

Sí. Se trata de un área de investigación activa debido a la relación entre el microbioma intestinal, el apetito y el comportamiento alimenticio, y el metabolismo. Se está investigando la relación entre las señales derivadas de las bacterias que se transmiten al cerebro a través del nervio vago, y a medida que se conozcan mejor estas señales podría ser posible modificarlas con dispositivos estimuladores del nervio vago. Del mismo modo, el GLP-1 y las moléculas similares a las hormonas que controlan el apetito y el metabolismo también activan señales en el nervio vago.

En el futuro, los dispositivos de ENV podrán ofrecer un enfoque alternativo para influir en la pérdida de peso y regular los niveles de glucosa y lípidos en el torrente sanguíneo.

¿Podría ser útil la ENV en el tratamiento de enfermedades como el Alzheimer o el Parkinson al favorecer la regeneración neuronal y la función sináptica?

Sí. Este es otro campo de investigación activa y objeto de creciente interés debido a la evidencia de que las moléculas producidas en el intestino pueden ascender por el nervio vago e incitar la aparición de enfermedades similares al Alzheimer, y al Parkinson, en animales. Además, hay pruebas en ensayos clínicos y en modelos experimentales de que la inflamación puede contribuir a la progresión de la neurodegeneración en estas afecciones. Por ello, los investigadores están estudiando la posibilidad de inhibir las respuestas inflamatorias del cerebro —*neuroinflamación*— mediante la ENV. La comprensión de estos mecanismos se encuentra en una fase muy temprana de la investigación científica.

¿La ENV puede ayudarme a perder peso o a regular el azúcar en sangre?

Los primeros estudios de ultrasonidos focalizados dirigidos al nervio vago en el hígado, realizados con ratones, sugieren que sí, aunque esta tecnología todavía no está disponible ni aprobada por la FDA. La ENV en el hígado parece tener efectos similares sobre el apetito y el metabolismo que los fármacos agonistas del GLP-1, como Wegovy y Ozempic, avalados por la FDA para el tratamiento de la diabetes y la obesidad.

¿Qué son y cómo funcionan esas unidades TENS que he visto en las redes sociales?

TENS es la abreviatura en inglés de *estimulación nerviosa eléctrica transcutánea.* Transcutáneo significa "a través de la piel", por lo que, en términos generales, las unidades TENS son dispositivos electrónicos que, al ser colocados de manera estratégica en algún lugar de la piel, se supone que tienen algún efecto terapéutico al estimular algo bajo su superficie. Estos artefactos son populares para lo que comúnmente, e incluso en términos científicos, se conoce como *estimulación transcutánea del nervio vago auricular* (taENV, por sus siglas en inglés), que se coloca en el oído con el fin de incentivar —con suerte— la rama auricular del nervio vago. Las unidades TENS son relativamente baratas y están disponibles en línea o sin receta, pero habla con tu médico antes de usar una.

Los compradores de unidades TENS deben tener cuidado porque la clasificación de un producto médico se basa en su uso previsto y no en su mecanismo de funcionamiento. Lo anterior permite a los fabricantes comercializar dispositivos como "estimuladores no invasivos del nervio vago" mediante una cuidadosa redacción sobre la finalidad del aparato sin aportar pruebas directas, o ninguna, que demuestren que el mecanismo declarado es correcto. Se encuentran muchos nervios en el oído y en el cuello además de las ramas del nervio vago, y no hay pruebas de que una unidad TENS pueda estimular de manera selectiva a este último sin afectar a los otros.

Los ingenieros biomédicos y los neurocientíficos coinciden en que la estimulación no invasiva con electrodos cutáneos no equivale a aplicar un electrodo en el propio nervio vago.

La implantación de un electrodo en el nervio vago o su estimulación con ultrasonidos focalizados son las únicas formas que tenemos hoy en día en seres humanos de dirigirnos a mecanismos específicos mediados por esa parte neuroanatómica. Sin embargo, hay pruebas clínicas convincentes, aunque incompletas y en curso, de que la estimulación eléctrica del oído es capaz de inhibir la inflamación y mediar en otros beneficios para la salud que pueden derivarse del aumento del tono vagal.

Ya que la ENV puede ayudar con la depresión, ¿también tiene el potencial de mejorar la función cognitiva o la resistencia mental en personas sanas?

Esta es otra área de investigación activa. Ciertas pruebas en personas con enfermedades como la epilepsia o la depresión han demostrado algunas mejoras cognitivas tras el tratamiento con la ENV, pero estos efectos pueden ser secundarios a las mejoras en el estado de ánimo o en el control de las convulsiones.

Los estudios en roedores también han demostrado que la ENV puede potenciar la formación y la consolidación de la memoria, a través de su influencia en la actividad del hipocampo. También se ha demostrado que la ENV mejora la atención en modelos animales, mediante la modulación de la actividad en regiones cerebrales como el córtex prefrontal. No obstante, es probable que el uso propuesto o experimental de la ENV como método específico para modificar la cognición a través de estos mecanismos se enfrente a importantes cuestiones y problemas éticos y normativos.

¿La ENV podría desempeñar un papel en las futuras interfaces cerebro-computadora, vinculando de manera directa nuestro sistema nervioso con la tecnología?

Sí. La ENV encierra un inmenso potencial en el ámbito de las interfaces cerebro-computadora (BCI, por sus siglas en inglés), ya que puede servir de enlace elemental entre nuestro sistema nervioso y las tecnologías del futuro por muchas razones. La ENV no sólo es capaz de enviar señales al cerebro, sino también de recibir información sobre su actividad. Esta forma de comunicación bidireccional podría permitir a las futuras BCI no sólo controlar dispositivos, sino también recoger información del cerebro en tiempo real, creando una interacción más fluida y dinámica.

Desde el punto de vista ético, ¿cómo deberíamos enfocar y regular el potencial de la ENV para influir en el estado de ánimo o el comportamiento?

Esta pregunta apunta a un panorama ético complejo. He aquí algunas consideraciones clave: las personas tienen derecho a tomar decisiones informadas sobre su salud mental y su bienestar, lo que incluye el derecho a elegir terapias como la ENV, aunque puedan influir en el estado de ánimo o el comportamiento. Ciertas personas, como quienes padecen trastornos cognitivos o están sometidas a grandes presiones, pueden requerir mayor protección jurídica con el fin de garantizar el consentimiento informado y evitar la manipulación. Es esencial disponer de directrices claras que prohíban su uso con fines no terapéuticos. Los pacientes que consideren la terapia con ENV deben recibir información clara y completa sobre sus posibles efectos en el estado de ánimo y en el comportamiento, tanto positivos como negativos. Esto incluye los eventuales efectos secundarios y las repercusiones a largo plazo.

Los sistemas basados en la ENV pueden analizar la actividad cerebral y recopilar otros datos fisiológicos. Para garantizar su protección frente al acceso no autorizado, el uso indebido y la discriminación, es necesario adoptar medidas y normativas estrictas sobre la privacidad en ese aspecto. Los algoritmos que se usan para interpretar la actividad cerebral y regular la ENV deben ser transparentes y someterse a una revisión ética con el fin de evitar sesgos y consecuencias no deseadas. Es de vital trascendencia crear organismos de supervisión independientes con experiencia en neurociencia, ética y derecho, para garantizar el desarrollo y la aplicación responsables de las tecnologías de ENV. Conforme la tecnología de la ENV evoluciona, son necesarios procesos continuos de revisión ética para abordar nuevos retos y garantizar que su desarrollo respeta los derechos humanos y los valores sociales. Comprender y abordar las preocupaciones del público sobre el posible uso indebido de la tecnología de la ENV, como el temor a crear una sociedad de "control mental", resulta esencial para generar confianza y una aplicación responsable.

¿Cómo podría interactuar la ENV con la inteligencia artificial (IA) en futuras aplicaciones médicas para protocolos de tratamiento personalizados o monitorización en tiempo real?

La posibilidad de que la ENV interactúe con la IA en futuras aplicaciones médicas es prometedora para el tratamiento personalizado y el monitoreo en tiempo real. El análisis por IA de los datos cerebrales individuales —a través del electroencefalograma u otros medios— puede determinar los parámetros óptimos de la ENV para una enfermedad, estado de ánimo y condiciones de inflamación concretos. Lo anterior podría dar lugar a protocolos de ENV personalizados más eficaces y con menos efectos secundarios. La IA estaría en posibilidad de analizar el historial médico del paciente, los síntomas actuales y la respuesta de la ENV con el objetivo de predecir futuros episodios de depresión, convulsiones u otras afecciones. Esta información podría usarse para ajustar los parámetros de la ENV de forma proactiva, lo que permitiría prevenir o mitigar los síntomas. Los futuros sistemas de circuito cerrado podrían permitir que la IA monitoree de manera continua la actividad cerebral de un paciente y ajuste la ENV en tiempo real en función de lo que detecte en un enfoque de tratamiento dinámico y con capacidad de respuesta que se adapte constantemente a las necesidades cambiantes de la persona en estudio.

A medida que avance la tecnología, ¿podremos desarrollar dispositivos de ENV no invasivos que sean fáciles de operar y accesibles para uso doméstico?

Sí. Hay varios centros de investigación y empresas que trabajan en el desarrollo de dispositivos de ultrasonidos focalizados capaces de emitir de manera directa ondas de alta frecuencia hacia el nervio vago y sus ramificaciones en el hígado y en el bazo. Los ensayos clínicos de los Feinstein Institutes y de otras instituciones indican que los ultrasonidos focalizados pueden inhibir la producción de citocinas y otras moléculas inflamatorias en humanos y reducir los niveles de glucosa en pacientes con diabetes tipo 2. Un área de investigación floreciente se basa en combinar tecnología impulsada por IA implantada en un dispositivo del tamaño de un disco de hockey que puede llevarse sobre la piel para localizar y estimular directamente el nervio vago con el fin de tratar afecciones inflamatorias crónicas, como la artritis reumatoide, y padecimientos metabólicos, como la diabetes tipo 2 y la obesidad.

El investigador de la taENV, usuario de la taENV y amigo mío, Ulf Andersson, al que conociste en el capítulo 8, bromea al decir que podrías plantearte llevar un casco a la consulta del médico si piensas preguntarle sobre la estimulación del nervio vago. A lo que se refiere es que la mayoría de los doctores sabe poco sobre el nervio vago y, según sus observaciones, algunos "se ponen de mal humor" cuando se enfrentan a su propia falta de conocimientos o a algo que no entienden. Ulf me habló de una antigua colega suya que sufría una grave enfermedad autoinmune y contrajo hepatitis hace varios años. Mientras aguardaba el tratamiento convencional —altas dosis de corticoesteroides—, a la espera de una biopsia difícil de obtener en pleno verano, decidió probar la taENV. De inmediato se sintió mucho mejor y, seis semanas después, cuando por fin le realizaron la biopsia, los análisis de sangre y de tejido que le hicieron para detectar la inflamación del hígado eran más o menos normales.

Su médico no le creyó cuando le habló de su dispositivo TENS. Se molestó y le insinuó que había hecho "trampa" al tratarse con esteroides.

Escribí este libro, tanto para médicos como para eventuales pacientes, con el fin de sugerir una forma diferente de abordar estas conversaciones que pueden cambiar la vida. Al admitir lo que aún desconocemos, pretendo dar credibilidad a lo que ya sabemos, compartir este conocimiento con personas que pueden usarlo y animar a los pacientes a abogar por sí mismos.

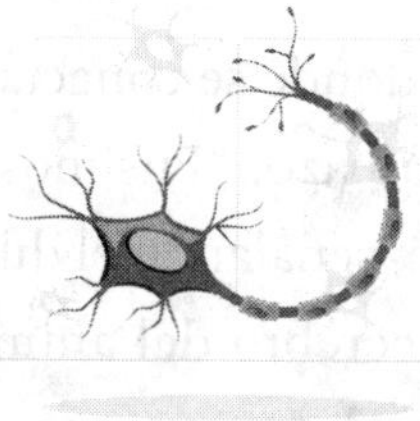

Conclusión

El futuro claro y presente: chips de computadoras, no medicamentos

"La forma más fiable de predecir el futuro es crearlo.

Dennis Gabor[1]"

"Lo que me asombra [...] es el hecho de encontrarme aquí,
y en este momento, en lo profundo de esta vida y no en otra.
¿Qué casualidad ha provocado esto?

Simone de Beauvoir[2]"

"Tuvimos un accidente en el laboratorio y entonces, sin previo aviso, pude ver el futuro", le dije a Ralph Nappi, vicepresidente de la junta de los Feinstein Institutes. Ese día de 1998 almorzamos a lo grande, sentados en sillas cómodas en el North Shore Steakhouse, a un kilómetro y medio de mi laboratorio de Manhasset. No le estaba contando una película de ciencia ficción, como aquella en la que un científico es teletransportado cuatro siglos en el futuro por un aumento de presión accidental en una máquina del tiempo. Únicamente lo ponía al tanto sobre algo que acababa de ocurrir.

En una servilleta del bar esbocé una figura de palo con un cerebro dentro de una cabeza redonda, el nervio vago descendiendo hasta un cuerpo en forma de huevo, donde se conectaba con el contorno de dos pulmones, un corazón y un bazo. "Pusimos una molécula aquí, en el cerebro del ratón", expliqué, señalando el dibujo. "Lo hicimos para detener la inflamación en el cerebro del animal. Luego administramos de manera accidental una endotoxina aquí, en el abdomen", señalé el centro aproximado del óvalo. "No podíamos creerlo. El fármaco experimental en el cerebro desactivó la inflamación en el cuerpo"; le expliqué que, como la cantidad de la molécula en el torrente sanguíneo no era suficiente, el cerebro y el cuerpo se tenían que estar comunicando de alguna otra forma. Al levantar la vista de mi boceto, vi que Ralph sonreía, así que continué. "Cuando cortamos el nervio vago, el efecto antiinflamatorio desapareció. *Ésta* era la vía de comunicación. Ralph, *descubrimos que el nervio vago frena e inhibe la inflamación.*"

Mi amigo asintió y reconoció: "Así que por eso empezaste a usar dispositivos electrónicos para estimular el nervio vago. Tiene sentido". Sosteniéndome la mirada, continuó, alentador: "Kevin, tienes que patentar eso".

Convencido de que este invento crearía un nuevo futuro para muchas personas cuando los estimuladores computarizados del nervio vago sustituyeran a los fármacos, lo hice. Lo patenté.

A veces, los futuros se crean tras décadas de planeación y trabajo, como la construcción de una nueva isla en el Mar del Sur de China o la secuenciación del genoma humano. Otras veces, el creador se topa con algo. La historia de la ciencia y la medicina contiene ejemplos famosos de ambas situaciones.

El futuro en el que trabajamos mis colegas y yo está en la intersección de los nervios y los mecanismos de la medicina molecular y los chips informáticos y la electricidad. Estas cosas convergen —por casualidad y muy a propósito— para ayudar a las personas con terapias en forma de electrones en lugar de fármacos, con menos efectos secundarios y más eficacia. En este futuro que estamos creando encontramos más formas de ayudar a los propios reflejos curativos del cuerpo a mantener la homeostasis. "El cuerpo" puede sonar clínico. Me refiero a tu cuerpo, al mío y al de todos. Estamos probando nuevas teorías de la enfermedad que no sólo se basan en la ciencia anterior, sino que también ven las cosas de otra manera. Y estamos convirtiendo estas nuevas formas de entender la enfermedad en nuevas soluciones basadas en el nervio vago. Así pues, este futuro claro y presente de la medicina bioelectrónica depende en gran medida del nervio vago: el tuyo, el mío y el de todos.

Los inventores predicen el futuro inventándolo y, como ya le expliqué a Ralph en 1998, ya se ha inventado una nueva generación de estimuladores del nervio vago. Veo un futuro en el que estos dispositivos alimentados por pilas, y no los fármacos, tratarán la inflamación en las personas; ayudarán a quienes los medicamentos no les están funcionando actualmente, en absoluto o lo suficiente. Estos mismos artilugios serán útiles por otras buenas razones, como ofrecer una alternativa a los elevados costos y a los terribles efectos secundarios de las terapias farmacológicas actuales. En medicina y ciencia, desde el primer paciente hasta los cientos de millones, la innovación empieza a remodelar el mundo persona a persona, ensayo clínico a ensayo clínico, antes de cambiar la trayectoria de la historia de la humanidad para darnos a todos la esperanza de que se vislumbra el fin de un tipo concreto de sufrimiento. Esperanza, como Kelly Owens se atrevió a esperar para sí misma y ahora desea para todos, "para la salud y una vida libre de dolor".[3] Una vida a la vez.

Una vida de salud

En la primavera de 2017, Kelly Owens, a quien conociste en el capítulo 1, se encontraba en Ámsterdam con Sean, su marido. En su quinto aniversario de boda se dispusieron a realizar todo el turismo que su presupuesto y sus articulaciones dolorosamente inflamadas les permitían entre las visitas médicas preparatorias para la cirugía de implantación de un estimulador del nervio vago. Los adoquines eran aún más duros para su cuerpo que el pavimento al que estaba acostumbrada en Estados Unidos, pero le encantaba el aspecto de esas viejas calles, en una ciudad en la que nunca planeó estar.

Habían transcurrido unos tres años desde que Kelly se puso en contacto conmigo por primera vez y yo le sugerí que siguiera de cerca los ensayos clínicos para la enfermedad de Crohn, y me disculpé por no poder hacer más en aquel momento porque esa prueba aún no comenzaba. Mientras tanto, los síntomas de Kelly eran tan debilitantes que tuvo que dejar su trabajo como profesora y renunciar a otros sueños, como vivir en Hawái.

Ella estuvo entrando y saliendo de hospitales para someterse a tratamientos rutinarios y agudos durante los 15 años transcurridos desde su diagnóstico, incluidos 12 días seguidos a principios de 2015 recibiendo líquidos, nutrientes, altas dosis de esteroides antiinflamatorios y morfina por vía intravenosa después de que la inflamación de su colon empeorara hasta el grado de mantenerla desnutrida y demacrada. En ese momento, algunos empleados bien intencionados del hospital la felicitaron por su pérdida de peso. Kelly creía que estaba muriendo. Cuenta que, desde que la inflamación se manifestó por primera vez a sus 13 años, su interior se sentía como una familia ruidosa, disfuncional, y que daba portazos —su metáfora—. Era desagradable, pero al menos estaban vivos y luchaban; aunque al final parecía que su cuerpo ya comenzaba a rendirse.

Recuerda ella:

> Todos los días despertaba con mi dolor. No sabía lo que era amanecer sin él. Abría los ojos y sentía la pesadez de lo que significaba vivir en mi piel. Me palpitaba la parte baja de la espalda y los brazos me dolían y hormigueaban desde los hombros hasta la punta de cada dedo. A veces no podía estirar los brazos más allá de un ángulo de 90 grados. En ocasiones se me hinchaban las piernas hasta el grado de necesitar una almohada debajo de las rodillas porque no podía estirarlas.

Estaba acostumbrada a todo eso; llevaba 15 años viviendo así. Quince años de inmovilidad por el dolor en las articulaciones, que a menudo la obligaban a usar una silla de ruedas o un bastón para moverse y, según el día, su vida se tornaba aún más limitada por las molestias gastrointestinales. Quince años de consumo de medicamentos con recetas, que no lograban aliviar su sufrimiento, y 15 años experimentando sus terribles efectos secundarios, todo eso sin dejar de preocuparse por las advertencias de recuadros negros.

Kelly había probado todos los medicamentos biológicos, FAME (fármacos antirreumáticos modificadores de la enfermedad), inmunosupresores y antiinflamatorios —seguros para el colon— disponibles, como prednisona, Remicade, Humira, Cimzia, Entyvio, Enbrel, metotrexato, Stelara, Simponi, Imuran, 6-MP, Flagyl, Pentasa, Entocort, Uceris, sulfasalazina, Asacol, Plaquenil, Celebrex y Lialda. Según su experiencia, "ninguno funcionó por mucho tiempo, si es que funcionaron algo". Describe los efectos de algunos de ellos:

> Uno de los peores inyectables para mí fue Humira: no podía soportar aplicármelo yo misma. Sean tenía que hacerlo porque la medicación me quemaba tanto al inyectarla que cuando intentaba hacerlo por mi cuenta no podía dejar la aguja dentro durante toda la dosis.
>
> Remicade me hizo dormir durante días después de la inoculación.
>
> El metotrexato inyectable me dejaba con una neblina quimiocerebral.
>
> La sulfasalazina me provocaba náuseas y un dolor de cabeza constante.
>
> Prednisona, ay, prednisona, un medicamento milagroso y a la vez una casa embrujada. Un fármaco que, en dosis muy altas, eliminaba la inflamación, pero me dejaba con la preocupación de un pequeño ejército [en estado de alerta]. El insomnio era una tortura, y cuando por fin conciliaba

> el sueño, sólo unas horas más tarde me despertaba, llena de pavor en la cama, con los nervios inquietos, como si me estuvieran entrando hormigas por las venas.

Y esos sólo eran los efectos secundarios a corto plazo. Kelly comenta: "El acto de equilibrio más escabroso del mundo es decidir qué es peor: los síntomas de la enfermedad o los posibles efectos secundarios a largo plazo, como linfoma, cánceres raros, osteoporosis y más".

En Ámsterdam, Kelly y Sean se toparon con una pequeña exposición de Banksy en el Museo Moco, en la cual se mostraba la famosa niña tomando un globo rojo en forma de corazón, originalmente grafiteado en el puente Waterloo de Londres junto con las palabras: SIEMPRE HAY ESPERANZA. Kelly estaba a pocas semanas de someterse a una operación de implante, por lo que se sintió identificada con la obra de arte.

Dos días antes de la intervención, Sean le preguntó a Kelly cómo pensaba llamar a su dispositivo estimulador del nervio vago. Después de todo, el bastón rosa que su papá le regaló cuando era adolescente se llamaba Rosie, así que parecía apropiado que su nuevo *asistente* bioelectrónico, como lo bautizó Sean, recibiera al menos el mismo trato. Entonces decidió nombrarlo Murph, en honor a un personaje de su película favorita, *Interstellar*, la epopeya de ciencia ficción de Christopher Nolan en la que los viajes espaciales son inminentes ante una Tierra inhabitable. En opinión de Kelly, Murph, interpretada por Mackenzie Foy, es la única esperanza de su papá, representado por Matthew McConaughey.

La operación de implante de Kelly no tuvo complicaciones y salió del hospital el mismo día, aunque unos días después regresó para que encendieran a Murph. Empezó a sentirse mejor casi de inmediato, y cada vez mejor a lo largo de los días, semanas y meses siguientes, durante los cuales tomó cuidadosas notas. Era consciente de que si eso funcionaba, sería "algo grande" no sólo para ella sino para todos los que, como ella, padecían una enfermedad inflamatoria y también estaban desesperados por recibir ayuda. Agradezco a Kelly que me haya permitido compartir estos extractos:

Día 1, 6 de julio de 2017:

Me acosté en la mesa y [la coordinadora del ensayo] agitó una "varita" sobre la batería de Murph para encenderla. La varita estaba conectada a una tableta, desde la cual podía controlar los ajustes del dispositivo para "configurarlo". Aumentó la frecuencia en incrementos de 0.25 miliamperios hasta que pude sentir la estimulación. Finalmente la sentí en 1.0, así que probamos con 1.25 y luego con 1.5, que me pareció demasiado, de modo que la mantuvimos en 1.25.

Esa noche, cocinamos la cena y comimos afuera, en el patio, disfrutando la tranquilidad de los jardines y el canto de los pájaros. Cuando nos metimos en la cama al final del día, me acurruqué cómodamente entre las sábanas y, tras cerrar los ojos unos segundos, me di cuenta de que no necesité ningún analgésico desde que se encendió la estimulación 12 horas antes.

Día 3:

Llena de emoción hoy, pensando en todas las personas que han hecho posible que estemos aquí. Este lugar es precioso.

El tercer día de estimulación mis articulaciones se sienten más ligeras que nunca.

Día 6:

Mientras Sean y yo volvíamos a casa desde la estación de tren sentí un impulso en las piernas que no había percibido en 15 años: ganas de correr. Sentí como una libertad perdida hace mucho tiempo que conocí y olvidé, y no sabía si reír, llorar o ambas cosas.

El día 12 desde la activación de Murph, Kelly llegó tarde a su próxima visita para el ensayo clínico. Sin pensarlo, subió corriendo un tramo de escaleras para abordar el tren. Dos semanas después, ella y Sean tomaron un autobús a París, donde pasaron el fin de semana —dos días— caminando, ella sin desacelerar el paso ni necesitar que la cargaran. Cuando volaron de regreso a Nueva Jersey hacia el final de la prueba, una silla de ruedas les esperaba al descender del avión, lo que confundió a Kelly por un momento antes de que se diera cuenta de que era para otra persona. Ella no la requería.

Ocho años después, Kelly ha pasado de ser una persona que algunos días no podía ponerse desodorante porque tenía los codos muy hinchados, o abrocharse la blusa, a ser una mujer que trabaja la madera y retoca guitarras personalizadas. De alguien que, tras superar toda una jornada impartiendo clases —los días en que su cuerpo le permitía levantarse e ir a laborar—, tenía que tumbarse en el sofá con las piernas apoyadas toda la tarde para recuperarse, a alguien que asume demasiados proyectos y "no sabe parar y descansar". De alguien que dependía de medicamentos que, en el mejor de los casos, la ayudaban a suprimir un poco su inflamación, a alguien que no necesita fármacos en absoluto porque su nervio vago está siendo estimulado para hacer su trabajo, el cual consiste en frenar la inflamación y mantener a Kelly en un estado de armonía y homeostasis.

Durante cinco años Kelly trabajó para los Feinstein Institutes compartiendo su historia con la comunidad científica médica y atendiendo consultas de personas que, como ella, se ponían en contacto con nosotros para informarse sobre las opciones. En las conferencias a las que asistió conmigo, muchos de mis colegas médicos y científicos se sintieron conmovidos por su historia. Otros la desestimaron por considerarla un efecto placebo.

"Vaya placebo", me comentó Kelly una vez que alguien se lo dijo a la cara. Le expliqué que los placebos no funcionan de esa manera. El efecto placebo es real y la gente puede mejorar clínicamente tan sólo con recibir una pastilla de azúcar; pero la mayoría de los beneficios del placebo no son duraderos y desaparecen en tres o cuatro meses. Kelly lleva sin síntomas ni tratamientos —además del concerniente a la estimulación del nervio vago— desde 2017, lo que supera con creces la duración habitual de un efecto placebo.

El director general de una empresa farmacéutica le dijo a Kelly, en un tono que le molestó: "Si tu historia es cierta, me quedaré sin trabajo". Yo le respondería: "La misión de mi empresa es generar conocimientos para curar enfermedades. ¿Cuál es la tuya?"

Kelly me contó que muchos años antes de que le pusieran el estimulador del nervio vago, años antes de que oyera hablar de él, Sean le dijo cierta vez: "Algún día surgirá algo [extraordinario] y será como tener un interruptor dentro de ti para apagar lo que está mal, pero sin apagar tu luz". Luego le habló de todos los componentes eléctricos y los mecanismos involucrados en el acto de accionar o pulsar un botón. Sean es constructor y contratista. Y vidente, al parecer.

Ver el futuro

Para que quede claro: no soy futurólogo ni adivino, sino neurocirujano y científico. Hay una gran diferencia entre ver en una bola de cristal y contar el número de nenúfares del estanque para calcular el tiempo que tardarán en cubrir toda la extensión del agua. Lo primero requiere magia; lo segundo, conocer la superficie del estanque, pletórica de nenúfares, y el tiempo en que estas plantas acuáticas tardan en replicarse. Todas estas cosas pueden saberse. Con estos conocimientos sustentados en datos es muy fácil predecir la fecha futura en que el estanque estará cubierto por completo. La ciencia produce los datos que convierten la esperanza en inventos que crean un nuevo futuro.

Hoy veo datos sobre un mundo en el que millones de personas anhelan mejores tratamientos para sanar afecciones causadas por la inflamación. Desean terapias sin advertencias de recuadro negro, que no incluyan el riesgo de quiebra como efecto secundario y que sean eficaces para aliviar los síntomas en más de 40% de los casos.

Veo que hay nuevos conocimientos revolucionarios sobre la relación entre el nervio vago, el cerebro y los sistemas vitales del cuerpo, incluido el sistema inmunitario, que están originando nuevas y poderosas percepciones que allanan el camino hacia nuevas terapias. Cuanto más estudiamos estas intersecciones y ampliamos nuestros conocimientos sobre los mecanismos operativos de los reflejos protectores y curativos del gran nervio, más aprendemos que utilizar la estimulación del nervio vago (ENV) para tratar la inflamación y regular la homeostasis no es magia.

Veo que sabemos cómo la ENV inhibe el TNF (factor de necrosis tumoral) y la inflamación. Sabemos cómo neuronas discretas del cerebro envían sus señales al sistema inmunitario de animales de laboratorio y de humanos. Sabemos cómo estas señales eléctricas se convierten en mensajes químicos que modifican el comportamiento de los glóbulos blancos y los transmutan de furiosos productores de inflamación a calmados agentes curativos. Y veo que las nuevas terapias basadas en estos conocimientos desafían el *statu quo* de la industria farmacéutica.

Veo que 40 años después de que mis colegas y yo sugiriéramos el uso de anticuerpos monoclonales anti-TNF, llamados *biológicos*, para suprimir la inflamación en humanos, seguimos sin entender cómo prevenir la peligrosa inmunosupresión como efecto secundario. Desconocemos por qué los anti-TNF sólo confieren un beneficio significativo a 40% de los pacientes. Y no sabemos por qué un biológico funciona en un paciente, mientras que otro similar, con las mismas propiedades químicas, no lo consigue. Algún día, con más investigación, podremos tener respuestas a estas y otras muchas interrogantes sobre los tratamientos farmacológicos actuales para la inflamación. Mientras tanto, la base de conocimientos sobre el empleo de la ENV continúa creciendo. Y tras más de 30 años de uso clínico sabemos que, a diferencia de los fármacos biológicos, la ENV no provoca una inmunosupresión potencialmente mortal.

Veo que el uso clínico de los estimuladores del nervio vago, que se basa en la experiencia médica con la utilización de marcapasos cardiacos para tratar a millones de personas durante 70 años y contando, se ha realizado de forma segura durante las últimas tres décadas. Cientos de miles de pacientes con epilepsia, depresión y otras afecciones han recibido implantes de estimuladores del nervio vago. Esta rica experiencia se está aplicando ahora al desarrollo de dispositivos similares para tratar la inflamación. A juzgar por el número de correos electrónicos que recibo de personas que desean un artefacto de éstos, creo que existe una enorme demanda reprimida de alternativas a las terapias biológicas estándares actuales.

Veo y oigo historias de desesperación de pacientes que, como Kelly Owens, Toney Kincaid, Pero Dragoje y Nick Fournie, necesitan nuevos tratamientos para sus enfermedades inflamatorias.

Veo que se han implantado estimuladores del nervio vago en pacientes con artritis reumatoide y enfermedad inflamatoria intestinal, lo que ha producido beneficios significativos en los primeros ensayos clínicos, y que en la actualidad se llevan a cabo ensayos clínicos más amplios que están a punto de concluir. Es de esperar que esta investigación allane el camino para que la FDA apruebe la ENV para tratar la inflamación e impulse ensayos clínicos aleatorios adicionales con el propósito de evaluar si estos hallazgos pueden reproducirse en poblaciones generales.

Veo a pacientes activistas como Kelly y Toney defendiendo las terapias de ENV como una alternativa eficaz y más segura a los fármacos peligrosos. Más allá de los problemas ya estudiados —artritis reumatoide, enfermedad inflamatoria intestinal, depresión, epilepsia y rehabilitación de accidentes cerebrovasculares—, existe una necesidad urgente de investigar la ENV en pacientes con otras afecciones inflamatorias, como esclerosis múltiple, COVID-19 prolongado, migraña, dolor crónico, asma, diabetes, obesidad, hipertensión, enfermedades cardiovasculares, síndrome de taquicardia ortostática postural y cáncer.

Veo un aumento significativo del número de inventores que trabajan en nuevas tecnologías no invasivas que utilizan ultrasonidos focalizados para estimular el nervio vago. Estos esfuerzos ya están en proceso, pero son incipientes. Sin embargo, según lo que han descubierto mi colega Sangeeta y otros, se está acelerando el ritmo de desarrollo centrado en encontrar nuevas formas de estimular el nervio vago para beneficiar a futuros pacientes.

Cada vez son más las personas que quieren saber cómo optimizar la actividad de su propio nervio vago mediante estrategias caseras. Algunas de ellas son formas tradicionales de incorporar prácticas saludables a la vida cotidiana, como el ejercicio regular y la meditación. Ciertas personas combinan estas prácticas con dispositivos portátiles que controlan la variabilidad de la frecuencia cardiaca, con unidades TENS (estimulación nerviosa eléctrica transcutánea) de venta libre para estimular diversos nervios del oído y el cuello con la esperanza de aumentar el tono vagal. Los ensayos clínicos en curso y previstos de estas modalidades caseras representan otro importante sector en crecimiento.

Y veo, en mi mente, al abuelo Culotta, sonriendo y animándonos, susurrando: “Hagamos algo con todo esto”.

Agradecimientos

Quiero dar las gracias a quienes han apoyado, facilitado e inspirado la creación de este libro. Mi esposa, Tricia Tracey, cuyo amor sin límites, espíritu amable y generoso, y paciente sabiduría, son una fuente diaria de fortaleza. Su ojo experto y su oportuna edición mejoraron de manera significativa la historia y la prosa. Mis hijos y sus cónyuges, Maureen, Patrick, Mary Bridget, Katherine, Jack y Margaret, por tolerar mis ausencias mentales cuando mi pensamiento se centraba en este proyecto, una distracción injusta y frecuente de su alegre y firme amor y apoyo. Stephanie Higgs, por su extraordinaria labor de redacción, edición y contribuciones literarias que han hecho posible este libro. Su brillantez organizativa, redacción, registro, entrevistas, inteligencia y narración iluminan cada página. A mi agente literaria, Karen Murgolo, la primera que creyó en este proyecto, que leyó y editó innumerables propuestas y borradores, y luego los llevó adelante para lanzar este libro. Caroline Sutton, que lo llevó a buen puerto en las primeras fases de publicación. Lucia Watson, mi editora, por su sabia orientación, sus consejos y su perseverante búsqueda de la excelencia, que ahora está cosida para siempre a la espina dorsal del libro. Richard Sloan, el primer lector que, en lugar de usar su valioso tiempo en su propio laboratorio estudiando la mente y el nervio vago, lo donó a este libro, mejorándolo en gran medida. Y Bill Bruce, por las alentadoras charlas, al estilo de *Tool Time*, y por leer críticamente el primer borrador.

Doy las gracias a todos mis profesores y mentores que me enseñaron lo que sabían, me mostraron cómo actuar y me inspiraron para descubrir e inventar. Gracias a mi maestro más importante, mi papá, por elegir afrontar la vida con valentía, sabiduría y un firme compromiso con su familia. Mi sincero agradecimiento a T. Ross Kelly, Carl Franzblau, William McNary, G. Tom Shires, Stephen F. Lowry, Anthony Cerami, Murray Brennan, Russel Patterson, Carl Nathan, Hans Wigzell y John Mountain. Por colaborar, experimentar e inventar conmigo, le doy las gracias a mi codirectora de laboratorio Sangeeta Chavan y a mi querido amigo Ulf Andersson, junto con Valentin Pavlov, Huan Yang, Eric Chang, Peder Olofsson, Jan Andersson, Mauricio Rosas-Ballina, Jared Huston, Haichao Wang, Luis Ulloa, Chris Czura, Richard Sloan, Ping Wang, Betty Diamond, Lionel Blanc, Peter Gregersen, Ben Lu, Yousef Al-Abed, Theo Zanos, Stavros Zanos, Timir Datta, Tomas Huerta, Timothy Billiar, John Eaton, Tak Mak, Yuman Fong, John Boockvar, Christine Metz, Barbara Sherry, Linc Moldawer, Marina Bianchi, Ona Bloom, Linda Watkins, Yoram Vodovotz, Jesse Roth, David Tuveson, Tony Zador, Mitchell Fink, Martine Rothblatt y Michelle Iglesias.

Agradezco a Michael Dowling que me pidiera que trabajara para Northwell Health y los Feinstein Institutes, que me animara a escribir este libro y que me diera la oportunidad de dirigir los programas de investigación y de trabajar con algunos de los profesionales médicos más dedicados, compasivos y solidarios del mundo. Un agradecimiento especial a Leonard y Susan Feinstein, cuya visión, generosidad y fe en un instituto sin fines de lucro dedicado a producir conocimientos para curar enfermedades es la base sobre la que se construye este libro. Gracias a los miembros de la junta directiva de Northwell Health y de los Feinstein Institutes, que durante décadas apoyaron la investigación que hizo posible que las historias que se cuentan en este libro comenzaran mucho antes de que otros creyeran que fuera posible. También doy las gracias a mis benefactores institucionales, por apoyar este trabajo durante décadas, incluidos el Instituto Nacional de Ciencias Médicas Generales de los Institutos Nacionales de Salud, la Agencia de Proyectos de Investigación Avanzada de Defensa, la Fundación Gates, Northwell Health, SetPoint Medical y United Therapeutics Inc. Por las incontables horas de colaboración y amistad, y por cofundar SetPoint Medical, doy las gracias a mi amigo de décadas Shaw Warren. Estoy agradecido a la familia Garvin, que durante generaciones ha gestionado y mantenido con cariño su comunidad virgen frente al mar, donde escribí gran parte de este libro.

Como este libro, y de hecho todos mis esfuerzos en ciencia y medicina, surgen de mi ferviente deseo de aliviar el sufrimiento, tengo una deuda de gratitud que nunca podré saldar con todos los pacientes y médicos que asumieron riesgos, personales y profesionales, para participar en los primeros ensayos clínicos, entre ellos Kelly Owens, Pero Dragoje, Toney Kincaid, Ante Bogut, Carlos Bravo-Iñiguez, Bill Bell, Ralph Zitnik, Richard Bucholz, Angela Crowley, David Chernoff, Paul-Peter Tak, Frieda Koopman, Sandra Milk, Jim Broderick, Mike Faltys, Ash Mehta, Allan Will… y cientos de otros. Se arriesgaron para que los futuros pacientes sufrieran menos.

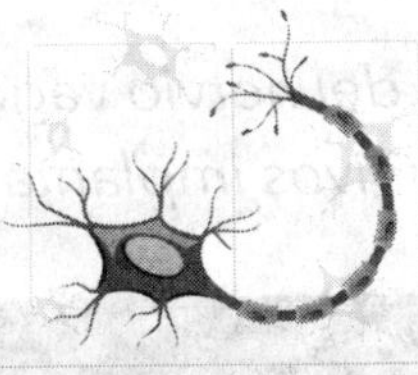

Apéndice
Una instantánea bioelectrónica

La situación actual de la estimulación del nervio vago y terapias afines para diversas afecciones

Conforme se acumulan nuevas pruebas, nuevas aplicaciones para la ENV y la TENS se alinean para la aprobación de la FDA, y la investigación está en curso. Una búsqueda realizada el 23 de marzo de 2024 de ensayos clínicos con el término *estimulación del nervio vago* produjo 449 estudios.

Las siguientes tablas son una instantánea del estado clínico en el momento de escribir estas líneas. Puedes buscar en el sitio de internet clinicaltrials.gov para ver si hay un ensayo clínico abierto para tu problema en tiempo real.

Estimulación del nervio vago mediante dispositivos implantados[1]

ENFERMEDAD O CONDICIÓN	INDICACIONES	ESTADO DE APROBACIÓN FDA
Epilepsia	Se utiliza cuando las convulsiones no se controlan bien con medicación.	1997: aprobado por la FDA para adultos y personas de 12 a 17 años. 2017: aprobado por la FDA para niños mayores de cuatro años.
Depresión	Síntomas no controlados con múltiples fármacos o terapia electroconvulsiva (TEC).	2005: aprobado por la FDA para adultos.
Rehabilitación tras un derrame cerebral	Combinado con terapia de rehabilitación para mejorar la función de manos y brazos.	2021: aprobado por la FDA para adultos.
Artritis reumatoide	Síntomas persistentes que no responden a múltiples medicamentos.	Pendiente de la decisión de la FDA.

Aprobado por la FDA para la estimulación nerviosa eléctrica transcutánea (TENS)

ENFERMEDAD O CONDICIÓN	DISPOSITIVO	ESTADO DE APROBACIÓN FDA
Tratamiento agudo de la cefalea en racimos episódica	Dispositivo gammaCore aplicado en el cuello.	2017
Tratamiento agudo de la migraña episódica	Dispositivo gammaCore aplicado en el cuello.	2018
Tratamiento agudo de la migraña	Dispositivo Nerivio aplicado en la parte superior del brazo.	2019
Prevención o tratamiento de la migraña	Dispositivo Cefaly aplicado en la frente.	2014
Tratamiento agudo de la migraña	Dispositivo Relivion que se lleva como diadema.	2021
Trastorno por consumo de opiáceos	Dispositivo puente NSS-2 colocado detrás del oído.	2017
Trastorno por consumo de opiáceos	Dispositivo Sparrow Ascent aplicado al oído.	2023

Ensayos clínicos del TENS (lista abreviada)

Epilepsia	Oído	NCT05031208
Tinnitus	Oído	NCT01176743
Deterioro cognitivo leve	Oído	NCT05514756
Diabetes tipo 2	Oído	NCT02098447
Enfermedad de Parkinson	Oído	NCT04157621
Enfermedad de Alzheimer	Oído	NCT04900358
Fibromialgia	Oído	NCT03180554
Trastorno depresivo mayor	Oído	NCT04467164
Artritis reumatoide	Oído	NCT01569789
Osteoartritis de la mano	Oído	NCT03919279
Síndrome del intestino irritable	Oído	NCT05392439
Fibrilación auricular	Oído	NCT02548754
Accidente cerebrovascular agudo	Oído	NCT03733431
Estrés postraumático	Oído	NCT05517304
Pancreatitis crónica	Oído	NCT03357029

Notas

Introducción. *Una nueva frontera en medicina*

1. Tienes dos nervios vagos, uno a cada lado del cuello, cada uno compuesto por cerca de 100 000 fibras nerviosas. Henry Harland Hoffman y Harold Norman Schnitzlein, "The Numbers of Nerve Fibers in the Vagus Nerve of Man", *The Anatomical Record 139*, núm. 3 (marzo de 1961), pp. 429-435, en https://doi.org/10.1002/ar.1091390312.

Parte I. *Grandes secretos*

1. Imagen 444 de Andreae Vesalii Bruxellensis, *scholae medicorum Patauinae professoris, de humani corporis fabrica libri septem,* Jan Stephan van Calcar, ilustrador (Basel, Suiza: Joannes Oporinus, impresor, 1543), en https://www.loc.gov/resource/rbc0001.2023rosen0907/?sp=444&r=-0.769,-0.595,2.537,1.573,0.

1. La electricidad podría sustituir tus medicamentos

1. Charles Dickens, *Great Expectations* (Durham, NC: Duke Classics, 2012), cap. LIX, Kindle.
2. Kelly Owens, correo electrónico al autor, 21 de septiembre de 2017.

3. "Dr. Kevin Tracey Explains Using Nerve Stimulation to Treat Arthritis", entrevista por Josh Zepps, 30 de mayo de 2014, HuffPost Live, video, 4:29, en https://www.huffpost.com/entry/dr-kevin-tracey-explains-using-nerve-stimulation-to-treat-arthritis_n_5b4f9372e4b0cf38668f6ce0.
4. "El Programa de Dispositivos Innovadores es un esquema voluntario de ciertos dispositivos médicos y productos combinados liderados por artefactos que proporcionan un tratamiento o un diagnóstico más efectivo para enfermedades o condiciones que amenazan la vida o son irreversiblemente debilitantes." U. S. Food & Drug Administration, "Breakthrough Devices Program: Guidance for Industry and Food and Drug Administration Staff", septiembre de 2023, en https://www.fda.gov/regulatory-information/search-fda-guidance-documents/breakthrough-devices-program.
5. William F. Collins y Lycurgus M. Davey, "William J. German, M. D., 1899-1981", *Journal of Neurosurgery 54*, núm. 5 (mayo de 1981), pp. 571-572, en https://doi.org/10.3171/jns.1981.54.5.0571.
6. S. Mohammed, M. Dinesan y T. Ajayakumar, "Survival and Quality of Life Analysis in Glioblastoma Multiforme with Adjuvant Chemoradiotherapy: A Retrospective Study", *Reports of Practical Oncology and Radiotherapy 27*, núm. 6 (2022), pp. 1026-1036, en https://doi.org/10.5603/RPOR.a2022.0113.
7. Kevin J. Tracey, "The Inflammatory Reflex", *Nature 420*, núm. 6917 (diciembre de 2002), pp. 853-859, en https://doi.org/10.1038/nature01321; Lyudmila V. Borovikova *et al.*, "Vagus Nerve Stimulation Attenuates the Systemic Inflammatory Response to Endotoxin", *Nature 405*, núm. 6785 (25 de mayo de 2000), pp. 458-462, en https://doi.org/10.1038/35013070.

2. El gran nervio se revela

1. Sir Charles Sherrington, *Man on His Nature* (Digital Library of India Item 2015.188837, 1940), p. 248.
2. Sylvain Laborde, Emma Mosley y Julian F. Thayer, "Heart Rate Variability and Cardiac Vagal Tone in Psychophysiological Research – Recommendations for Experiment Planning, Data Analysis, and Data Reporting", *Frontiers in Psychology 8* (19 de febrero de 2017), p. 213, en https://doi.org/10.3389/fpsyg.2017.00213; Fred Shaffer y Jay P. Ginsberg, "An Overview of Heart Rate Variability Metrics and Norms", *Frontiers in Public Health 5* (28 de septiembre de 2017), p. 258, en https://doi.org/10.3389/fpubh.2017.00258.
3. Charles G. Gross, "Galen and the Squealing Pig", *The Neuroscientist 4*, núm. 3 (1998), pp. 216-221, en https://doi.org/10.1177/107385849800400317.
4. Maud W. Gleason, "Shock and Awe: The Performance Dimension of Galen's Anatomy Demonstrations", Princeton/Stanford Working Papers in Classics Paper No. 010702 (enero de 2007), en http://dx.doi.org/10.2139/ssrn.1427007.

5. Charles G. Gross, "Aristotle on the Brain", *The Neuroscientist 1,* núm. 4 (julio de 1995), pp 245-250, en https://doi.org/10.1177/107385849500100408.
6. W. Bruce Fye, "Ernst, Wilhelm, and Eduard Weber", *Clinical Cardiology 23,* núm. 9 (2000), pp. 709-710, en https://www.clinicalcardiology.org/briefs/200009briefs/cc23-709-profiles_wbr.html. En su informe sobre los experimentos, los hermanos Weber escribieron: "Si se excita la médula oblonga de una rana o los extremos de los nervios vagos aislados mediante la rotación de una máquina electromagnética bastante potente, el corazón se detiene repentinamente, pero al final de la excitación comienza a latir de nuevo después de un corto intervalo: al principio de manera lenta y con debilidad, luego gradualmente más fuerte y con más frecuencia, hasta que al final se restaura el ritmo original observado antes de la excitación".
7. Otto Loewi compartió el Premio Nobel de Fisiología o Medicina en 1936 "por sus descubrimientos relacionados con la transmisión química de los impulsos nerviosos". En su conferencia para recibir la distinción, relató sus experimentos usando ranas para descubrir que los nervios convierten las señales eléctricas en señales químicas. "The Chemical Transmission of Nerve Action", Otto Loewi Nobel Lecture, The Nobel Prize, 12 de diciembre de 1936, en https://www.nobelprize.org/prizes/medicine/1936/loewi/lecture/.
8. William B. Kannel *et al.*, "Heart Rate and Cardiovascular Mortality: The Framingham Study", *American Heart Journal 113,* núm. 6 (junio de 1987), pp. 1489-1494, en https://doi.org/10.1016/0002-8703(87)90666-1.
9. Athanase Benetos *et al.*, "Influence of Heart Rate on Mortality in a French Population: Role of Age, Gender, and Blood Pressure", *Hypertension 33,* núm. 1 (enero de 1999), pp. 44-52, en https://doi.org/10.1161/01.HYP.33.1.44.
10. Laborde, Mosley y Thayer, "Heart Rate Variability", p. 213.
11. Julia Shanks *et al.*, "Cardiac Vagal Nerve Activity Increases During Exercise to Enhance Coronary Blood Flow", *Circulation Research 133,* núm. 7 (29 de agosto de 2023), pp. 559-571, en https://doi.org/10.1161/CIRCRESAHA.123.323017.
12. Karl Deisseroth, "Optogenetics: 10 Years of Microbial Opsins in Neuroscience", *Nature Neuroscience 18,* núm. 9 (2015), pp. 1213-1225, en https://doi.org/10.1038/nn.4091.
13. Adam M. Kressel *et al.*, "Identification of a Brainstem Locus That Inhibits Tumor Necrosis Factor", *Proceedings of the National Academy of Sciences 117,* núm. 47 (9 de noviembre de 2020), pp. 29803-29810, en https://doi.org/10.1073/pnas.2008213117.
14. Rui B. Chang *et al.*, "Vagal Sensory Neuron Subtypes That Differentially Control Breathing", *Cell 161,* núm. 3 (23 de abril de 2015), pp. 622-633, en https://doi.org/10.1016/j.cell.2015.03.022.
15. Nathalie Stakenborg *et al.*, "Comparison Between the Cervical and Abdominal Vagus Nerves in Mice, Pigs, and Humans", *Neurogastroenterology & Motility 32,* núm. 9 (31 de mayo de 2020), p. e13889, en https://doi.org/10.1111/nmo.13889.

16. Joseph Walsh, "Galen's Discovery and Promulgation of the Function of the Recurrent Laryngeal Nerve", *Annals of Medical History 8*, núm. 2 (1926), pp. 176-184, en https://wellcomecollection.org/works/k88duuk8.
17. Andrzej Żytkowski y Jerzy Walocha, "Anatomical Studies on Larynx and Voice Production in Historical Perspective", *Folia Medica Cracoviensia* (noviembre de 2020), pp. 85-98, en https://doi.org/10.24425/fmc.2020.135798; Charles Mayo Goss, "On Anatomy of Nerves by Galen of Pergamon", *American Journal of Anatomy 118*, núm. 2 (marzo de 1966), pp. 327 ss., en https://doi.org/10.1002/aja.1001180202.
18. Andrea Porzionato, Veronica Macchi y Raffaele De Caro, "The Role of Caspar Bartholin the Elder in the Evolution of the Terminology of the Cranial Nerves", *Annals of Anatomy – Anatomischer Anzeiger 195*, núm. 1 (enero de 2013), pp. 28-31, en https://doi.org/10.1016/j.aanat.2012.04.007.

3. Los reflejos curativos de tu cuerpo

1. Kelvin J. A. Davies, "Adaptive Homeostasis", *Molecular Aspects of Medicine 49* (2016), pp. 1-7, en https://doi.org/10.1016/j.mam.2016.04.007. La cita completa dice: "La constancia del ambiente interno es la condición para una vida libre e independiente: el mecanismo que lo hace posible es el que asegura el mantenimiento, dentro del ambiente interno, de todas las condiciones necesarias para la vida de los elementos".
2. Debido a que su muerte fue causada por un accidente doméstico, las regulaciones estatales exigieron la presentación de formularios específicos y la realización posterior de una autopsia por parte del médico forense.
3. La "inhibición recíproca" fue uno de los muchos descubrimientos hechos por sir Charles Sherrington, uno de los dos fundadores de la neurociencia (el otro es Ramón y Cajal). Sherrington ganó el Premio Nobel en Fisiología o Medicina en 1932 por el trabajo de su vida, en https://www.nobelprize.org/prizes/medicine/1932/summary/.
4. Este reflejo fue ilustrado por primera vez por Ramón y Cajal, quien recibió el Premio Nobel de Fisiología o Medicina en 1906, en https:// www.nobelprize.org/prizes/medicine/1906/cajal/biographical/.
5. La noción de mantener un equilibrio interno fue elucidada por el fisiólogo francés Claude Bernard en 1849. Bernard desarrolló el concepto del ambiente interno, conocido como el *milieu intérieur*, y expresó la idea de que la estabilidad de este entorno es esencial para permitir que la vida funcione de manera libre e independiente. Dicho principio sentó las bases para el concepto de *homeostasis*, un término introducido por Walter Cannon en sus obras posteriores: Walter B. Cannon, *The Wisdom of the Body* (Nueva York: W. W. Norton, 1932), pp. 177-201, y W. B. Cannon, "Physiological Regulation of Normal States: Some Tentative Postulates

Concerning Biological Homeostatics", en *A Charles Riches amis, ses collègues, ses élèves*, A. Pettit, editor (París: Les Éditions Médicales, 1926).

6. *The Oxford Pocket Dictionary of Current English*, Encyclopedia.com, 19 de agosto de 2024, bajo "sanar", en https://www.encyclopedia.com/humanities/dictionaries-thesauruses-pictures-and-press-releases/heal-0.
7. Barry R. Komisaruk y Eleni Frangos, "Vagus Nerve Afferent Stimulation: Projection into the Brain, Reflexive Physiological, Perceptual, and Behavioral Responses, and Clinical Relevance", *Autonomic Neuroscience 237* (enero de 2022), p. 102908, en https://doi.org/10.1016/j.autneu.2021.102908.
8. Cherly M. Heesch, "Reflexes That Control Cardiovascular Function", *Advances in Physiology Education 277*, núm. 6 (1° de diciembre de 1999), pp. S234-S243, en https://doi.org/10.1152/advances.1999.277.6.S234.
9. Sara L. Prescott y Stephen D. Liberles, "Internal Senses of the Vagus Nerve", *Neuron 110*, núm. 4 (16 de febrero de 2022), pp. 579-599, en https://doi.org/10.1016/j.neuron.2021.12.020.
10. Prescott y Liberles, "Internal Senses".
11. B. H. Taha *et al.*, "Respiratory Sinus Arrhythmia in Humans: An Obligatory Role for Vagal Feedback from the Lungs", *Journal of Applied Physiology 78*, núm. 2 (1° de febrero de 1995), pp. 638-645, en https://doi.org/10.1152/jappl.1995.78.2.638.
12. Prescott y Liberles, "Internal Senses".
13. Marie Aare Bentsen, Zaman Mirzadeh y Michael W. Schwartz, "Revisiting How the Brain Senses Glucose – and Why", *Cell Metabolism 29*, núm. 1 (8 de enero de 2019), pp. 11-17, en https://doi.org/10.1016/j.cmet.2018.11.001.
14. W. Michael Panneton, "The Mammalian Diving Response: An Enigmatic Reflex to Preserve Life?", *Physiology 28*, núm. 5 (1° de septiembre de 2013), pp. 284-297, en https://doi.org/10.1152/physiol.00020.2013.
15. Rui B. Chang *et al.*, "Vagal Sensory Neuron Subtypes That Differentially Control Breathing", *Cell 161*, núm. 3 (23 de abril de 2015), pp. 622-633, en https://doi.org/10.1016/j.cell.2015.03.022.
16. Lewis Thomas, *The Lives of a Cell* (Nueva York: Penguin, 1978), "Thoughts for a Countdown", Kindle.
17. Kevin J. Tracey *et al.*, "Shock and Tissue Injury Induced by Recombinant Human Cachectin", *Science 234*, núm. 4775 (24 de octubre de 1986), pp. 470-474, en https://doi.org/10.1126/science.3764421.
18. Kevin J. Tracey y Anthony Cerami, "Tumor Necrosis Factor, Other Cytokines and Disease", *Annual Review of Cell Biology 9*, núm. 1 (noviembre de 1993), pp. 317-343, en https://doi.org/10.1146/annurev.cb.09.110193.001533.
19. E. A. Carswell *et al.*, "An Endotoxin-Induced Serum Factor That Causes Necrosis of Tumors", *Proceedings of the National Academy of Sciences 72*, núm. 9 (15 de septiembre de 1975), pp. 3666-3670, en https:// doi.org/10.1073/pnas.72.9.3666.
20. Tracey *et al.*, "Shock and Tissue".

21. Kevin J. Tracey *et al.*, "Anti-Cachectin/TNF Monoclonal Antibodies Prevent Septic Shock During Lethal Bacteraemia", *Nature 330*, núm. 6149 (23 de diciembre de 1987), pp. 662-664, en https://doi.org/10.1038/330662a0. En ese entonces los anticuerpos monoclonales eran una herramienta al parecer milagrosa en la ciencia y en la medicina modernas, desarrollados por primera vez en 1975 por César Milstein y Georges Köhler, usando una idea innovadora que les valió el Premio Nobel. Los anticuerpos monoclonales se producen aislando y fusionando una célula B específica productora de anticuerpos con una célula de mieloma (cáncer), lo que lleva a una línea celular inmortal que produce grandes cantidades de un solo tipo de anticuerpo. Como se explicará a continuación, los anticuerpos monoclonales que bloquean citocinas, como el anti-TNF, hoy son la base de medicamentos para tratar la inflamación en millones de pacientes.
22. Tracey *et al.*, "Anti-Cachectin/TNF".
23. *Idem.*
24. El nombre CNI-1493 proviene de Cytokine Networks Inc., la compañía que compró los derechos para realizar los ensayos clínicos con la esperanza de comercializar el medicamento. Su número proviene de su lugar en una larga lista de moléculas que estábamos evaluando en el laboratorio por su máxima actividad bloqueadora de TNF. Era la decimocuarta molécula en 1992 con actividad positiva, pero decidimos no llamarla "1492" para evitar conflictos con el año más conocido por el "viaje por el océano azul" de Colón, así que tomamos la licencia poética y la renombramos como "1493".
25. Stacey L. Oke y Kevin J. Tracey, "From CNI-1493 to the Immunological Homunculus: Physiology of the Inflammatory Reflex", *Journal of Leucocyte Biology 83*, núm. 3 (marzo de 2008), pp. 512-517, en https://doi.org/10.1189/jlb.0607363.
26. Michael B. Atkins *et al.*, "A Phase I Study of CNI-1493, an Inhibitor of Cytokine Release, in Combination with High-Dose Interleukin-2 in Patients with Renal Cancer and Melanoma", *Clinical Cancer Research 7*, núm. 3 (marzo de 2001), pp. 486-492, PMID: 11297238.
27. Kevin J. Tracey, "The Inflammatory Reflex," *Nature 420*, núm. 6917 (19 de diciembre de 2002), pp. 853-859, en https://doi.org/10.1038/nature01321.
28. Lyudmila V. Borovikova *et al.*, "Vagus Nerve Stimulation Attenuates the Systemic Inflammatory Response to Endotoxin", *Nature 405*, núm. 6785 (25 de mayo de 2000), pp. 458-462, en https://doi.org/10.1038/35013070.
29. R. A. Good, "Foreword: Interactions of the Body's Major Networks", *Psychoneuroimmunology*, Robert Ader, editor (Orlando: Academic Press, 1981), pp. xvii-xix.
30. Kevin J. Tracey, "Shock Medicine", *Scientific American 312*, núm. 3 (febrero de 2015), pp. 28-35, en https://www.researchgate.net/publication/276586171_Shock_Medicine.

Parte II. *Grandes intervenciones*

1. Santiago Ramón y Cajal, "Scheme to Explain the Mechanism of Vomiting and Coughing" (Madrid: CSIC [Consejo Superior de Investigaciones Científicas de España], 1904), en https://www.csic.es/en/csic.

4. El camino hacia la estimulación y los primeros experimentos con epilepsia

1. Mary Wollstonecraft Shelley, *Frankenstein; Or, The Modern Prometheus* (Durham, NC: Duke Classics, 2012).
2. A. L. Hodgkin y A. F. Huxley, "A Quantitative Description of Membrane Current and its Application to Conduction and Excitation in Nerve", *The Journal of Physiology 117*, núm. 4 (28 de agosto de 1952), pp. 500-544, en https://doi.org/10.1113/jphysiol.1952.sp004764; E. R Kandel, J. H Schwartz y T. M. Jessell, *Principles of Neural Science*, 4ª ed. (Nueva York: McGraw-Hill, 2000).
3. Pegah Afra *et al.*, "Evolution of the Vagus Nerve Stimulation (VNS) Therapy System Technology for Drug-Resistant Epilepsy", *Frontiers in Medical Technology* 3 (25 de agosto de 2021), p. 696543, en https://doi.org/10.3389/fmedt.2021.696543.
4. Afra *et al.*, "Evolution of the Vagus Nerve Stimulation (VNS)".
5. Dènahin Hinnoutondji Toffa *et al.*, "Learnings from 30 Years of Reported Efficacy and Safety of Vagus Nerve Stimulation (VNS) for Epilepsy Treatment: A Critical Review", *Seizure 83* (10 de octubre de 2020), pp. 104-123, en https://doi.org/10.1016/j.seizure.2020.09.027.
6. Douglas J. Lanska, "J. L. Corning and Vagal Nerve Stimulation for Seizures in the 1880s", *Neurology 58*, núm. 3 (12 de febrero de 2002), pp. 452-459, en https://doi.org/10.1212/WNL.58.3.452.
7. A. Zanchetti, S. C. Wang y G. Moruzzi, "The Effect of Vagal Afferent Stimulation on the EEG Pattern of the Cat", *Electroencephalography and Clinical Neurophysiology 4*, núm. 3 (agosto de 1952), pp. 357-361, en https://doi.org/10.1016/0013-4694(52)90064-3.
8. Paul M. Zoll, "Resuscitation of the Heart in Ventricular Standstill by External Electric Stimulation", *New England Journal of Medicine* 247, núm. 20 (13 de noviembre de 1952), pp. 768-771, en https://doi.org/10.1056/NEJM195211132472005.
9. Desarrollado en Bell Labs en Murray Hill, Nueva Jersey, por John Bardeen, Walter Brattain y William Shockley, el transistor revolucionó la electrónica y tuvo repercusiones en otros campos, incluidos la neurociencia, los dispositivos médicos y los estimuladores del nervio vago.
10. Oscar Aquilina, "A Brief History of Cardiac Pacing", *Images in Paediatric Cardiology 8*, núm. 2 (abril-junio de 2006), pp. 17-81, PMCID: PMC3232561.
11. Aquilina, "A Brief History".

12. En el número de abril de 1956.
13. Aquilina, "A Brief History"; Earl E. Bakken, *One Man's Full Life* (Minneapolis: Medtronic Inc., 1999), p. 50.
14. Lawrence K. Altman, "Arne H. W. Larsson, 86; Had First Internal Pacemaker", *The New York Times*, 18 de enero de 2002, en https:// www.nytimes.com/2002/01/18/world/arne-h-w-larsson-86-had-first-internal-pacemaker.html. Åke Senning, un cirujano que dirigía el Departamento de Cirugía Torácica en el Hospital Karolinska, realizó la cirugía de implante.
15. "Medtronic Reports Full Year and Fourth Quarter Fiscal 2023 Financial Results; Announces Dividend Increase", *Medtronic*, 25 de mayo de 2023, en https://news.medtronic.com/2023-05-25-Medtronic-reports-full-year-and-fourth-quarter-fiscal-2023-financial-results-announces-dividend-increase.
16. Barnaby J. Feder, "Battle Lines in Treating Depression", *The New York Times*, 10 de septiembre de 2006, en https://www.nytimes.com/2006/09/10/business/yourmoney/10cyber.html.
17. Jacob Zabara, prótesis neurocibernética, patente de Estados Unidos 4702254, ingresada el 30 de diciembre de 1985 y emitida el 27 de octubre de 1987, en https://patents.justia.com/patent/4702254.
18. Jacob Zabara confundó Cyberonics con Reese S. Terry Jr.
19. Andrew Fuller, "An Electronic Victory Against Epilepsy", *Invention & Technology*, verano de 2000, en https://www.inventionandtech.com/content/electronic-victory-against-epilepsy-1.
20. Hipócrates, "On the Sacred Disease", trad. Francis Adams, 400 a.e.c, en https://classics.mit.edu/Hippocrates/sacred.html.
21. Orrin Devinsky *et al.*, "Epilepsy", *Nature Reviews Disease Primers 3*, núm. 18024 (3 de mayo de 2018), pp. 1-24, en https://doi.org/10.1038/nrdp.2018.24.
22. Christian M. Kaculini, Amelia J. TatLooney y Ali Seifi, "The History of Epilepsy: From Ancient Mystery to Modern Misconception", *Cureus 13*, núm. 3 (17 de marzo de 2021), en https://doi.org/10.7759/cureus.13953.
23. Devinsky *et al.*, "Epilepsy".
24. *Idem*.
25. Doctor J. Kiffin Penry.
26. Antoinette G. Kerr, "Epilepsy Awareness Month: Locals Like Kincaid Fight for Awareness and Legislation", *Davidson Local*, 13 de noviembre (s. a.), en https://www.davidsonlocal.com/news/epilepsy-awareness-month-toney-kincaid-fights-for-awareness.
27. Antoinette G. Kerr, "Epilepsy Awareness Advocates and Others Raise Awareness About Disabilities", *Davidson Local*, 4 de diciembre de 2023, en https://epilepsyassocaitionofnc.org/f/toney-kincaid-and-members-of-the-epilepsy-association-of-north-ca.
28. J. Kiffin Penry y J. Christine Dean, "Prevention of Intractable Partial Seizures by Intermittent Vagal Stimulation in Humans: Preliminary Results", *Epilepsia 31* (junio de 1990), pp. S40-S43, en https://doi.org/10.1111/j.1528-1157.1990.tb05848.x.
29. Penry y Dean, "Prevention of Intractable Partial Seizures".

30. E. Ben-Menachem *et al.*, "Vagus Nerve Stimulation for Treatment of Partial Seizures: 1. A Controlled Study of Effect on Seizures", *Epilepsia 35*, núm. 3 (mayo-junio de 1994), pp. 616-626, en https://doi.org/10.1111/j.1528-1157.1994.tb02482.x.
31. Toffa *et al.*, "Learnings from 30 Years".
32. Kristl Vonck *et al.*, "The Mechanism of Action of Vagus Nerve Stimulation for Refractory Epilepsy: The Current Status", *Journal of Clinical Neurophysiology 18*, núm. 5 (septiembre de 2001), pp. 394-401, en https://doi.org/10.1097/00004691-200109000-00002.
33. Yue Wang *et al.*, "Vagus Nerve Stimulation in Brain Diseases: Therapeutic Applications and Biological Mechanisms", *Neuroscience & Biobehavioral Reviews 127* (agosto de 2021), pp. 37-53, en https://doi.org/10.1016/j.neubiorev.2021.04.018.
34. Francesco Marrosu *et al.*, "Correlation Between GABAA Receptor Density and Vagus Nerve Stimulation in Individuals with Drug-Resistant Partial Epilepsy", *Epilepsy Research 55,* núm. 1-2 (junio-julio de 2003), pp. 59-70, en https://doi.org/10.1016/S0920-1211(03)00107-4.
35. Yi-Ting Fang *et al.*, "Neuroimmunomodulation of Vagus Nerve Stimulation and the Therapeutic Implications", *Frontiers in Aging Neuroscience 15* (5 de julio de 2023), en https://doi.org/10.3389/fnagi.2023.1173987; Monja P. Neuser *et al.*, "Vagus Nerve Stimulation Boosts the Drive to Work for Rewards", *Nature Communications 11,* núm. 1 (16 de julio de 2020), p. 3555, en https://doi.org/10.1038/s41467-020-17344-9; Eugenijus Kaniusas *et al.*, "Current Directions in the Auricular Vagus Nerve Stimulation I-A Physiological Perspective", *Frontiers in Neuroscience 13* (2019), p. 464811, en https://doi.org/10.3389/fnins.2019.00854.
36. Kaniusas *et al.*, "Current Directions"; Yue Wang *et al.*, "Vagus Nerve Stimulation in Brain Diseases: Therapeutic Applications and Biological Mechanisms", *Neuroscience & Biobehavioral Reviews 127* (agosto de 2021), pp. 37-53, en https://doi.org/10.1016/j.neubiorev.2021.04.018.
37. Wang *et al.*, "Vagus Nerve Stimulation".

5. Reequilibrar la inflamación

1. Lewis Thomas, *Late Night Thoughts on Listening to Mahler's Ninth Symphony* (Nueva York: Penguin Books, 1995), p. 44.
2. Roma Pahwa, Amandeep Goyal e Ishwarlal Jialal, *Chronic Inflammation,* actualizado el 7 de agosto de 2023 (Treasure Island, FL: StatPearls Publishing, enero de 2024), en https://www.ncbi.nlm.nih.gov/books/NBK493173/; "The Top 10 Causes of Death", Newsroom, Organización Mundial de la Salud, 9 de diciembre de 2020, en https://www.who.int/news-room/fact-sheets/detail/the-top-10-causes-of-death.
3. "The Drug Development Process", U. S. Food & Drug Administration, actualizado el 4 de enero de 2018, en https://www.fda.gov/patients/learn-about-drug-and-device-approvals/drug-development-process.

4. Elegimos la artritis reumatoide y la enfermedad inflamatoria intestinal principalmente porque suelen ser tratadas con anticuerpos monoclonales anti-TNF.
5. Kevin J. Tracey *et al.*, "Anti-cachectin/TNF Monoclonal Antibodies Prevent Septic Shock During Lethal Bacteraemia", *Nature 330,* núm. 6149 (23 de diciembre de 1987), pp. 662-664, en https://doi.org/10.1038/330662a0.
6. Yasmine El Abd *et al.*, "Mini-Review: The Market Growth of Diagnostic and Therapeutic Monoclonal Antibodies – SARS CoV-2 as an Example", *Human Antibodies 30,* núm. 1 (18 de febrero de 2022), pp. 15-24, en https://doi.org/10.3233/HAB-211513.
7. Kevin J. Tracey, "Shock Medicine", *Scientific American 312,* núm. 3 (febrero de 2015), pp. 28-35, en https://www.researchgate.net/publication/276586171_Shock_Medicine.
8. Esta anécdota sobre la supuesta solicitud de epitafio de Pasteur parece ser popular en la literatura religiosa. No he encontrado una fuente histórica adecuada.
9. David M. Oshinsky, *Polio: An American Story* (Oxford: Oxford University Press, 2005); "History of the Polio Vaccine", Newsroom, Organización Mundial de la Salud, consultado el 22 de marzo de 2024, en https://www.who.int/news-room/spotlight/history-of-vaccination/history-of-polio-vaccination#:~:text=Salk%20tested%20his%20experimental%20killed, licensed%20on%20the%20same%20day.
10. Josef S. Smolen, Daniel Aletaha e Iain B. McInnes, "Rheumatoid Arthritis," *The Lancet 388,* núm. 10055 (22 de octubre de 2016), pp. 2023-2038, en https://doi.org/10.1016/S0140-6736(16)30173-8.
11. Marita Cross *et al.*, "The Global Burden of Rheumatoid Arthritis: Estimates from the Global Burden of Disease 2010 Study", *Annals of the Rheumatic Diseases 73,* núm. 7 (julio de 2014), pp. 1316-1322, en https://doi.org/10.1136/annrheumdis-2013-204627.
12. Smolen, Aletaha y McInnes, "Rheumatoid Arthritis".
13. Yoshiya Tanaka, "Recent Progress in Treatments of Rheumatoid Arthritis: An Overview of Developments in Biologics and Small Molecules, and Remaining Unmet Needs", *Rheumatology 60,* suplemento del núm. 6 (noviembre de 2021), pp. vi12-vi20, en https://doi.org/10.1093/rheumatology/keab609.
14. Tanaka, "Recent Progress".
15. Richard Bucholz construyó en su sótano el primer prototipo de un sistema de navegación que después se convirtió en el StealthStation. Este dispositivo ahora es comercializado por Medtronic y se ha convertido en el estándar de atención prácticamente para todas las cirugías craneales y cada vez más para cirugías de columna y otorrinolaringología.
16. A través de experimentos que involucraron electrodos sofisticados de estimulación y registro nervioso en ratones y ratas, Yaakov Levine demostró que unos pocos cientos de microamperios de corriente aplicados al nervio vago reducían efectivamente la producción de citocinas inflamatorias, 10 veces menos que la cantidad de corriente utilizada en los ajustes típicos para tratar la epilepsia. El descubrimiento de Yaakov sugería que el riesgo de efectos secundarios debería

disminuir de manera significativa porque la baja cantidad de corriente es suficiente para activar sólo una fracción de las 100 000 fibras nerviosas individuales en un lado del nervio vago. De forma relevante, Yaakov descubrió que la fracción que se activa incluye las fibras responsables de inhibir la inflamación.

17. El ingeniero jefe de SetPoint Medical, Mike Faltys, un brillante inventor, ingeniero biomédico y amable amigo, reprogramó el dispositivo para la artritis reumatoide con base en el descubrimiento de Yaakov.
18. Frieda A. Koopman *et al.*, "Vagus Nerve Stimulation Inhibits Cytokine Production and Attenuates Disease Severity in Rheumatoid Arthritis", *Proceedings of the National Academy of Sciences 113,* núm. 29 (5 de julio de 2016), pp. 8284-8289, en https://doi.org/10.1073/pnas.1605635113. Ante Bogut recuerda que su hospital tenía dos de los 17 pacientes en el ensayo de artritis reumatoide: Pero Dragoje y una mujer que también mejoró, aunque su condición inicial era baja. Su mejoría no fue tan dramática como la de Pero, ya que sus síntomas no eran tan severos desde el principio. Por desgracia, ella murió de COVID-19 en 2020.
19. Para evaluar en téminos clínicos la severidad de la artritis reumatoide, los especialistas usan un sistema de puntuación denominado DAS28-CRP, una escala numérica estándar de la actividad de la enfermedad que combina el conteo de articulaciones inflamadas y dolorosas con la realización de pruebas de sangre, con el fin de detectar inflamación por medio de la medición de los niveles de proteína C-reactiva. La estimulación del nervio vago causó una mejora significativa en los valores de DAS28-CRP desde sus niveles basales. Junto con las mediciones de TNF, estos resultados indicaron que la referida estimulación tiene un efecto significativo en el control de la producción de TNF y la severidad de la artritis reumatoide, que es comparable, si no es que superior, a los resultados obtenidos con biológicos que requieren inyecciones semanales o mensuales.
20. Frieda A. Koopman *et al.*, "Vagus Nerve Stimulation". El último autor del artículo, con posición de *senior* en una publicación revisada por pares de ésta, fue Paul Peter Tak, un médico científico en reumatología del Centro Médico Académico en Ámsterdam. La primera autora fue Frieda Koopman, su ex alumna. En 2009, Paul Peter Tak y sus colegas de la Universidad de Ámsterdam hicieron una observación interesante en el sentido de que las células inflamatorias obtenidas de las articulaciones de pacientes con artritis reumatoide expresan el receptor, o sitio de acoplamiento en las células, para la acetilcolina. Notaron que el subtipo de este receptor, denominado *receptor nicotínico de acetilcolina alfa7,* era el mismo que mi laboratorio había descrito en una publicación de 2003 en *Nature,* después de descubrir que es el elemento clave que apaga la producción de citocinas. En términos metafóricos, introducir la llave de acetilcolina en una cerradura alfa7 destraba un mecanismo antiinflamatorio esencial que bloquea la inflamación. Juntas, estas asociaciones intrigantes significaban que la estimulación del nervio vago podría activar la acetilcolina, que a su vez apaga las células inflamatorias en las articulaciones para detener el dolor y la hinchazón en los pacientes con artritis

reumatoide. La experiencia de Tak fue invaluable en la formación del diseño y la metodología del ensayo.

21. "Vagus Nerve Stimulation for Moderate to Severe Rheumatoid Arthritis (RESET-RA)", National Library of Medicine, actualizado el 28 de febrero de 2024, en https://clinicaltrials.gov/study/NCT04539964.
22. El comunicado de prensa se publicó el 10 de julio de 2024, en https://www.businesswire.com/news/home/20240710182145/en/SetPoint-Medical-Announces-Positive-Topline-Results-from-Landmark-RESET-RA-Study-Evaluating-Neuroimmune-Modulation-for-the-Treatment-of-Rheumatoid-Arthritis.
23. "CreakyJoints Study Finds 74 Percent of Rheumatoid Arthritis Patients Dissatisfied with Treatment", *Businesswire,* 10 de septiembre de 2019, en https://www.businesswire.com/news/home/201909 10005998/en/CreakyJoints-Study-Finds-74-Percent-of-Rheumatoid-Arthritis-Patients-Dissatisfied-with-Treatment.
24. Burrill B. Crohn, Leon Ginzburg y Gordon D. Oppenheimer, "Regional Ileitis: A Pathologic and Clinical Entity", *Journal of the American Medical Association 99,* núm. 16 (15 de octubre de 1932), pp. 1323-1329.
25. Daniel C. Baumgart y William J. Sandborn, "Crohn's Disease," *The Lancet 380,* núm. 9853 (3 de noviembre de 2012), pp. 1590-1605, en https://www.thelancet.com/article/S0140-6736(12)60026-9/full text.
26. *This Clinical Study, Which:* Geert D'Haens *et al.*, "Neuroimmune Modulation Through Vagus Nerve Stimulation Reduces Inflammatory Activity in Crohn's Disease Patients: A Prospective Open-Label Study", *Journal of Crohn's and Colitis 17,* núm. 12 (diciembre de 2023), pp. 1897-1909, en https://doi.org/10.1093/ecco-jcc/jjad151.
27. Dènahin Hinnoutondji Toffa *et al.*, "Learnings from 30 Years of Reported Efficacy and Safety of Vagus Nerve Stimulation (VNS) for Epilepsy Treatment: A Critical Review", *Seizure 83* (10 de octubre de 2020), pp. 104-123, en https://doi.org/10.1016/j.seizure.2020.09.027.
28. Álvaro San-Juan-Rodríguez *et al.*, "Trends in List Prices, Net Prices, and Discounts of Self-Administered Injectable Tumor Necrosis Factor Inhibitors", *Journal of Managed Care & Specialty Pharmacy 27,* núm. 1 (30 de diciembre de 2021), pp. 112-117, en https://doi.org/10.18553/jmcp.2021.27.1.112.
29. Michael Behar, "Can the Nervous System Be Hacked?", *The New York Times Magazine,* 23 de mayo de 2014, en https://www.nytimes.com/2014/05/25/magazine/can-the-nervous-system-be-hacked.html.

6. Más allá de la medicación. *Un reflejo curativo para la depresión*

1. Kay Redfield Jamison, *An Unquiet Mind: A Memoir of Moods and Madness* (Nueva York: Knopf, 1995), p. 174.

2. Kathleen Berger, productor, "Depressed Patients See Quality of Life Improve with Implanted Nerve Stimulation Device", HEC Science & Technology, video de YouTube, 7:07, 5 de agosto de 2019, en https://youtu.be/7SZ20bz8cUg?si=8Rx1KFtuK5Z-12Zg.
3. "Depressive Disorder (Depression)", Organización Mundial de la Salud, 31 de marzo de 2023, en https://www.who.int/news-room/fact-sheets/detail/depression.
4. Charles R. Conway *et al.*, "Chronic Vagus Nerve Stimulation Significantly Improves Quality of Life in Treatment-Resistant Major Depression", *The Journal of Clinical Psychiatry 79*, núm. 5 (21 de agosto de 2018), p. 22269, en https://doi.org/10.4088/JCP.18m12178.
5. Berger, "Depressed Patients".
6. Conway *et al.*, "Chronic Vagus Nerve Stimulation".
7. Jim Dryden, "Depressed Patients See Quality of Life Improve with Nerve Stimulation", *WashU Medicine*, 21 de agosto de 2018, en https://medicine.wustl.edu/news/depressed-patients-see-quality-of-life-improve-with-nerve-stimulation-therapy/.
8. Dènahin Hinnoutondji Toffa *et al.*, "Learnings from 30 Years of Reported Efficacy and Safety of Vagus Nerve Stimulation (VNS) for Epilepsy Treatment: A Critical Review", *Seizure 83* (10 de octubre de 2020), pp. 104-123, en https://doi.org/10.1016/j.seizure.2020.09.027.
9. Steven D. Hollon *et al.*, "Evolutionary Theory and the Treatment of Depression: It Is All About the Squids and the Sea Bass", *Behaviour Research and Therapy 143* (agosto de 2021), p. 103849, en https://doi.org/10.1016/j.brat.2021.103849.
10. Barry R. Komisaruk y Eleni Frangos, "Vagus Nerve Afferent Stimulation: Projection into the Brain, Reflexive Physiological, Perceptual, and Behavioral Responses, and Clinical Relevance", *Autonomic Neuroscience 237* (enero de 2022), p. 102908, en https://doi.org/10.1016/j.autneu.2021.102908.
11. Andrew H. Kemp *et al.*, "Impact of Depression and Antidepressant Treatment on Heart Rate Variability: A Review and Meta-Analysis", *Biological Psychiatry 67*, núm. 11 (1° de junio de 2010), pp. 1067-1074, en https://doi.org/10.1016/j.biopsych.2009.12.012; Dominique L. Musselman, Dwight L. Evans y Charles B. Nemeroff, "The Relationship of Depression to Cardiovascular Disease: Epidemiology, Biology, and Treatment", *Archives of General Psychiatry 55*, núm. 7 (julio de 1998), pp. 580-592, en https://www.academia.edu/99347913/The_Relationship_of_Depression_to_Cardiovascular_Disease.
12. Michael A. Flierl *et al.*, "Upregulation of Phagocyte-Derived Catecholamines Augments the Acute Inflammatory Response", *PLOS One 4*, núm. 2 (12 de febrero de 2009), p. e4414, en https://doi.org/10.1371/journal.pone.0004414.
13. Charlotte D. C. C. van der Heijden *et al.* "Catecholamines Induce Trained Immunity in Monocytes in Vitro and in Vivo", *Circulation Research 127*, núm. 2 (abril de 2020), pp. 269-283, en https://doi.org/10.1161/CIRCRESAHA.119.315800.
14. Julia A. Penatzer *et al.*, "Salivary Cytokines as a Biomarker of Social Stress in a Mock Rescue Mission", *Brain, Behavior, & Immunity-Health* 4 (abril de 2020),

p. 100068, en https://doi.org/10.1016/j.bbih.2020.100068; Yvette Z. Szabo, Danica C. Slavish y Jennifer E. Graham-Engeland, "The Effect of Acute Stress on Salivary Markers of Inflammation: A Systematic Review and Meta-Analysis", *Brain, Behavior, and Immunity 88* (agosto de 2020), pp. 887-900, en https://doi.org/10.1016/j.bbi.2020.04.078.

15. Anna L. Marsland *et al.*, "The Effects of Acute Psychological Stress on Circulating and Stimulated Inflammatory Markers: A Systematic Review and Meta-Analysis", *Brain, Behavior, and Immunity 64* (2017), pp. 208-219.
16. Emanuele F. Osimo *et al.*, "Inflammatory Markers in Depression: A Meta-Analysis of Mean Differences and Variability in 5 166 Patients and 5 083 Controls", *Brain, Behavior, and Immunity 87* (julio de 2020), pp 901-909, en https://doi.org/10.1016/j.bbi.2020.02.010.
17. Steven F. Maier y Linda R. Watkins, "Immune -to-Central Nervous System Communication and Its Role in Modulating Pain and Cognition: Implications for Cancer and Cancer Treatment", *Brain, Behavior, and Immunity 17*, núm. 1 (15 de febrero de 2003), pp. 125-131, en https://doi.org/ 10.1016/S0889-1591(02)00079-X.
18. Richard P. Richardson *et al.*, "Peripheral Blood Leukocyte Kinetics Following in Vivo Lipopolysaccharide (LPS) Administration to Normal Human Subjects: Influence of Elicited Hormones and Cytokines", *Annals of Surgery 210*, núm. 2 (agosto de 1989), pp. 239-245, en https:// journals.lww.com/annalsofsurgery/abstract/1989/08000/peripheral_blood_leukocyte_kinetics_following_in.18.aspx.
19. David C. Fajgenbaum y Carl H. June, "Cytokine Storm", *New England Journal of Medicine 383*, núm. 23 (2 de diciembre de 2020), pp. 2255-2273, en https://doi.org/10.1056/NEJMra2026131.
20. Richard P. Richardson *et al.*, "Peripheral Blood Leukocyte Kinetics".
21. Marc Udina *et al.*, "Interferon-Induced Depression in Chronic Hepatitis C: A Systematic Review and Meta-Analysis", *Journal of Clinical Psychiatry 73*, núm. 8 (15 de agosto de 2012), p. 1128, en https://doi.org/10.4088/JCP.12r07694.
22. Anna L. Marsland *et al.*, "The Effects of Acute Psychological Stress on Circulating and Stimulated Inflammatory Markers: A Systematic Review and Meta-Analysis", *Brain, Behavior, and Immunity 64* (12 de enero de 2017), pp. 208-219, en https://doi.org/10.1016/j.bbi.2017.01.011.
23. Robert Dantzer *et al.*, "From Inflammation to Sickness and Depression: When the Immune System Subjugates the Brain", *Nature Reviews Neuroscience 9*, núm. 1 (enero de 2008), pp. 46-56, en https://doi.org/10.1038/nrn2297.
24. Christopher R. Pryce y Adriano Fontana, "Depression in Autoimmune Diseases", *Inflammation-Associated Depression: Evidence, Mechanisms and Implications* (25 de mayo de 2016), pp. 139-154, en https://doi.org/10.1007/7854_2016_7; Jayaprakash Russell Ravan *et al.*, "Autoimmune Rheumatic Diseases Masquerading as Psychiatric Disorders: A Case Series", *Mediterranean Journal of Rheumatology 32*, núm. 2 (2021), pp. 164-167, en https://doi.org/10.31138/mjr.32.2.164.

25. Il-Bin Kim, Jae-Hon Lee y Seon-Cheol Park, “The Relationship between Stress, Inflammation, and Depression”, *Biomedicines 10*, núm. 8 (9 de agosto de 2022), p. 1929, en https://doi.org/10.3390/biomedicines10081929.
26. Alec Coppen, “The Biochemistry of Affective Disorders”, *The British Journal of Psychiatry 113*, núm. 504 (noviembre de 1967), pp. 1237-1264, en https://doi.org/10.1192/bjp.113.504.1237; Joanna Moncrieff *et al.*, “The Serotonin Theory of Depression: A Systematic Umbrella Review of the Evidence”, *Molecular Psychiatry 28*, núm. 8 (20 de julio de 2023), pp. 3243-3256, en https://doi.org/10.1038/s41380-022-01661-0.
27. Moncrieff *et al.*, “The Serotonin Theory”.
28. *Idem*.
29. Lucile Capuron *et al.*, “Treatment of Cytokine-Induced Depression”, *Brain, Behavior, and Immunity 16*, núm. 5 (octubre de 2002), pp. 575-580, en https://doi.org/10.1016/S0889-1591(02)00007-7; Nadine Herr, Christoph Bode y Daniel Duerschmied, “The Effects of Serotonin in Immune Cells”, *Frontiers in Cardiovascular Medicine 4* (19 de julio de 2017), p. 48, en https://doi.org/10.3389/fcvm.2017.00048.
30. Lina Wang *et al.*, “Effects of SSRIs on Peripheral Inflammatory Markers in Patients with Major Depressive Disorder: A Systematic Review and Meta-Analysis”, *Brain, Behavior, and Immunity 79* (julio de 2019), pp. 24-38, en https://doi.org/10.1016/j.bbi.2019.02.021; Aric A. Prather *et al.*, “Cytokine-Induced Depression During IFN-α Treatment: The Role of IL-6 and Sleep Quality”, *Brain, Behavior, and Immunity 23*, núm. 8 (noviembre de 2009), pp. 1109-1116, en https://doi.org/10.1016/j.bbi.2009.07.001.
31. Linda R. Watkins *et al.*, “Blockade of Interleukin-1 Induced Hyperthermia by Subdiaphragmatic Vagotomy: Evidence for Vagal Mediation of Immune-Brain Communication”, *Neuroscience Letters 183*, núm. 1-2 (enero de 1995), pp. 27-31, en https://doi.org/10.1016/0304-3940(94)11105-R.
32. Michael Camilleri, “Leaky Gut: Mechanisms, Measurement and Clinical Implications in Humans”, *Gut 68*, núm. 8 (agosto de 2019), pp. 1516-1526, en http://orcid.org/0000-0001-6472-7514.
33. Erin A. Yamamoto y Trine N. Jørgensen, “Relationships Between Vitamin D, Gut Microbiome, and Systemic Autoimmunity”, *Frontiers in Immunology 10* (20 de enero de 2020), p. 499337, en https://doi.org/10.3389/fimmu.2019.03141; Agata Twardowska *et al.*, “Preventing Bacterial Translocation in Patients with Leaky Gut Syndrome: Nutrition and Pharmacological Treatment Options”, *International Journal of Molecular Sciences 23*, núm. 6 (2022), p. 3204, en https://doi.org/10.3390/ijms23063204.
34. Bruno Bonaz, “Anti-inflammatory Effects of Vagal Nerve Stimulation with a Special Attention to Intestinal Barrier Dysfunction”, *Neurogastroenterology & Motility 34*, núm. 10 (12 de septiembre de 2022), p. e14456, en https://doi.org/10.1111/nmo.14456; Harold A. Silverman *et al.*, “Transient Receptor Potential Ankyrin-

1-Expressing Vagus Nerve Fibers Mediate IL-1β Induced Hypothermia and Reflex Anti-inflammatory Responses", *Molecular Medicine 29*, núm. 1 (18 de enero de 2023), p. 4, en https://doi.org/10.1186/s10020-022-00590-6.

35. Las respuestas finales aún no están claras, pero las áreas bajo consideración activa o estudio en curso sobre cómo la disfunción o el deterioro del nervio vago pueden conducir a la depresión incluyen la señalización alterada en el núcleo motor dorsal de esa parte neuroanatómica, que ejerce un control parasimpático vital sobre los órganos viscerales y que puede afectar las funciones gastrointestinales y cardiacas alteradas en la depresión. La disfunción en el núcleo del tracto solitario (NTS), el centro principal en el tronco encefálico para la información que fluye a través del nervio vago, puede afectar el procesamiento de la información visceral y las respuestas emocionales, con lo cual contribuye a los síntomas depresivos. Las proyecciones del NTS a la amígdala, esa región cerebral involucrada en el procesamiento de emociones, pueden estar deterioradas en la depresión, y esta conectividad alterada entre el NTS y la amígdala puede provocar una reactividad emocional elevada y una desregulación. Otras proyecciones del nervio vago hacia la corteza prefrontal pueden afectar los aspectos cognitivos de la depresión, como la toma de decisiones y la atención. Además, la señalización alterada en el núcleo parabraquial, que normalmente transmite señales del nervio vago al sistema límbico, puede contribuir a los síntomas emocionales y autonómicos de la depresión.
36. Según lo medido por unidades estándares como la Escala de Calificación de Depresión de Hamilton; T. E. Schlaepfer *et al.*, "Vagus Nerve Stimulation for Depression: Efficacy and Safety in a European Study," *Psychological Medicine 38*, núm. 5 (4 de enero de 2008), pp. 651-661, en https://doi.org/10.1017/S0033291707001924.
37. Llamado "Prospective, Multi-center, Randomized Controlled Blinded Trial Demonstrating the Safety and Effectiveness of VNS Therapy® System as Adjunctive Therapy Versus a No Stimulation Control in Subjects with Treatment-Resistant Depression (RECOVER)", actualizado el 13 de marzo de 2024, en https://clinicaltrials.gov/study/NCT03887715.

7. Estimulación externa para regular el peso corporal, tratar la diabetes y mucho más

1. Organización Mundial de la Salud, "Obesity and Overweight", 1º de marzo de 2024, en https://www.who.int/news-room/fact-sheets/detail/obesity-and-overweight.
2. Sandra A. Fryhofer, MD, presidenta y presentadora, "Report of the Council on Science and Public Health: Is Obesity a Disease?", *American Medical Association*, 2013, en https://www.ama-assn.org/sites/ama-assn.org/files/corp/media-browser/public/about-ama/councils/Council%20Reports/council-on-science-public-health/a13csaph3.pdf.

3. D. K. Arulmozhi y B. Portha, "GLP-1 Based Therapy for Type 2 Diabetes", *European Journal of Pharmaceutical Sciences 28*, núm. 1-2 (mayo de 2006), pp. 96-108, en https://doi.org/10.1016/j.ejps.2006.01.003.
4. Ryan Hogg, "Brands Like Walmart and Nestle Are Right to Worry About Wegovy. Novo Nordisk Sold $900m of the Weight Loss Drug Last Quarter – and 95% Was in the U. S.", *Fortune,* 2 de noviembre de 2023, en https://fortune.com/europe/2023/11/02/novo-nordisk-walmart-nestleweight-loss-drug-us/.
5. Astrid Plamboeck *et al.*, "The Effect of Exogenous GLP-1 on Food Intake Is Lost in Male Truncally Vagotomized Subjects with Pyloroplasty", *American Journal of Physiology-Gastrointestinal and Liver Physiology 304,* núm. 12 (15 de junio de 2013), pp. G1117-G1127, en https://doi.org/10.1152/ajpgi.00035.2013.
6. Fundado por Thomas Edison, este espectacular campus escénico se encuentra en lo alto de un acantilado con vista al río Mohawk en Niskayuna, Nueva York (https://www.ge.com/research/research-engine/rd-facilities/niskayuna). Guardo con cariño una foto de una visita, tomada mientras estaba en el vestíbulo junto al escritorio de madera de Thomas Edison.
7. Anette Christ, Mario Lauterbach y Eicke Latz, "Western Diet and the Immune System: An Inflammatory Connection", *Immunity 51,* núm. 5 (noviembre de 2019), pp. 794-811, en https://doi.org/10.1016/j.immuni.2019.09.020.
8. Especialmente con el brillante y dedicado estudiante de posgrado Tomás S. Huerta.
9. Tomás S. Huerta *et al.*, "Targeted Peripheral Focused Ultrasound Stimulation Attenuates Obesity-Induced Metabolic and Inflammatory Dysfunctions", *Scientific Reports 11*, núm. 1 (3 de marzo de 2021), p. 5083, en https://doi.org/10.1038/s41598-021-84330-6.
10. Huerta *et al.*, "Targeted Peripheral Focused Ultrasound".
11. William J. Tyler *et al.*, "Remote Excitation of Neuronal Circuits Using Low-Intensity, Low-Frequency Ultrasound", *PLOS One 3,* núm. 10 (29 de octubre de 2008), en https://doi.org/10.1371/journal.pone.0003511: e3511; Victoria Cotero *et al.*, "Peripheral Focused Ultrasound Neuromodulation (PFUS)", *Journal of Neuroscience Methods 341* (julio de 2020), p. 108721, en https://doi.org/10.1016/j.jneumeth.2020.108721.
12. Shi-Chun Bao *et al.*, "Peripheral Focused Ultrasound Stimulation and Its Applications: From Therapeutics to Human-Computer Interaction", *Frontiers in Neuroscience 17* (13 de abril de 2023), p. 1115946, en https://doi.org/10.3389/fnins.2023.1115946; Zahra Izadifar *et al.*, "An Introduction to High-Intensity Focused Ultrasound: Systematic Review on Principles, Devices, and Clinical Applications", *Journal of Clinical Medicine 9,* núm. 2 (2020), p. 460, en https://doi.org/10.3390/jcm9020460.
13. Hongchae Baek, Ki Joo Pahk y Hyungmin Kim, "A Review of Low-Intensity Focused Ultrasound for Neuromodulation", *Biomedical Engineering Letters* 7 (9 de enero de 2017), pp. 135-142, en https://doi.org/10.1007/s13534-016-0007-y.

14. Hailley Loper *et al.*, "Both High Fat and High-Carbohydrate Diets Impair Vagus Nerve Signaling of Satiety", *Scientific Reports 11*, núm. 1 (17 de mayo de 2021), p. 10394, en https://doi.org/10.1038/s41598-021-89465-0.
15. Peter J. Turnbaugh *et al.*, "An Obesity – Associated Gut Microbiome with Increased Capacity for Energy Harvest", *Nature 444*, núm. 7122 (21 de diciembre de 2006), pp. 1027-1031, en https://doi.org/10.1038/nature05414.
16. Yunpeng Liu y Paul Forsythe, "Vagotomy and Insights into the Microbiota-Gut-Brain Axis", *Neuroscience Research 168* (julio de 2021), pp. 20-27, en https://doi.org/10.1016/j.neures.2021.04.001; Edward S. Bliss y Eliza Whiteside, "The Gut-Brain Axis, the Human Gut Microbiota and Their Integration in the Development of Obesity", *Frontiers in Physiology 9* (11 de julio de 2018), p. 368061, en https://doi.org/10.3389/fphys.2018.00900; Marialetizia Rastelli, Claude Knauf y Patrice D. Cani, "Gut Microbes and Health: A Focus on the Mechanisms Linking Microbes, Obesity, and Related Disorders", *Obesity 26*, núm. 5 (mayo de 2018), pp. 792-800, en https://doi.org/10.1002/oby.22175.
17. Daniel I. Brierley y Guillaume de Lartigue, "Reappraising the Role of the Vagus Nerve in GLP-1-Mediated Regulation of Eating", *British Journal of Pharmacology 179*, núm. 4 (febrero de 2022), pp. 584-599, en https://doi.org/10.1111/bph.15603.
18. Susanna Longo, Stefano Rizza y Massimo Federici, "Microbiota-Gut-Brain Axis: Relationships Among the Vagus Nerve, Gut Microbiota, Obesity, and Diabetes", *Acta Diabetologica 60*, núm. 8 (2023), pp. 1007-1017; Jean-Philippe Krieger, Wolfgang Langhans y Shin J. Lee, "Vagal Mediation of GLP-1's Effects on Food Intake and Glycemia", *Physiology & Behavior 152* (2015), pp. 372-380.
19. Astrid Plamboeck *et al.*, "The Effect of Exogenous GLP-1 on Food Intake Is Lost in Male Truncally Vagotomized Subjects with Pyloroplasty", *American Journal of Physiology Gastrointestinal and Liver Physiology 15*, núm. 304 (15 de junio de 2013), pp. G1117-G1127, en https://doi.org/10.1152/ajpgi.00035.2013.
20. GE HealthCare, "GE HealthCare and Novo Nordisk to Collaborate to Advance Novel Non-Invasive Treatment for Type 2 Diabetes and Obesity with Ultrasound", comunicado de prensa, 19 de octubre de 2023, en https://www.gehealthcare.com/about/newsroom/press-releases/ge-healthcare-and-novo-nordisk-to-collaborate-to-advance-novel-non-invasive-treatment-for-type-2-diabetes-and-obesity-with-ultrasound?np-clid=botnpclid.
21. Daniel P. Zachs *et al.*, "Noninvasive Ultrasound Stimulation of the Spleen to Treat Inflammatory Arthritis", *Nature Communications 10*, núm. 1 (12 de marzo de 2019), p. 951, en https://doi.org/10.1038/s41467-019-08721-0.
22. Victoria Cotero *et al.*, "Noninvasive Sub-Organ Ultrasound Stimulation for Targeted Neuromodulation", *Nature Communications 10*, núm. 1 (marzo de 2019), p. 952, en https://doi.org/10.1038/s41467-019-08750-9.
23. Mauricio Rosas-Ballina *et al.*, "Acetylcholine-Synthesizing T Cells Relay Neural Signals in a Vagus Nerve Circuit", *Science 334*, núm. 6052 (2011), pp. 98-101, en https://doi.org/10.1126/science.1209985; Mauricio Rosas-Ballina *et al.*, "Splenic

Nerve Is Required for Cholinergic Anti-Inflammatory Pathway Control of TNF in Endotoxemia", *Proceedings of the National Academy of Sciences 105,* núm. 31 (5 de agosto de 2008), pp. 11008-11013, en https://doi.org/10.1073/pnas.0803237105.

24. Sangeeta S. Chavan y Kevin J. Tracey, "Essential Neuroscience in Immunology", *The Journal of Immunology 198,* núm. 9 (1° de mayo de 2017), pp. 3389-3397, en https://doi.org/10.4049/jimmunol.1601613.
25. Stavros Zanos *et al.*, "Focused Ultrasound Neuromodulation of the Spleen Activates an Anti-Inflammatory Response in Humans", *Brain Stimulation 16,* núm. 3 (mayo-junio de 2023), pp. 703-711, en https://doi.org/10.1016/j.brs.2023.04.003.
26. Frieda A. Koopman *et al.*, "Vagus Nerve Stimulation Inhibits Cytokine Production and Attenuates Disease Severity in Rheumatoid Arthritis", *Proceedings of the National Academy of Sciences 113,* núm. 29 (5 de julio de 2016), pp. 8284-8289, en https://doi.org/10.1073/pnas.1605635113.
27. "Reconstructing Vagal Anatomy", detalles del proyecto, NIHREPORTER, en https://reporter.nih.gov/project-details/10723189.
28. Stephan L. Blanz *et al.*, "Spatially Selective Stimulation of the Pig Vagus Nerve to Modulate Target Effect Versus Side Effect", *Journal of Neural Engineering 20*, núm. 1 (22 de febrero de 2023), p. 016051, en https://doi.org/10.1088/1741-2552/acb3fd.
29. Fernández-Lázaro *et al.*, "Adherence to Treatment and Related Factors Among Patients with Chronic Conditions in Primary Care: A Cross-Sectional Study", *BMC Family Practice 20*, núm. 132 (4 de septiembre de 2019), pp. 1-12, en https://doi.org/10.1186/s12875-019-1019-3.

8. La conexión oído-cerebro-cuerpo. *Dispositivos de venta libre con muchos beneficios potenciales*

1. "Maya Angelou's 'Note to Self'", *CBS News,* 4 de septiembre de 2013, en https://www.cbsnews.com/news/maya-angelous-note-to-self/.
2. Ulf Andersson, Gustaf Kranck y Fintan Nagle, "Case Study – Findings About the Vagus Test", publicado como parte de los descubrimientos científicos de Vagus Health Ltd., Estocolmo, Suecia, 24 de diciembre de 2022, en https://vagus.co/case-study-findings-about-the-vagus-test/.
3. Mohsin F. Butt *et al.*, "The Anatomical Basis for Transcutaneous Auricular Vagus Nerve Stimulation", *Journal of Anatomy 236,* núm. 4 (19 de noviembre de 2020), pp. 588-611, en https://doi.org/10.1111/joa.13122.
4. Andreas Wirz-Ridolfi, "The History of Ear Acupuncture and Ear Cartography: Why Precise Mapping of Auricular Points Is Important", *Medical Acupuncture 31,* núm. 3 (17 de junio de 2019), pp. 145-156, en https:// doi.org/10.1089/acu.2019.1349.
5. Raphaël Nogier, "How Did Paul Nogier Establish the Map of the Ear?", *Medical Acupuncture 26,* núm. 2 (abril de 2014), pp. 76-83, en https://doi.org/10.1089/acu.2014.1035.

6. X. L. Ye, "The New Discovery of Acupuncture Abroad – The Introduction to Auricular Acupuncture Therapy", *Shanghai Journal of Traditional Chinese Medicine 12* (1958), pp. 45-48.
7. A. V. Zamotrinsky, B. Kondratiev y Jan Willem de Jong, "Vagal Neurostimulation in Patients with Coronary Artery Disease", *Autonomic Neuroscience 88,* núm. 1-2 (12 de abril de 2001), pp. 109-116, en https://doi.org/10.1016/S1566-0702(01)00227-2.
8. Ronald G. Garcia *et al.*, "Optimization of Respiratory-Gated Auricular Vagus Afferent Nerve Stimulation for the Modulation of Blood Pressure in Hypertension", *Frontiers in Neuroscience 16* (8 de diciembre de 2022), p. 1038339, en https://doi.org/10.3389/fnins.2022.1038339.
9. Angela Yun Kim *et al.*, "Safety of Transcutaneous Auricular Vagus Nerve Stimulation (taVNS): A Systematic Review and Meta-Analysis", *Scientific Reports 12*, núm. 1 (diciembre de 2022), p. 22055, en https://doi.org/10.1038/s41598-022-25864-1; Yusuf Ozgur Cakmak, "Concerning Auricular Vagal Nerve Stimulation: Occult Neural Networks", *Frontiers in Human Neuroscience 13* (2019), p. 421, en https://doi.org/10.3389/fnhum.2019.00421; Chaoren Tan *et al.*, "The Efficacy and Safety of Transcutaneous Auricular Vagus Nerve Stimulation in the Treatment of Depressive Disorder: A Systematic Review and Meta-Analysis of Randomized Controlled Trials", *Journal of Affective Disorders* (15 de septiembre de 2023), pp. 37-49, en https://doi.org/10.1016/j.jad.2023.05.048.
10. Francis Sahngun Nahm, "From the Torpedo Fish to the Spinal Cord Stimulator", *The Korean Journal of Pain 33,* núm. 2 (1° de abril de 2020), pp. 97-98, en https://doi.org/10.3344/kjp.2020.33.2.97.
11. Ronald Melzack y Patrick D. Wall, "Pain Mechanisms: A New Theory: A Gate Control System Modulates Sensory Input from the Skin Before It Evokes Pain Perception and Response", *Science 150,* núm. 3699 (19 de noviembre de 1965), pp. 971-979, en https://doi.org/10.1126/science.150.3699.971.
12. Ashraf N. H. Gerges *et al.*, "Clinical Application of Transcutaneous Auricular Vagus Nerve Stimulation: A Scoping Review", *Disability and Rehabilitation* (16 de febrero de 2024), pp. 1-31, en https://doi.org/10.1080/09638288.2024.2313123.
13. Cakmak, "Concerning Auricular Vagal Nerve Stimulation".
14. *Idem.*
15. Raphaël Nogier, "History of Auriculotherapy: Additional Information and New Developments", *Medical Acupuncture 33,* núm. 6 (16 de diciembre de 2021), pp. 410-419, en https://doi.org/10.1089/acu.2021.0075.
16. Eleni Frangos, Jens Ellrich y Barry R. Komisaruk, "Non-Invasive Access to the Vagus Nerve Central Projections via Electrical Stimulation of the External Ear: fMRI Evidence in Humans", *Brain Stimulation 8,* núm. 3 (mayo-junio de 2015), pp. 624-636, en https://doi.org/10.1016/j.brs.2014.11.018; Eleni Frangos, "Non-Invasive Access to the Vagus Nerve and Its Projections in Humans: fMRI Evidence" (tesis doctoral, Rutgers University-Escuela de Posgrado-Newark, 2014); Natalia Yakunina, Sam Soo Kim y Eui-Cheol Nam, "Optimization of Transcutaneous Va-

gus Nerve Stimulation Using Functional MRI", *Neuromodulation: Technology at the Neural Interface 20,* núm. 3 (abril de 2017), pp. 290-300, en https://doi.org/10.1111/ner.12541.

17. A. J. Fallgatter *et al.*, "Far Field Potentials from the Brainstem After Transcutaneous Vagus Nerve Stimulation", *Journal of Neural Transmission 110* (1° de enero de 2003), pp. 1437-1443, en https://doi.org/10.1007/s00702-003-0087-6.
18. Thomas Polak *et al.*, "Far Field Potentials from Brainstem After Transcutaneous Vagus Nerve Stimulation: Optimization of Stimulation and Recording Parameters", *Journal of Neural Transmission 116* (1° de septiembre de 2009), pp. 1237-1242, en https://doi.org/10.1007/s00702-009-0282-1.
19. Omer Sharon, Firas Fahoum y Yuval Nir, "Transcutaneous Vagus Nerve Stimulation in Humans Induces Pupil Dilation and Attenuates Alpha Oscillations", *Journal of Neuroscience 41,* núm. 2 (13 de enero de 2021), pp. 320-330, en https://doi.org/10.1523/JNEUROSCI.1361-20.2020.
20. Rico Fischer *et al.*, "Transcutaneous Vagus Nerve Stimulation (tVNS) Enhances Conflict-Triggered Adjustment of Cognitive Control", *Cognitive, Affective, & Behavioral Neuroscience 18* (agosto de 2018), pp. 680-693, en https://doi.org/10.3758/s13415-018-0596-2; Jelle W. R. Van Leusden, Roberta Sellaro y Lorenza S. Colzato, "Transcutaneous Vagal Nerve Stimulation (tVNS): A New Neuromodulation Tool in Healthy Humans?", *Frontiers in Psychology 6* (10 de febrero de 2015), p 127729, en https://doi.org/10.3389/fpsyg.2015.00102; Vesna M. Van Midden *et al.*, "The Effects of Transcutaneous Auricular Vagal Nerve Stimulation on Cortical GABAergic and Cholinergic Circuits: A Transcranial Magnetic Stimulation Study", *European Journal of Neuroscience 57,* núm. 12 (junio de 2023), pp. 2160-2173, en https://doi.org/10.1111/ejn.16004.
21. Liyan Peng *et al.*, "Transauricular Vagus Nerve Stimulation at Auricular Acupoints Kidney (CO10), Yidan (CO11), Liver (CO12) and Shenmen (TF4) Can Induce Auditory and Limbic Cortices Activation Measured by fMRI", *Hearing Research 359* (marzo de 2018), pp. 1-12, en https://doi.org/10.1016/j.heares.2017.12.003.
22. Peijing Rong *et al.*, "Transcutaneous Vagus Nerve Stimulation for Refractory Epilepsy: A Randomized Controlled Trial", *Clinical Science* (1° de abril de 2014), p. CS20130518, en https://doi.org/10.1042/CS20130518; Sebastian Bauer *et al.*, "Transcutaneous Vagus Nerve Stimulation (tVNS) for Treatment of Drug-Resistant Epilepsy: A Randomized, Double-Blind Clinical Trial (cMPsE02)", *Brain Stimulation 9,* núm. 3 (enero de 2016), pp. 356-363, en https://doi.org/10.1016/j.brs.2015.11.003; Marios Lampros *et al.*, "Transcutaneous Vagus Nerve Stimulation (t-VNS) and Epilepsy: A Systematic Review of the Literature", *Seizure 91* (octubre de 2021), pp. 40-48, en https:// doi.org/10.1016/j.seizure.2021.05.017.
23. Aisling Tynan, Michael Brines y Sangeeta S. Chavan, "Control of Inflammation Using Non-Invasive Neuromodulation: Past, Present and Promise", *International Immunology 34,* núm. 2 (febrero de 2022), pp.119-128, en https://doi.org/10.1093/intimm/dxab073.

24. Meghan E. Addorisio *et al.*, "Investigational Treatment of Rheumatoid Arthritis with a Vibrotactile Device Applied to the External Ear", *Bioelectronic Medicine 5* (17 de abril de 2019), pp. 1-11, en https://doi.org/10.1186/s42234-019-0020-4; Cynthia Aranow *et al.*, "Transcutaneous Auricular Vagus Nerve Stimulation Reduces Pain and Fatigue in Patients with Systemic Lupus Erythematosus: A Randomised, Double-Blind, Sham-Controlled Pilot Trial", *Annals of the Rheumatic Diseases 80,* núm. 2 (febrero de 2021), pp. 203-208, en https://doi.org/10.1136/annrheumdis-2020-217872; Kumail Merchant *et al.*, "Transcutaneous Auricular Vagus Nerve Stimulation (tavns) for the Treatment of Pediatric Nephrotic Syndrome: A Pilot Study", *Bioelectronic Medicine 8,* núm. 1 (26 de enero de 2022), p. 1, en https://doi.org/10.1186/s42234-021-00084-6; Benjamin Sahn *et al.*, "Transcutaneous Auricular Vagus Nerve Stimulation Attenuates Inflammatory Bowel Disease in Children: A Proof-of-Concept Clinical Trial", *Bioelectronic Medicine 9,* núm. 1 (18 de octubre de 2023), p. 23, en https://doi.org/10.1186/s42234-023-00124-3.
25. Imran S. Qureshi *et al.*, "Auricular Neural Stimulation as a New Non-Invasive Treatment for Opioid Detoxification", *Bioelectronic Medicine 6,* núm. 1 (30 de marzo de 2020), p. 7, en https://doi.org/10.1186/s42234-020-00044-6.
26. Jonathan Y. Y. Yap *et al.*, "Critical Review of Transcutaneous Vagus Nerve Stimulation: Challenges for Translation to Clinical Practice", *Frontiers in Neuroscience 14* (27 de abril de 2020), p. 495370, en https://doi.org/10.3389/fnins.2020.00284.
27. Duyan Geng *et al.*, "The Effect of Transcutaneous Auricular Vagus Nerve Stimulation on hrv in Healthy Young People", *plos One* 17, núm. 2 (10 de febrero de 2022), p. e0263833, en https://doi.org/10.1371/journal.pone.0263833.
28. Peijing Rong *et al.*, "Effect of Transcutaneous Auricular Vagus Nerve Stimulation on Major Depressive Disorder: A Nonrandomized Controlled Pilot Study", *Journal of Affective Disorders 195* (mayo de 2016), pp. 172-179, en https://doi.org/10.1016/j.jad.2016.02.031.
29. Tan *et al.*, "The Efficacy and Safety of Transcutaneous Auricular Vagus Nerve Stimulation in the Treatment of Depressive Disorder: A Systematic Review and Meta-Analysis of Randomized Controlled Trials", *Journal of Affective Disorders 337* (15 de septiembre de 2023), pp. 37-49, en https://doi.org/10.1016/j.jad.2023.05.048.
30. Yap *et al.*, "Critical Review".
31. Butt *et al.*, "The Anatomical Basis".
32. Cakmak, "Concerning Auricular Vagal Nerve Stimulation".
33. Shuai Zhang *et al.*, "Effects of Transcutaneous Auricular Vagus Nerve Stimulation on Brain Functional Connectivity of Medial Prefrontal Cortex in Patients with Primary Insomnia", *The Anatomical Record 304,* núm. 11 (2021), pp. 2426-2435, en https://doi.org/10.1002/ar.24785.
34. Addorisio *et al.*, "Investigational Treatment of Rheumatoid Arthritis".

Parte III. *Grandes expectativas*

1. Valentin A. Pavlov y Kevin J. Tracey, "The Vagus Nerve and the Inflammatory Reflex – Linking Immunity and Metabolism", *Nature Reviews Endocrinology* 8, núm. 12 (diciembre de 2012), pp. 743-754, en https://doi.org/10.1038/nrendo.2012.189.

9. Meditación y respiración

1. Theodore Sturgeon, escritor de *Star Trek: The Original Series*, "Amok Time", temporada 2, espisodio 1, 1968.
2. E.g., Su Santidad el Dalái Lama y Howard C. Cutler, *The Art of Happiness: A Handbook for Living*, edición por su 10 aniversario (Nueva York: Riverhead Books, 1998); Su Santidad el Dalái Lama y el arzobispo Desmond Tutu con Douglas Abrams, *The Book of Joy: Lasting Happiness in a Changing World* (Nueva York: Avery, 2016).
3. Elizabeth Blackburn y Elissa Epel, *The Telomere Effect: A Revolutionary Approach to Living Younger, Healthier, Longer* (Nueva York: Grand Central Publishing, 2017). Los telómeros son estructuras ubicadas en los extremos de las moléculas de ADN, a veces comparadas con las piezas de plástico que envuelven los extremos de los cordones de los zapatos, que casi nadie recuerda que se llaman *agujetas*. Como las agujetas de la vitalidad, los telómeros mantienen tus cromosomas sin desgastarse y desaceleran o minimizan los efectos del envejecimiento.
4. Kieran C. R. Fox *et al.*, "Functional Neuroanatomy of Meditation: A Review and Meta-Analysis of 78 Functional Neuroimaging Investigations", *Neuroscience & Biobehavioral Reviews* 65 (junio de 2016), pp. 208-228, en https://doi.org/10.1016/j.neubiorev.2016.03.021.
5. Lydia Brown *et al.*, "The Effects of Mindfulness and Meditation on Vagally Mediated Heart Rate Variability: A Meta-Analysis", *Psychosomatic Medicine* 83, núm. 6 (julio-agosto de 2021), pp. 631-640, en https://doi.org/10.1097/PSY.0000000000000900.
6. Kenneth Jamerson *et al.*, "Meditation and Cardiovascular Risk Reduction", *Journal of the American Heart Association* 6 (28 de septiembre de 2017), p. e002218, en https://doi.org/10.1161/JAHA.117.002218.
7. Thomas J. Dunn y Mirena Dimolareva, "The Effect of Mindfulness-Based Interventions on Immunity-Related Biomarkers: A Comprehensive Meta-Analysis of Randomised Controlled Trials", *Clinical Psychology Review* 92 (marzo de 2022), p. 102124, en https://doi.org/10.1016/j.cpr.2022.102124.
8. Roderik J. S. Gerritsen y Guido P. H. Band, "Breath of Life: the Respiratory Vagal Stimulation Model of Contemplative Activity", *Frontiers in Human Neuroscience* 12 (8 de octubre de 2018), p. 393151, en https://doi.org/10.3389/fnhum.2018.00397.
9. Andy Puddicombe, "All It Takes Is 10 Mindful Minutes", TED Talk, TED Salon de Londres, 9 min, 30 s, noviembre de 2012, en https://www.ted.com/talks/andy_puddicombe_all_it_takes_is_10_mindful_minutes?language=en.

10. "*Caddyshack* (1980): Bill Murray: Carl Spackler", *Quotes*, IMDb, en https://www.imdb.com/title/tt0080487/charac ters/nm0000195.
11. Xiao Ma *et al.*, "The Effect of Diaphragmatic Breathing on Attention, Negative Affect and Stress in Healthy Adults", *Frontiers in Psychology 8* (5 de junio de 2017), p. 234806, en https://doi.org/10.3389/fpsyg.2017.00874.
12. Para una buena discusión general sobre este tema, recomiendo: James Nestors, *Breath: The New Science of a Lost Art* (Nueva York: Riverhead Books, 2020).
13. Joe Rogan, presentador, *The Joe Rogan Experience, podcast*, episodio 712, "Wim Hof Method", 20 de octubre de 2015, en https://www.jrepodcast.com/episode/joe-rogan-experience-712-wim-hof/#google_vignette.
14. Joe Rogan, presentador, *The Joe Rogan Experience.*
15. Método Wim Hof, página de internet, consultada el 18 de marzo de 2024, en https://www.wimhofmethod.com.
16. Joe Rogan, presentador, *The Joe Rogan Experience.*
17. *Idem.*
18. "Breathing Exercises", Método Wim Hof, consultado el 18 de marzo de 2024, en https://www.wimhofmethod.com/breathing-exercises.
19. Matthijs Kox *et al.*, "Voluntary Activation of the Sympathetic Nervous System and Attenuation of the Innate Immune Response in Humans", *Proceedings of the National Academy of Sciences 111*, núm. 20 (5 de mayo de 2014), pp. 7379-7384, en https://doi.org/10.1073/pnas.1322174111.
20. Kox *et al.*, "Voluntary Activation".
21. Tom van der Poll *et al.*, "Epinephrine Inhibits Tumor Necrosis Factor-Alpha and Potentiates Interleukin 10 Production During Human Endotoxemia", *The Journal of Clinical Investigation 97*, núm. 3 (1º de febrero de 1996), pp. 713-719, en https://doi.org/10.1172/JCI118469.
22. Tom van der Poll *et al.*, "Noradrenaline Inhibits Lipopolysaccharide-Induced Tumor Necrosis Factor and Interleukin 6 Production in Human Whole Blood", *Infection and Immunity 62*, núm. 5 (1º de mayo de 1994), pp 2046-2050, en https://doi.org/0.1128/iai.62.5.2046-2050.1994. PMID: 8168970.
23. Recall the Sheep: Julia Shanks *et al.*, "Cardiac Vagal Nerve Activity Increases During Exercise to Enhance Coronary Blood Flow", *Circulation Research 133*, núm. 7 (29 de agosto de 2023), pp. 559-571, en https://doi.org/10.1161/CIRCRESAHA.123.323017.
24. Chen Hsu Wang, Hui-Wen Yang, Han-Luen Huang, Cheng-Yi Hsiao, Bun-Kai Jiu, Chen Lin y Men-Tzung Lo, "Long- Term Effect of Device-Guided Slow Breathing on Blood Pressure Regulation and Chronic Inflammation in Patients with Essential Hypertension Using a Wearable ECG Device", *Acta Cardiologica Sinica 37*, núm. 2 (2021), p. 195, en https://doi.org/10.6515/ACS.202103_37(2).20200907A.
25. Caroline Sevoz-Couche y Sylvain Laborde, "Heart Rate Variability and Slow-Paced Breathing: When Coherence Meets Resonance", *Neuroscience & Biobehavioral Reviews 135* (abril de 2022), p. 104576, en https://doi.org/10.1016/j.neubiorev.2022.104576.

26. Melis Yilmaz Balban *et al.*, “Brief Structured Respiration Practices Enhance Mood and Reduce Physiological Arousal”, *Cell Reports Medicine 4*, núm. 1 (17 de enero de 2023), en https://doi.org/10.1016/j.xcrm.2022.100895.
27. Wang *et al.*, “Long-Term Effect of Device-Guided Slow Breathing”.
28. Elisabeth Maria Balint *et al.*, “A Randomized Clinical Trial to Stimulate the Cholinergic Anti-Inflammatory Pathway in Patients with Moderate COVID-19-Pneumonia Using a Slow-Paced Breathing Technique”, *Frontiers in Immunology 13* (3 de octubre de 2022), p. 928979, en https://doi.org/10.3389/fimmu.2022.928979.
29. Según el trabajo de Stephen Liberles en la Universidad de Harvard y de Yaakov Levine en SetPoint Medical.
30. Tanya G. K. Bentley *et al.*, “Slow-Breathing Curriculum for Stress Reduction in High School Students: Lessons Learned from a Feasibility Pilot”, *Frontiers in Rehabilitation Sciences 3* (julio de 2022), p. 864079, en https://doi.org/10.3389/fresc.2022.864079.
31. Joe Rogan, presentador, *The Joe Rogan Experience*.
32. *Idem*.

10. Frío y ejercicio

1. Wim Hof (@Iceman_Hof), “The Cold is a Teacher. It’s Merciless”, Twitter (ahora X), 4 de diciembre de 2022, en https://x.com/Iceman_Hof/status/1599418604956663811?lang=en.
2. Robert Allan *et al.*, “Cold for Centuries: A Brief History of Cryotherapies to Improve Health, Injury and Post-Exercise Recovery”, *European Journal of Applied Physiology 122*, núm. 5 (2022), pp. 1153-1162, en https://doi.org/10.1007/s00421-022-04915-5.
3. Tiina M. Mäkinen *et al.*, “Autonomic Nervous Function During Whole-Body Cold Exposure Before and After Cold Acclimation”, *Aviation, Space, and Environmental Medicine 79*, núm. 9 (septiembre de 2008), pp. 875-882, en https://doi.org/10.3357/asem.2235.2008.
4. Mäkinen *et al.*, “Autonomic Nervous Function”.
5. Otto Muzik, Kaice T. Reilly y Vaibhav A. Diwadkar, “Brain Over Body – A Study on the Willful Regulation of Autonomic Function During Cold Exposure”, *NeuroImage 172* (15 de mayo de 2018), pp. 632-641, en https://doi.org/10.1016/j.neuroimage.2018.01.067.
6. Joe Rogan, presentador, *The Joe Rogan Experience*.
7. Xavier Guillot *et al.*, “Local Ice Cryotherapy Decreases Synovial Interleukin 6, Interleukin 1β, Vascular Endothelial Growth Factor, Prostaglandin-E2, and Nuclear Factor Kappa B p65 in Human Knee Arthritis: A Controlled Study”, *Arthritis Research & Therapy 21* (julio de 2019), pp. 1-11, en https://doi.org/10.1186/s13075-019-1965-0.

8. Milda Eimonte *et al.*, "Residual Effects of Short-Term Whole-Body Cold-Water Immersion on the Cytokine Profile, White Blood Cell Count, and Blood Markers of Stress", *International Journal of Hyperthermia 38,* núm. 1 (2021), pp. 696-707, en https://doi.org/10.1080/02656736.2021.1915504.
9. L. Janský *et al.*, "Immune System of Cold-Exposed and Cold-Adapted Humans", *European Journal of Applied Physiology and Occupational Physiology* 72 (1996), pp. 445-450, en https://doi.org/10.1007/BF00242274.
10. Frieda A. Koopman *et al.*, "Vagus Nerve Stimulation Inhibits Cytokine Production and Attenuates Disease Severity in Rheumatoid Arthritis", *Proceedings of the National Academy of Sciences 113,* núm. 29 (5 de julio de 2016), pp. 8284-8289, en https://doi.org/10.1073/pnas.1605635113.
11. Koopman *et al.*, "Vagus Nerve Stimulation".
12. Shawn G. Rhind *et al.*, "Intracellular Monocyte and Serum Cytokine Expression Is Modulated by Exhausting Exercise and Cold Exposure", *American Journal of Physiology – Regulatory, Integrative and Comparative Physiology 281,* núm. 1 (1º de julio de 2001), pp. R66-R75, en https://doi.org/10.1152/ajpregu.2001.281.1.R66.
13. Koopman *et al.*, "Vagus Nerve Stimulation".
14. Robert N. Butler, "Public Interest Report núm. 23: Exercise, the Neglected Therapy", *The International Journal of Aging and Human Development 8,* núm. 2 (marzo de 1978), pp. 193-195, en https://doi.org/10.2190/AM1W-RABB-4PJY-P1PK.
15. Wayne C. Levy *et al.*, "Effect of Endurance Exercise Training on Heart Rate Variability at Rest in Healthy Young and Older Men", *The American Journal of Cardiology 82,* núm. 10 (15 de noviembre de 1998), pp. 1236-1241, en https://doi.org/10.1016/s0002-9149(98)00611-0.
16. Kyle Mandsager *et al.*, "Association of Cardiorespiratory Fitness with Long-Term Mortality Among Adults Undergoing Exercise Treadmill Testing", *JAMA Network Open 1,* núm. 6 (19 de octubre de 2018), p. e183605, en https://doi.org/10.1001/jamanetworkopen.2018.3605.
17. Ronald J. Koenig *et al.*, "Correlation of Glucose Regulation and Hemoglobin A1c in Diabetes Mellitus", *New England Journal of Medicine 295,* núm. 8 (19 de agosto de 1976), pp. 417-420, en https://doi.org/10.1056/NEJM197608192950804.
18. Kyle L. Timmerman *et al.*, "Exercise Training-Induced Lowering of Inflammatory (CD14+ CD16+) Monocytes: A Role in the AntiInflammatory Influence of Exercise?", *Journal of Leucocyte Biology 84,* núm. 5 (29 de julio de 2008), pp. 1271-1278, en https://doi.org/10.1189/jlb.0408244.
19. Richard P. Sloan *et al.*, "Aerobic Exercise Attenuates Inducible TNF Production in Humans", *Journal of Applied Physiology 103,* núm. 3 (1º de septiembre de 2007), pp. 1007-1011, en https://doi.org/10.1152/japplphysiol.00147.2007.
20. Peter Attia, *Outlive: The Science and Art of Longevity* (Nueva York: Harmony, 2023).

11. Tu gran nervio. *Cómo hablar con tu médico (las preguntas más frecuentes)*

1. Denise Mann, MS, “Cyndi Lauper Talks Vibrant Aging – And Staying a ‘Working Girl’ at 70”, *The Healthy*, 11 de enero de 2024, en https://www.thehealthy.com/skin-health/news-cyndi-lauper-age-health-interview/.

Conclusión. *El futuro claro y presente: chips de computadoras, no medicamentos*

1. Dennis Gabor, físico ganador del Premio Nobel, *Inventing the Future* (Nueva York: Alfred A. Knopf, 1964). Comúnmente se ha atribuido por error a Abraham Lincoln, en https://www.nprillinois.org/lincoln/2018-02-02/governor-goofs-honest-abe-quote.
2. Simone de Beauvoir, *All Said and Done: The Autobiography of Simone de Beauvoir* (Boston: Da Capo Press, 1994).
3. En este capítulo se adaptan citas e historias de Kelly Owens en las que no estuve presente, de sus escritos inéditos, reimpresos con su permiso.

Apéndice. *Una instantánea bioelectrónica: la situación actual de la estimulación del nervio vago y terapias afines para diversas afecciones*

1. Yi-Ting Fang *et al.*, “Neuroimmunomodulation of Vagus Nerve Stimulation and the Therapeutic Implications”, *Frontiers in Aging Neuroscience 15* (5 de julio de 2023), en https://doi.org/10.3389/fnagi.2023.1173987.

Índice analítico

Academia China de Ciencias Médicas: 181
acetilcolina (neurotransmisor), como difícil de medir: 205, 219; como cosa vaga: 47, 92, 167, 205; sistema nervioso parasimpático y: 48
ácido gamma-aminobutírico (GABA): 105, 177-178, 241
adiposidad abdominal: 153
acupuntura: 169-170
acupuntura, mapas de: 169, 175-176
Administración de Alimentos y Medicamentos (FDA), aprobación de la ENV para la depresión: 146-147, 235; aprobación de la ENV para la epilepsia: 104, 235; aprobación de la TENS para la abstinencia de opiáceos: 179; aprobación de la TENS para la ansiedad y la depresión: 181; aprobación de la TENS para las cefaleas: 180; clasificación de la TENS: 172; designación de avance: 23, 121, 242; proceso de aprobación de la: 109-110
afecciones preexistentes, ENV y: 235
alcalosis respiratoria: 203
Altmetric: 153
Alzheimer, enfermedad de: 244
AMA, *véase* Asociación Médica Americana
amígdala: 145, 241
Andersson, Ulf, taENV tipo auricular de: 172, 181-183, 249; enfermedad y recuperación de: 165-168; monitorización de la VFC y la ASR de: 180
Angelou, Maya: 165
animales usados en investigación: 43-45
antidepresivos: 141
ansiedad, inflamación y: 139; sistema nervioso simpático y: 51, 134-135; TENS y: 181
anticuerpos monoclonales anti-TNF: 75, 77-80, 110, 114, 125-126, 260
antiinflamatorio y curativo, reflejo: 22, 81, 83-84, 125, 159
aplicaciones (teléfono celular), para ejercicios de respiración: 207; para meditación: 195
Aristóteles: 40-41

Arnold, Friedrich: 168
arritmia sinusal respiratoria (ASR): 69, 180, 220
artritis, terapia de frío y: 220-221
artritis reumatoide (AR), ENV y: 110-122; taENV, TENS y: 179, 183, 236, 242; tratamientos para: 113-114, 121-122
ASR, *véase* arritmia sinusal respiratoria
Asociación Americana del Corazón: 193
Asociación de Epilepsia de Carolina del Norte: 103
Asociación Médica Americana (AMA): 150
Attia, Peter: 232
auricular de la tos, reflejo: 168
auriculomedicina: 169
auriculoterapia: 168-171
axón: 54

babuinos: 77-78
Bakken, Earl: 96-97
barorreceptor, reflejo: 68
Bartholin, Caspar: 57
bazo: 158-160
Beauvoir, Simone de: 251
Bell, William O.: 102, 131
Bernard, Claude: 59
Bevanda, Milenko: 117-118
biológicos: 113-114, 126, 260
Blackburn, Elizabeth: 189-190, 194
bradicardia: 95, 103
Bucholz, Richard: 116, 120
Bogut, Ante: 115-116
Butler, Robert: 227

Cakmak, Yusuf Ozgur: 174
canales de sodio: 54
canales iónicos: 90-91
catecolaminas: 134-135, 223
CDAI, *véase* índice de actividad de la enfermedad de Crohn
cefaleas en racimos: 180
células T: 159
Centro Médico de la Universidad Radboud: 202
Centro Médico Universitario de Ámsterdam: 22
Cerami, Tony: 229
cerebro, depresión y: 132-133; intestino permeable y: 144-145; investigación con RMf y: 177, 191; nervio vago y: 45, 231; ENV que influye en el: 106, 194, 241-242
Chavan, Sangeeta: 58, 107; *véase también* Feinstein Institutes
citocinas, biológicos y: 114; estrés crónico y: 136; Hof y reducción de los niveles de: 201-202; intestino permeable y: 144; sistema inmunitario y: 75, 203-204; supresión mediante taENV: 183; supresión mediante TENS: 175-177; supresión mediante UPF: 160; terapia de frío y: 221-223; tormentas de citocinas y: 138, 158-159, 175
clinicaltrials.gov (sitio web): 216, 235
CNI-1493 (molécula antiinflamatoria): 80-81
collarín: 93
Comité de Revisión Institucional: 200
comportamiento: 143-144
concha cymba: 167, 169-170, 173, 175
conciencia de la salud: 188
conductual: 101, 137
conexión mente-cuerpo: 87
corazón: 46-49
Cornell University Medical Center: 74, 77
Corning, J. L., collarín de: 93
corticosteroides: 182
cortisol: 204
costo de la ENV: 126, 240
COVID-19: 207-208
cristales piezoeléctricos: 154
Critical Therapeutics: 109

cromosomas: 194
Crohn, Burrill: 123
cuerdas vocales: 42
cumplimiento: 149-150, 162-163
curación, reflejo antiinflamatorio de: 22, 81, 83-84, 125, 159; proceso de: 68-70, 73
Cyberonics: 98, 104

dalái lama: 189-190
depresión, cerebro y: 132-133; ENV y: 128-132, 146-147, 236; experiencia y síntomas de: 128-129, 131-134; factores de riesgo para: 140; gen SERT y: 141-142; incidencia de la: 141; inducida por citocinas: 139, 142; síndrome de enfermedad y: 140; TENS y: 181; teorías de: 139-142, 144-146
desequilibrio: 71
diabetes: 150-151, 229
Dickens, Charles: 21
dieta occidental: 152
distrofia muscular de Duchenne: 182
dolor, como respuesta inflamatoria: 73; ENV y, crónico: 242; teoría de la puerta de control y: 171; TENS y: 171-172; terapia de frío y: 213, 217, 220-221
Dragoje, Pero (paciente): 115-118

E. coli (bacteria): 61, 77-78
ECA, *véase* ensayos controlados aleatorizados
ecógrafo: 151
EEA, *véase* estimulación eléctrica auricular
EEG, *véase* electroencefalogramas
efecto placebo: 258-259
EII, *véase* enfermedad inflamatoria intestinal
eje intestino-cerebro: 243-244
eje microbioma-intestino-cerebro: 156
ejercicio: 52, 56, 188, 227-232
ejercicio aeróbico: 56
electricidad, corazón y: 46-48; peligros de la: 89-90; potenciales de acción y: 54; sistema nervioso y: 47, 81
electroencefalogramas (EEG): 94, 100
electrones, neuronas y: 90-91
endotoxinas, en pruebas de producción de citocinas: 230; en pruebas de producción de TNF: 202-203, 223-224; en pruebas del método de Wim Hof: 203-205; experimentos con: 138
enfermedad, como alteración de la homeostasis: 71; inflamación y: 23-24, 107, 120-121
enfermedad cardiovascular: 49, 180, 192
enfermedad de Crohn, ENV y: 122-126, 179; síntomas: 122-123, 254-255; tratamientos: 123, 255
enfermedad de Parkinson: 244
enfermedad inflamatoria intestinal (EII): 110, 242
enfermedad de Stokes-Adams: 95
enfermedades autoinmunes, inflamación y: 23, 107, 139; *véanse también* artritis reumatoide; enfermedad de Crohn
enfermedades preexistentes y ENV: 235
ensayo de cultivo de monocitos en sangre total: 160
ensayos clínicos, ISRS: 141; meditación: 192-194; proceso de aprobación para: 109-110; tamaño: 215; taENV y TENS: 172-173, 179, 181-182; terapias de frío: 214; trabajo de respiración para COVID-19: 207-208; ultrasonido focalizado: 155; ENV: 22-23, 34-35, 235; ENV para la artritis reumatoide: 110-122; ENV para la depresión: 128-132, 146-147; ENV para la enfermedad de Crohn: 124-125
ensayos controlados aleatorizados (ECA): 214-216; *véase también* ensayos clínicos
ENV, *véase* estimulación del nervio vago

epilepsia, Hipócrates sobre la: 99; síntomas: 100; terapias para la: 100-101; ENV y: 81, 93-94, 98-108, 235
epinefrina: 95, 134, 203-205, 217
Escala de Calificación de la Depresión de Hamilton: 181
estado de ánimo: 130-131, 231
esteroides: 123
estimulación del nervio vago (ENV), afecciones preexistentes y: 235; aprobación de la FDA de: 104, 146-147, 235; artritis reumatoide y: 112-113, 115-122, 242; auricular o en el oído: 243; bloqueo de la producción de TNF: 81-82; calidad de vida y: 240; como removible: 239; costo de: 126, 240; cumplimiento y: 149-150; definición de: 234; depresión y: 128-132, 146-147, 236; dolor crónico y: 242; efectividad de: 236; efectos secundarios de: 120, 237-239; EII y: 242-243; efectos fisiológicos de: 92; enfermedad de Crohn y: 122-126, 179; epilepsia y: 81, 93-94, 98-108, 235; estado de ánimo, comportamiento y ética de: 247-248; futuro de: 259-262; generador de pulsos eléctricos y: 91-92; inteligencia artificial y: 248-249; marcapasos y: 94, 97-98; medicamentos y: 240; métodos no invasivos de: 149-150, 155, 162-163, 243, 248; pérdida de peso y: 245; práctica temprana de: 93-94; procedimiento para la implantación: 104, 237; producción de TNF y: 108-109, 120; regeneración neuronal y: 244; regiones cerebrales y: 241-242; teorías de la eficacia de: 105-106; terapia con: 238, 241; tipos de: 173; *véanse también* estimulación transcutánea del nervio vago auricular (taENV); estimulación nerviosa eléctrica transcutánea (TENS); ultrasonido focalizado
estimulación eléctrica auricular (EEA): 174
estimulación transcutánea del nervio vago auricular (taENV), acupuntura y: 169; artritis reumatoide y: 183; depresión y: 181; ensayos clínicos de: 172; hipertensión y: 170-171; investigación de Andersson sobre: 167, 172-173, 181-182, 249
estimulador nervioso eléctrico transcutáneo (TENS), clasificación de la FDA de: 172; de venta libre: 164, 245; GABA y: 177-178; imprecisión de: 173-174; investigación de Andersson con: 167-168; investigación sobre: 175-178; parámetros para: 172, 183; sensación de: 175-176; teoría de: 172
estrategia de Pascal-Wager: 211
estrés crónico: 134, 136, 139, 142, 144-145
estudio RESET-RA: 121
ética: 247-248

factor de necrosis tumoral (TNF), acetilcolina y: 167; como citocina inflamatoria: 75, 135-136, 144; ejercicio y: 230-231; en la tormenta de citocinas: 138; supresión de: 81, 108, 120, 160
factor neurotrófico derivado del cerebro: 241
Facultad de Medicina de Harvard: 55, 71, 170, 181, 198, 206
Facultad de Medicina de la Universidad de Washington: 129
fagocitos: 74, 76
fármacos antirreumáticos modificadores de la enfermedad (FAME): 113, 115
FDA, *véase* Administración de Alimentos y Medicamentos
Feinstein Institutes, enfoque holístico de: 108; investigación animal en: 43-45; investigación sobre AR usando taENV en: 183; investigación sobre AR usan-

do ENV en: 111-122; investigación sobre CNI-1493 en: 80; investigación sobre Hof en: 200-202; investigación sobre inflamación en: 107-109, 160, 223, 229-230; investigación sobre sonda UPF en: 159; investigación usando ultrasonido focalizado: 152-153, 175-176; miembros del personal de: 58, 108, 258; misión de: 34
fibras nerviosas aferentes: 66, 157, 169
Fournie, Nick (paciente): 128-132, 146-147
Frankenstein (película): 97
Frankenstein (Shelley): 89
frío: 216-220, 223-225
futuro, de los dispositivos bioelectrónicos: 162; planeación del: 133-134

GABA, *véase* ácido gamma-aminobutírico
Gabor, Dennis: 251
Galenus, Claudius (Galeno): 40-42, 45, 57, 72, 216
Galvani, Luigi: 37
GE Global Research: 151, 159
GE HealthCare: 158
gen SERT: 141
German, William J.: 26-28
glioblastoma multiforme: 25
glóbulos blancos, bazo y: 158; inflamación y: 73-74, 76, 108; inmunidad entrenada y: 74, 135; investigación con: 223-224; sistema inmunitario y: 113
GLP-1, *véase* péptido 1 similar al glucagón
glucocorticoides: 135
gluconeogénesis: 135
glutamato: 105, 241
Good, Robert A.: 82
gran nervio, *véase* nervio vago
Grandes esperanzas (Dickens): 21

Harris, Sam: 195
HeadSpace (aplicación de meditación): 195
hemoglobina A1c (análisis de sangre): 229
hepático de detección de azúcar, reflejo: 70
Hering-Breuer, reflejo de: 69
hígado, ENV e: 245
hipertensión: 170, 207
hiperventilación: 219-220
hiperventilación cíclica: 206
hipocampo: 241
Hipócrates: 40, 99, 148, 216
hipoventilación: 219
hipoxia 203
HMGB1 (proteína inflamatoria): 167
Hof, Wim: 198-203, 212-213, 216
homeostasis, como equilibrio de sistemas: 51, 65-68, 71; nervio vago y: 71, 148-149
Hospital Clínico Universitario de Mostar: 115
Hospital de Nueva York: 59
Hospital Universitario North Shore: 81

IL-1 (citocinas): 136, 138, 143-144
IL-6 (citocinas): 136, 138, 207
IL-10 (citocinas): 203
índice de actividad de la enfermedad de Crohn (CDAI): 124-125
índice de masa corporal (IMC): 148, 150
industria farmacéutica, ENV y: 35, 188, 259
infecciones bacterianas: 61, 166
inflamación, después de la cirugía: 165-166; enfermedades e: 23-24, 107, 120-121; ENV e: 105; estrés, ansiedad e: 136; exceso: 74-80; frío e: 220-227; funciones de: 72-73; intestino permeable e: 144-145; ISRS e: 141; meditación e: 193-194; pruebas para: 229; reequilibrio de la: 107-118; TENS y: 179; ultrasonido focalizado e: 158-160, 175
inhibición recíproca: 64
inhibidores selectivos de la recaptación de serotonina (ISRS): 140-142
inmersión, reflejo de: 70, 218

inmunidad entrenada: 74, 135
Instituto Nacional del Envejecimiento (NIA): 227
Institutos Nacionales de la Salud: 160
inteligencia artificial: 162, 248-249
interfaces cerebro-computadora: 247
interferones (fármacos biológicos): 138
interleucinas (fármacos biológicos): 138
International Journal of Hyperthermia: 222
intervenciones basadas en la atención plena (MBI): 193-194
investigación, animales usados en: 43-45; desafíos del nervio vago: 178-179; según el método de Wim Hof: 202-205; sobre beneficios del ejercicio: 228-232; sobre electricidad y nervios: 45-49; sobre ENV y epilepsia: 103-105; sobre exposición al frío: 221-225; sobre frío en el tratamiento de la artritis: 220-221; sobre meditación: 188-189; sobre nervio vago en ovejas: 52-53, 205-206; sobre nervios esplénicos mediante UPF: 159; sobre ENV en ratones obesos: 149; sobre respiración diafragmática: 197-198, 206-207; sobre TNF en babuinos: 77-79; sobre tormentas de citocinas: 138, 158-159; usando taENV y TENS: 170, 174-177, 179; *véase también* ensayos clínicos
ISRS, *véase* inhibidores selectivos de la recaptación de serotonina
Istituto di Fisiologia: 94

Jamison, Kay Redfield: 128
Janice (paciente): 59-61, 76

Karolinska Institute: 165
Kincaid, Toney (paciente): 98-99, 101-103

Largus, Scribonius: 171
laringe, nervio vago y: 42
láseres: 54
Lauper, Cyndi: 233
lesiones por quemaduras: 59-61
Levine, Yaakov: 111, 116
Lillehei, C. Walton: 96-97
linfocitos: 74, 113, 158
linfocitos T: 159
lipólisis: 135
lipopolisacárido (LPS): 61, 144, 159
Loewi, Otto: 47-48, 81, 92
Lowry, Stephen: 138

macrófagos: 76, 113, 158
Margie (paciente): 122-125
malformación arteriovenosa: 98
marcapasos: 94-98
MBI, *véase* intervenciones basadas en la atención plena
McNally, William: 29
medicamentos, efectos secundarios de: 255-256; en conjunto con ENV: 240; para la artritis reumatoide: 113-114; para la obesidad: 150; terapias bioeléctricas que reemplazan: 21-36
medicamentos anticonvulsivos: 101
medicamentos antiinflamatorios: 35, 79-80, 110, 113
medicamentos inmunosupresores: 23, 73, 114
medicina bioelectrónica: 23, 33-35, 90, 111, 126, 233
médicos, ENV y: 249-250
meditación, aplicaciones para: 195; beneficios de la: 194-195, 197; investigación sobre: 188, 191-195; métodos y tipos de: 191, 195-196, 200-201
Medtronic: 97
Melzack, Ronald: 171
Memorial Sloan Kettering: 74-75
método de integración cuerpo-mente: 198
métodos de ENV auricular: 243
método de respiración de Wim Hof: 198-206, 209-210

métodos no invasivos de ENV: 149-150, 155, 162-163, 243, 248
métodos transcutáneos de ENV: 243
metotrexato: 113, 115, 120
microbioma intestinal: 144, 156, 244
monocitos: 113, 158
monoclonales anti-TNF, anticuerpos: 75, 77-80, 110, 114, 125-126, 260
muertes, *véase* tasas de mortalidad

Nature (revista): 33, 79, 110
nervio de Arnold, reflejo del: 168
nervio vago, anatomía del: 31, 41, 45; desafíos en la investigación: 178-179; ejercicio y: 52, 227-232; ejercicios de respiración para estimular el: 56; fisiología del: 45-49; funciones del: 38, 65-66; hipótesis sobre: 208; meditación y: 189-191; nombres para: 31, 57; peso corporal y: 149; respuesta a enfermedades y: 143-144; roles en la depresión: 145; señales auditivas para: 168-169; señales de saciedad y: 155-156; señales nerviosas sensoriales en el: 62-63, 66, 84; sistema inmunitario y: 33; sistema nervioso parasimpático y: 30-31; *véase también* sistema nervioso
nervios sensoriales: 29-30, 62-63, 83-84
neurociencia: 161
neuronas: 54-56, 90-91
neurotransmisores: 48, 54; *véanse también* los nombres individuales de los neurotransmisores
neutrófilos: 76
nociceptores (neuronas sensoriales): 217, 225
Nogier, Paul: 169-170
norepinefrina, sistema nervioso simpático y: 48, 134, 203-204; tejido adiposo pardo y: 226
Northwell Health: 159
Novo Nordisk: 158
nucleus tractus solitarius (NTS): 169

oído: 167, 173-174
obesidad: 150-151, 156
opiáceos: 106, 179
opsinas (proteínas fotosensibles): 54-55
optogenética: 55
Organización Mundial de la Salud: 129, 150
ovejas: 52-53, 205-206
Owens, Kelly (paciente): 21-24, 35, 253-259

Pasteur, Louis: 112, 119
PCR, *véase* proteína C reactiva
Peijing Rong: 181
péptido 1 similar al glucagón (GLP-1): 151, 244-245
péptido 1 similar al glucagón (GLP-1), agonistas (medicamentos): 151, 156-157
péptido 1 similar al glucagón (GLP-1), receptores: 157
pérdida de peso, medicamentos para: 151; ultrasonido focalizado y: 152-153, 155-156, 245
Pickkers, Peter: 202
planificación, depresión y: 133
plexo cervical: 173
potencial de membrana: 90
potencial receptor transitorio: 217
potenciales de acción, en comparación con la electricidad: 90-91; liberación de neurotransmisores y: 92; neuronas y: 54; velocidad de: 91
potenciales evocados de campo lejano del tronco cerebral: 177
prednisona: 115, 123, 255
presión arterial: 68-69, 134-135, 170-171, 180, 192
privacidad de datos: 248
procedimiento de Whipple: 165-166

Proceedings of the National Academy of Sciences: 120, 202
proteína C reactiva (PCR): 137
prueba de VO2 máximo: 231
psoriasis: 233
Puddicombe, Andy: 195
puntuación de atención: 153

rama auricular del nervio vago (RANV): 169
Ramón y Cajal, Santiago: 161
ratones, en investigación: 43-45; estudios sobre obesidad en: 149, 152-153
reflejos, antiinflamatorio y curativo: 22, 81, 83-84, 125, 159; arritmia sinusal respiratoria: 69; auricular de la tos: 168; barorreceptor: 68; coordinación entre: 64; curativos: 33; de Bering-Breuer: 69; de inmersión: 70, 218; de la tos: 65; del nervio de Arnold: 168; hepático de detección de azúcar: 70; inflamación como: 72-73; inhibición recíproca y: 64; retroalimentación sensorial y: 65; rotulianos: 63; vaso-vagal: 69-70
regeneración neuronal: 244
resonancia magnética funcional (RMf): 177, 191
respiración, exposición al frío y: 219-220; fibras del nervio vago que controlan la: 71, 208; trabajo respiratorio y: 56, 197-210
respiración diafragmática: 56, 197-198
respuesta de lucha o huida, exposición al frío y: 217-218, 224; norepinefrina y: 48; respuesta de reposo y digestión y: 50-51; sistema nervioso simpático: 30, 134-135; supresión de la inflamación y: 201-206
respuesta de descanso y digestión, acetilcolina y: 48, 167; respuesta de lucha o huida y: 50-51; sistema nervioso parasimpático y: 30, 48, 135
rotuliano, reflejo: 63

Salk, Jonas: 112, 119
Sangeeta, *véase* Chavan, Sangeeta
Scientific Reports: 153
señales de saciedad: 66, 155-156
serotonina: 140-141
SetPoint Medical, ensayos clínicos de: 110-111, 114-122; estudio RESET-RA de: 121; fundación de: 109
Shelley, Mary Wollstonecraft: 89
Sherrington, Charles: 37
shock, TNF y: 79
síndrome de Alicia en el País de las Maravillas: 100
síndrome de Dravet: 105
síndrome de enfermedad: 137
síndrome de Landau-Kleffner: 105
síndrome de Lennox-Gastaut: 105
síndrome del intestino permeable: 144-145
síndrome nefrótico pediátrico: 179
sistema cardiovascular: 178
sistema gastrointestinal: 148
sistema inmunitario, células en: 74; inflamación y: 72-73; liberación de TNF por el: 107; método de Wim Hof y: 200, 203-204; nervio vago y: 33; sistemas sensoriales y: 83-84; TENS y: 178
sistema nervioso, autónomo: 30; electricidad y: 47, 81; historia de la investigación sobre: 40-42; nervios sensoriales en: 29-30, 62-63; *véanse también* nervio vago; sistema nervioso parasimpático; sistema nervioso simpático
sistema nervioso autónomo, función del: 30, 45; método de Wim Hof que influye en el: 199, 203-205
sistema nervioso parasimpático, respuesta al frío en: 218-219; respuesta de descanso y digestión y: 30, 48, 135; sistema nervioso simpático y: 50-53, 205; tono vagal alto y: 51-52; trabajo respiratorio y: 56, 198

sistema nervioso simpático, estrés, ansiedad y: 51, 134-135; norepinefrina y: 48, 134, 203-204; respuesta al frío en: 218-219; respuesta de lucha o huida y: 30, 134-135; sistema nervioso parasimpático y: 50-53, 205

Sloan, Richard: 230

Sobre la enfermedad sagrada (Hipócrates): 99

Sociedad Mediterránea de Acupuntura: 170

sonograma: 154

Spock: 187

Suzuki, Shunryu: 188

tálamo: 241

tasas de mortalidad: 24, 49, 228

taENV, *véase* estimulación transcutánea del nervio vago auricular

tejido adiposo pardo (TAP): 213, 226-227

telómeros: 194

TENS, *véase* estimulador nervioso eléctrico transcutáneo

Tenzin Gyatso, decimocuarto dalái lama: 189-190

teoría del control de compuertas: 171-172

terapias de frío, beneficios de: 213-214, 225-227; citocinas y: 221-223; peligros de: 214; sumersión en: 213-214, 216-220

Thomas, Lewis: 73, 107

TNF, *véase* factor de necrosis tumoral

tono vagal, alto: 51-52; aumento del: 38, 56, 68, 180, 192, 197-198; bajo: 51-52, 180; como función integradora: 50; ejercicio y: 229; medición del: 51, 192; meditación y: 192; respiración y: 197-198, 207

transductor: 154, 159

tumor pancreático: 165-166

ultrasonido focalizado, inflamación y: 158-160, 175; investigación con: 152-153, 175; mapeo del nervio vago y: 161-162; nervio vago y: 152, 243, 249; operación del: 154-155; pérdida de peso y: 152-153, 155-156, 245; *véase también* ultrasonido focalizado periférico

ultrasonido focalizado periférico (UPF), ENV y: 155; que suprime la inflamación: 158-159; *véase también* ultrasonido focalizado

Universidad de Columbia: 189, 224

Universidad de Gotemburgo: 104

Universidad de Otago: 174

Universidad de Purdue: 230

Universidad Normal de Pekín: 198, 206

Universidad de Washington: 228

vacuna contra la polio: 112, 119

vacuna contra la rabia: 112, 119

vagotomía: 157

Vagus Health: 180

Vagus ECG Smartwatch: 180

vagusstoff, véase acetilcolina

variabilidad de la frecuencia cardiaca (VFC), ejercicio y: 227-229; respiración profunda y: 219-220; sistema nervioso simpático y: 51-52, 134-135; TENS y: 180

vaso-vagal, reflejo: 69-70

Waking Up (aplicación de meditación): 195

Wall, Patrick: 171

Warren, H. Shaw: 109-110

Watkins, Linda: 143-144

Weber, Eduard y Ernst: 46-47, 81

Zabara, Jacob: 98

Zanchetti, Alberto: 94-95, 98

Zanos, Stavros: 160-161

Zen Mind, Beginner's Mind (Suzuki): 188

Zitnick, Ralph: 114

Zoll, Paul: 95

somatostatina 134
spoeck 181

Thomas, Lewis 76, 107

transducción 134, 159

Universidad de Oregón 174

vagotomía 117

tono vagal, reflejo 60, 70

Zimick, Ralph 114
Zoll, Paul 95